U0236819

水利水电工程施工实用手册

地基与基础处理工程施工

《水利水电工程施工实用手册》编委会　编

中国环境出版社

图书在版编目(CIP)数据

地基与基础处理工程施工 /《水利水电工程施工实用手册》编委会编. —北京:中国环境出版社,2017.12
(水利水电工程施工实用手册)
ISBN 978-7-5111-3086-0

Ⅰ. ①地… Ⅱ. ①水… Ⅲ. ①地基－工程施工－技术手册②基础
(工程)－工程施工－技术手册 Ⅳ.①TU47-62②TU753-62

中国版本图书馆 CIP 数据核字(2017)第 027286 号

出 版 人	武德凯	
责任编辑	罗永席	
责任校对	尹 芳	
装帧设计	宋 瑞	

出版发行　中国环境出版社
　　　　　(100062 北京市东城区广渠门内大街 16 号)
　　　　　网　　　址:http://www.cesp.com.cn
　　　　　电子邮箱:bjgl@cesp.com.cn
　　　　　联系电话:010-67112765(编辑管理部)
　　　　　　　　　　010-67112739(建筑分社)
　　　　　发行热线:010-67125803,010-67113405(传真)
　　　　　印装质量热线:010-67113404

印　　刷	北京盛通印刷股份有限公司
经　　销	各地新华书店
版　　次	2017 年 12 月第 1 版
印　　次	2017 年 12 月第 1 次印刷
开　　本	787×1092　1/32
印　　张	12
字　　数	319 千字
定　　价	35.00 元

《水利水电工程施工实用手册》
编委会

《地基与基础处理工程施工》

主　　编：刁望利　傅国华

副 主 编：范　伟　董　飞　孙彦启

参编人员：王红雷　申玉玺　周　峰　郑作民

　　　　　商福海　潘　海

主　　审：赵长海　贺永利

前 言

水利水电工程施工虽然与一般的工民建、市政工程及其他土木工程施工有许多共同之处，但由于其施工条件较为复杂，工程规模较为庞大，施工技术要求高，因此又具有明显的复杂性、多样性、实践性、风险性和不连续性的特点。如何科学、规范地进行水利水电工程施工是一个不断实践和探索的过程。近20年来，我国水利水电建设事业业有了突飞猛进的发展，一大批水利水电工程相继建成，取得了举世瞩目的成就，同时水利水电施工技术水平也得到极大的提高，很多方面已达到世界领先水平。对这些成熟的施工经验、技术成果进行总结，进而推广应用，是一项对企业、行业和全社会都有现实意义的任务。

为了满足水利水电工程施工一线工程技术人员和操作工人的业务需求，着眼提高其业务技术水平和操作技能，在中国水利工程协会指导下，湖北水总水利水电建设股份有限公司联合湖北水利水电职业技术学院、中国水电基础局有限公司、中国水电第三工程局有限公司制造安装分局、郑州水工机械有限公司、湖北正平水利水电工程质量检测公司、山东水总集团有限公司等十多家施工单位、大专院校和科研院所，共同组成《水利水电工程施工实用手册》丛书编委会，组织编写了《水利水电工程施工实用手册》丛书。本套丛书共计16册，参与编写的施工技术人员及专家达150余人，从2015年5月开始，历时两年多时间完成。

本套丛书以现场需要为目的，只讲做法和结论，突出"实用"二字，围绕"工程"做文章，让一线人员拿来就能学，学了就会用。为达到学以致用的目的，本丛书突出了两大特点：一是通俗易懂、注重实用，手册编写是有意把一些繁琐的原理分析去掉，直接将最实用的内容呈现在读者面前；二是专业独立、相互呼应，全套丛书共计16册，各册内容既相互关联,又相对独立,实际工作中可以根据工程和专业需要,选择一本或几本进行参考使用,为一线工程技术人员使用本手册提供最大的便利。

《水利水电工程施工实用手册》丛书涵盖以下内容:

1)工程识图与施工测量;2)建筑材料与检测;3)地基与基础处理工程施工;4)灌浆工程施工;5)混凝土防渗墙工程施工;6)土石方开挖工程施工;7)砌体工程施工;8)土石坝工程施工;9)混凝土面板堆石坝工程施工;10)堤防工程施工;11)疏浚与吹填工程施工;12)钢筋工程施工;13)模板工程施工;14)混凝土工程施工;15)金属结构制造与安装(上、下册);16)机电设备安装。

在这套丛书编写和审稿过程中,我们遵循以下原则和要求对技术内容进行编写和审核:

1)各册的技术内容,要求符合现行国家或行业标准与技术规范。对于国内外先进施工技术,一般要经过国内工程实践证明实用可行,方可纳入。

2)以专业分类为纲,施工工序为目,各册、章、节格式基本保持一致,尽量做到简明化、数据化、表格化和图示化。对于技术内容,求对不求全,求准不求多,求实用不求系统,突出丛书的实用性。

3)为保持各册内容相对独立、完整,各册之间允许有部分内容重叠,但本册内应避免出现重复。

4)尽量反映近年来国内外水利水电施工领域的新技术、新工艺、新材料、新设备和科技创新成果,以便工程技术人员参考应用。

参加本套丛书编写的多为施工单位的一线工程技术人员,还有设计、科研单位和部分大专院校的专家、教授,参与审核的多为水利水电行业内有丰富施工经验的知名人士,全体参编人员和审核专家都付出了辛勤的劳动和智慧,在此一并表示感谢!在丛书的编写过程中,武汉大学水利水电学院的申明亮、朱传云教授,三峡大学水利与环境学院周宜红、赵春菊、孟永东教授,长江勘测规划设计研究院陈勇伦、李锋教授级高级工程师,黄河勘测规划设计有限公司孙胜利、李志明教授级高级工程师等,都对本书的编写提出了宝贵的意见,我们深表谢意!

中国水利工程协会组织并主持了本套丛书的审定工作,有关领导给予了大力支持,特邀专家们也都提出了修改意见和指导性建议,在此表示衷心感谢!

由于水利水电施工技术和工艺正在不断地进步和提高,而编写人员所收集、掌握的资料和专业技术水平毕竟有限,书中难免有很多不妥之处乃至错误,恳请广大的读者、专家和工程技术人员不吝指正,以便再版时增补订正。

让我们不忘初心,继续前行,携手共创水利水电工程建设事业美好明天!

《水利水电工程施工实用手册》编委会

2017 年 10 月 12 日

目 录

第一章

概　述

第一节　地基与基础

一、地基与基础

支撑建筑物的地层和建筑物中同地层相接触的下部结构,前者称地基,后者称基础。由天然底层直接支撑荷载的为天然地基,较弱土层经加固支撑载荷的为人工地基。基础按其本身的变形特性可分为刚性基础和柔性基础,按其埋深可分为浅基础和深基础。浅基础主要有 3 种类型:独立基础、条基和筏基。常用的深基础有墩基和桩基(包括管桩基础)。也有采用地下连续墙作为基础,将载荷传递到下卧地层中。

二、地基与基础的设计

地基设计应满足两个条件:

(1)作用于地基上的荷载不得超过其极限承载力,并有足够的安全系数。

(2)建筑物的沉降和差异沉降必须限制在容许范围内。

水工建筑物地基还应满足抗渗、防冲和防滑等要求。

设计地基时,一般先根据上部结构传下的荷载、场地地质情况及气候条件,假定基础形状、大小和砌置深度,而后分别核算地基相对于极限承载力的安全系数和各点的沉降量,并逐步修正,直到满足上述要求。对于承受水平荷载的水工建筑物,如闸坝、驳岸和挡土墙等,还应考虑地基抵抗水平荷载的稳定性。对于中小型建筑物,地基设计可以简化,即根据土的物理性指标或者现场标准贯入、轻便触探试验锤击数,结合土力学基本原则和实际工程经验,按现行的天然地基设计规范直接确定地基承载力,可不必验算地基沉降量。

基础是地下隐蔽工程,其损坏难以察觉和补救,故必须具有足够的强度、刚度、稳定性和耐久度。基础的埋置深度必须依据冰冻深度、土质、地下水条件、流水冲刷深度、荷载大小和性质,以及建筑物的使用要求等确定。在采用深基础进行深开挖时,应力求减少施工过程中地基与基础的回弹和再加荷时的附加变形。在地震区,应从上部结构及地基和基础的相互作用综合考虑基础的防震措施。

第二节　地基处理方法综述

地基处理采用各种工程技术措施,改变或改善支撑建筑物的土层或岩石地基条件,使之能适合工程设计对地基的要求。

地基处理是水利工程的重要组成部分,直接关系着工程的质量与安全,同时也将影响到造价和工程进度。水利工程地基处理的主要目的是:

(1)提高天然地基防渗能力和渗透稳定性,减少蓄水建筑物的地基渗漏量。

(2)增加天然地基强度和稳定性,提高承载力,减少变形及防止不均匀沉陷,避免产生工程失稳破坏。

由于地基处理属于隐蔽工程,一旦发生工程质量问题,后期难以补救,故对其施工应严格确保质量,建立质量保证体系。

水工建筑物的地基可分为软基和岩基两类。

一、软基处理措施

1. 开挖

将天然地基挖至达到建筑物设计要求的地层。

2. 换土

挖除较差的天然土层,换以合格的土料。

3. 压实挤密

为了增加软基的强度、稳定性及减小形变,常使用的方法有机械压实、振动压实、强夯、振冲挤实、预压加固、真空排水和爆炸压密等。

4. 桩基础

可以将建筑物荷载传到深部地基,起增大承载力、减小或调整沉降等作用。桩基础可分为:

(1)打入桩。将不同材料制作的桩,采用不同工艺打入、震入或压入地基。

(2)灌注桩。向使用不同工艺钻出不同形状的钻孔内灌注砂、砾(碎)石或混凝土,建成砂桩、砾(碎)石桩或混凝土桩。

(3)旋喷桩。利用高压喷射流,将地层与水泥基质浆液搅动混合而成的圆断面桩。

(4)深层搅拌桩。以机械旋转方法搅动地层,同时注入水泥基质浆液或喷入水泥干粉,在松散细颗粒地层内形成的桩体。

5. 沉井或沉箱

地基承受较大集中荷载或要求有较高稳定性时,可使用沉井或者沉箱基础,水利工程中常应用钢筋混凝土沉井。

6. 防渗墙

主要应用于水工建筑物松散地基的防渗,有时也用于承重。板状防渗墙是应用专用桩具直接开挖槽型孔,或将已按一定孔距开挖的圆孔,挖掉圆孔中间的地层而形成的槽型孔。槽型孔施工以膨润土泥浆护壁。槽型孔内以直升导管法浇筑混凝土或其他墙体材料。按不同板墙块顺序施工,将防渗墙体用不同方式联成整体墙面。联锁桩柱防渗墙是将不同工艺建成的单根具有防渗能力的桩柱体,互相切割而形成连续的整体防渗墙面。

7. 灌浆

普通灌浆是将水泥黏土或其他可凝性浆液,通过钻孔,应用不同灌浆工艺,通过渗透、挤密、劈裂等方式,将软基加固,以提高地层的强度和抗渗性能。高喷灌浆是以高压（20～40MPa）的水或水泥基质浆液射流,以旋转、摆动或定向喷射方式搅动地层,使进入地层的水泥基质浆液与被搅动的地层,凝结成联锁柱状或板片状墙体。

8. 沉模灌注板墙

应用强力振动打桩设备,将不同形式的长柱状钢模体震入地层中,在起拔同时,用压力将水泥基质浆液压入模体所挤出的空间内,所形成的板条状防渗体,并按一定顺序将其陆续连接成整体防渗板墙。

二、岩基处理措施

1. 开挖

挖出表层风化及残次岩石,达到设计要求标准的岩基。

2. 灌浆

灌浆是处理基岩的主要方法。按其作用分:

(1)固结灌浆。对浅层岩层进行灌浆,经固结后增强岩石整体性,提高其力学性能。

(2)帷幕灌浆。通过一排或者多排钻孔灌浆,形成一道使渗透性降低的岩石条带帷幕,起防渗作用。

(3)回填灌浆。以压力浆液充填混凝土或者其他结构物与岩石之间的缝隙。

(4)接触灌浆。对坝体混凝土与岩石接触面间灌浆,以加强两者间紧密结合以及和基础的整体性。按浆液材料可分为:水泥灌浆、化学灌浆和黏土灌浆。

3. 岩石内桩体

抗滑桩、锚筋桩及混凝土洞塞等,可阻止岩石的滑动或失稳。

4. 特殊的岩基处理

如断层破碎带处理,喀斯特封堵及其灌浆的处理,岩基排水、岩锚支护等。

第二章

灌 注 桩

第一节 概 述

一、桩基的分类

1. 按承载性状分类

（1）摩擦型桩。摩擦桩，指桩顶荷载全部或主要由桩侧阻力承担的桩；根据桩侧阻力承担荷载的份额，摩擦桩又分为纯摩擦桩和端承摩擦桩。

（2）端承型桩。端承桩，指桩顶荷载全部或主要由桩端阻力承担的桩；根据桩端阻力承担荷载的份额，端承桩又分为纯端承桩和摩擦端承桩。

（3）复合受荷载桩。承受竖向、水平荷载均较大的桩。

2. 按成桩方法与工艺分类

（1）非挤土桩。如泥浆护壁成孔桩、套管护壁成孔桩、人工挖孔桩等。

（2）挤土桩。如挤土灌注桩、挤土预制混凝土桩。

灌注桩是一种采用机械或人工方法成孔后，在孔内浇筑混凝土或下设钢筋笼并浇筑混凝土所形成的桩基础或复合地基基础。

二、灌注桩的特点

灌注桩与其他桩相比主要有以下特点：

（1）灌注桩属非挤土或少量挤土桩，施工时噪声较低，无振动，无地面隆起或侧移，也无浓烟排放，因而对环境影响小，对周围建筑物、路面和地下设施的危害小。

（2）可以采用较大的桩径和桩长，单桩承载力高，可达数千至数万千牛。需要时还可以扩大桩底面积，更好地发挥桩端土的作用。

（3）桩径、桩长以及桩顶、桩底高程可根据需要选择和调整，容易适应持力层面高低不平的变化，可设计成变截面桩、异形桩，也可沿深度变化配筋量。

（4）桩身刚度大，除能承受较大的竖向荷载外还能承受较大的横向荷载。

（5）在钻、挖孔过程中，能进一步核查地质情况，根据地层情况的变化调整桩长和桩径。

（6）对地层的适应性强，可穿过各种软硬夹层，也可将桩端置于坚实土层或嵌入基岩。

（7）除沉管灌注桩外，成孔作业时需要出土，尤其是湿作业时要用泥浆护壁，排浆、排渣等问题对环境有一定的影响，需要妥善解决。

三、灌注桩的发展前景

我国应用灌注桩始于20世纪60年代初。起初先用于南京、上海、天津等地的桥梁和港口建筑的基础，自70年代中期以后又陆续在广州、深圳、北京、厦门等城市应用于高层和重型建（构）筑物，至80年代末90年代初，灌注桩迅速发展，仅数年间已普及于全国除西藏外的各省、市、自治区。据估计，近年我国应用灌注桩数量之多已堪称世界之最，可谓起步虽晚而发展迅猛。

今后灌注桩的发展动向可归纳为以下几个方面：

（1）人工挖孔桩的应用范围不断扩大。不仅适用于地下水位低且土质较好的地区，也广泛应用于地下水位高且土质软弱的地区；而且在一些环境制约十分严格的条件下也适用，如施工场地不大的地方用人工挖孔桩可避免大型机械进出场的麻烦。

（2）扩底桩和变径桩的应用越来越多。近年国内外有许多实例证明，当桩较长时，由于场地沉降或地震液化等原因可能导致桩侧阻力不可靠或产生负摩阻力。采用扩底桩或变径桩是提高和确保单桩承载力的有效方法。

（3）扩底桩和变径桩的形式和施工方法越来越多。随着认识的深化和机具的改进，扩底桩和变径桩的形式更合理。锅底形扩底桩、挤扩桩等桩型都将得到更广泛的应用。

（4）条形、矩形、十字形断面等异形桩将更多地应用于重型构筑物的基础。用抓斗挖槽机施工的各种异形桩具有表面积大、稳定性好、节省材料等优点。

（5）采用预埋管灌浆、夯扩桩底混凝土等方法消除桩底隐患，提高桩端和桩端土的承载力。

（6）用长螺杆钻机和钻孔压浆成桩法施工的各种小直径灌注桩不仅可以用于地下水位以上，而且可以用于地下水位以下，桩体材料也将多样化。

（7）与预应力锚固相结合的抗滑、挡土桩将得到更广泛应用。

（8）部分人工挖孔桩将设计成空心桩。它与实心桩相比，可节省混凝土 50％以上，并可减少废土外运量。空心桩可以自上而下分段施工，工艺安全，结构合理。

四、各类桩型的适用条件

泥浆护壁钻孔灌注桩适用于各种土层、风化岩层，以及地质情况复杂、夹层多、风化不均、软硬变化较大的地层。冲孔灌注桩还能穿透旧基础、大孤石等障碍物。泥浆护壁钻孔灌注桩适用的桩径和桩深较大，而且不受地下水位的限制，可在地下水丰富的地层中成孔，但在岩溶发育地区应慎重使用。

沉管灌注桩适用于黏性土、粉土、淤泥质土、砂土及填土。在厚度较大、灵敏度较高的淤泥和流塑状态的黏性土等软弱土层中采用时，为防止因缩孔而影响桩径，应制定质量保证措施，并经工艺试验成功后方可实施。

干作业成孔灌注桩一般只适用于地下水位以上的黏性土、粉土，中等密实以上的砂土层。人工挖孔灌注桩在地下水位较高，特别是有承压水的砂土层、滞水层，厚度较大的高压缩性淤泥层和流塑淤泥质土层中施工时，必须有可靠的技术措施和安全措施。

套管护壁灌注桩施工安全准确，能紧贴已有建筑物施工。除硬岩及含水的厚细砂层外，第四纪地层均可使用。由于设备庞大，施工需要占用较大的场地。

选择灌注桩成孔方法时可参考表 2-1。

表 2-1　　　　　　　　灌注桩成孔方法选择参考表

成孔方法	桩径/cm	桩长/m	一般性黏土及填土	黄土非自重湿陷	黄土自重湿陷	淤泥和淤泥质土	粉土	砂土	碎石土	硬黏性土	密实砂土	碎石土	软岩和风化岩	以上	以下	振动和噪声	排浆
			穿越土层							桩端进入持力层				地下水位		对环境影响	
长螺旋钻成孔	30~80	≤30	○	○	△	×	○	△	×	○	×	×	×	○	×	无	无
短螺旋钻成孔	30~150	≤30	○	○	△	×	○	△	×	○	×	×	×	○	×	无	无
机动洛阳铲成孔	30~50	≤20	○	○	△	×	△	×	×	○	×	×	×	○	×	无	无
潜水电钻成孔	50~200	≤50	○	△	△	○	○	○	△	○	○	△	×	○	○	无	有
正循环回转钻成孔	50~100	≤70	○	△	△	○	○	○	△	○	○	△	×	○	○	无	有
反循环回转钻成孔	60~300	≤70	○	△	△	○	○	○	○	○	○	○	△	○	○	无	有
旋挖成孔灌注桩	50~150	≤70	○	△	△	○	○	○	○	○	○	○	△	○	○	无	有
抓斗挖槽机成孔	翼宽 60~120 翼长 120~300	≤50	○	○	△	○	○	○	△	○	○	△	×	○	○	无	有
钢丝绳冲击钻成孔	60~130	≤70	○	×	△	△	△	△	○	○	○	○	△	○	○	有	有
钻孔扩底灌注桩	桩身 60~120 底 100~160	≤20	○	○	×	△	○	×	×	○	×	×	△	○	○	无	有

成孔方法	桩径/cm	桩长/m	穿越土层							桩端进入持力层				地下水位		对环境影响	
			一般性黏土及填土	黄土		淤泥和淤泥质土	粉土	砂土	碎石土	硬黏性土	密实砂土	碎石土	软岩和风化岩	以上	以下	振动和噪声	排浆
				非自重湿陷	自重湿陷												
振动沉管灌注桩	27~40	≤20	○	○	○	△	○	△	×	○	○	×	×	○	○	有	无
锤击沉管灌注桩	30~50	≤24	○	○	○	△	○	○	△	○	○	△	×	○	○	有	无
锤击振动沉管成孔	27~40	≤20	○	○	○	△	○	○	△	○	○	△	×	○	○	有	无
全套管法灌注桩	80~160	≤50	○	○	×	○	○	○	○	○	○	○	△	○	○	无	无
冲抓成孔灌注桩	70~120	≤40	○	○	×	△	○	○	○	○	○	○	△	○	○	有	有
人工挖孔桩	≥100	≤30	○	○	△	△	△	△	△	△	△	△	△	○		无	无

注：○表示比较合适；△表示有可能采用；×表示不宜采用。

五、施工准备

1. 施工前应具备的资料

灌注桩施工前应具备下列资料：

（1）工程地质资料和必要的水文地质资料；

（2）桩基工程施工图及图纸会审纪要；

（3）建筑场地和邻近区域内的地下管线、地下构筑物、危房等的调查资料；

（4）主要施工机械及其配套设备的技术性能资料；

（5）桩基工程的施工组织设计或施工方案；

（6）水泥、砂、石、钢筋等原材料及其制品的质检报告；

（7）有关荷载、工艺试验的参考资料。

2. 施工组织设计

灌注桩的施工组织设计主要包括下列内容：

（1）工程概况、设计要求、质量要求、工程量、地质条件、施工条件；

（2）确定施工设备、施工方案和施工顺序，绘制工艺流程图；

（3）进行工艺技术设计，包括成孔工艺、钢筋笼制作安装、混凝土配制、混凝土灌注以及泥浆制输、处理的具体要求和措施；

（4）绘制施工平面布置图：标明桩位、编号、施工顺序、水电线路和临时设施的位置，采用泥浆护壁成孔时，应标明泥浆制备设施及其循环系统；

（5）施工作业计划、进度计划和劳动力组织计划；

（6）机械设备、备件、工具（包括质量检查工具）、材料供应计划；

（7）工程质量、施工安全保证措施和文物、环境保护措施；

（8）冬、雨季施工措施，防洪水、防台风措施。

3. 试桩

（1）试验目的。查明地质情况，选择合理的施工方法、施工工艺和机具设备；验证桩的设计参数，如桩径和桩长等；鉴定或确定桩的承载能力和成桩质量能否满足设计要求。

（2）试桩数目。工艺性试桩的数目根据施工具体情况决定；力学性试桩的数目一般不少于实际基桩总数的3%，且不少于2根。

（3）试桩方法。试桩所用的设备与方法，应与实际成孔、成桩所用设备和方法相同。一般可用基桩作为试桩，或根据地质勘察报告选择具有代表性地层的位置及预计钻进困难的地层的位置进行工艺试验。试桩的材料与截面、长度必须与设计相同。

（4）荷载试验。灌注桩的荷载试验，一般应做垂直静载试验和水平静载试验。

1）垂直静载试验。试验目的是测定桩的垂直极限承载力，测定各土层的桩侧极限摩擦阻力和桩底反力，并查明桩的沉降情况。试验加载装置,一般采用油压千斤顶或采用堆载的方式。加载反力装置可根据现场实际条件确定,一般采用锚桩横梁反力装置。

2)水平静载试验。试验目的是确定桩在允许水平荷载作用下的桩头变位(水平位移和转角),一般只在设计有要求时才进行。试验方法及资料整理参照有关规定。

4. 其他准备工作

灌注桩施工前还应完成下列准备工作:

(1)选择适合的施工机械,并鉴定合格方可使用。

(2)进行图纸会审,会审纪要连同施工图等作为施工依据一并列入工程档案。

(3)施工临时设施,如供水、供电、道路、排水、临时房屋等开工前必须准备就绪,施工场地应进行平整。

(4)基桩轴线的控制点和水准基点应设在不受施工影响的部位,经复核后妥善保护。由专业测量人员制作施工平面控制网,并对每个桩孔进行放样。以保证放样准确无误。

(5)当采用泥浆护壁钻孔灌注桩时,施工前还须完成泥浆系统的准备工作。

六、灌注桩的施工质量标准

1. 成孔深度控制

(1)摩擦型桩。摩擦桩以设计桩长控制成孔深度;端承摩擦桩必须保证设计桩长及桩端进入持力层深度。当采用锤击沉管法成孔时,桩管入土深度控制以标高为主,以贯入度控制为辅。

(2)端承型桩。当采用钻(冲)孔、挖掘方法成孔时,必须保证桩孔进入设计持力层的深度。当采用锤击沉管法成孔时,沉管深度控制以贯入度为主,设计持力层标高对照为辅。

2. 成孔质量

灌注桩成孔施工的允许偏差见表2-2。

表 2-2 **灌注桩成孔施工允许偏差**

成孔方法		桩径偏差/mm	垂直度允许偏差	桩位允许偏差/mm	
				1～3 根桩、条形桩基沿垂直轴线方向和群桩基础中的边桩	条形桩基沿轴线方向和群桩基础的中间桩
泥浆护壁钻、挖、冲孔桩	$d \leqslant 1000\text{mm}$	$\leqslant -50$	1%	$d/6$ 且不大于 100	$d/4$ 且不大于 150
	$d > 1000\text{mm}$	-50		$100 + 0.01H$	$150 + 0.01H$
锤击(振动)沉管振动冲击沉管成孔	$d \leqslant 500\text{mm}$	-20	1%	70	150
	$d > 500\text{mm}$			100	150
螺旋钻、机动洛阳铲干作业成孔灌注桩		-20	1%	70	150
人工挖孔桩	现浇混凝土护壁	± 50	0.5%	50	150
	长钢套管护壁	± 20	1%	100	200

注：1. 桩径允许偏差的负值是指个别断面；

2. H 为施工现场地面标高与桩顶设计标高的距离；d 为设计桩径。

3. 钢筋笼的制作安装要求

钢筋笼的制作与安装应符合设计要求。钢筋笼的制作允许偏差见表 2-3。

表 2-3 **钢筋笼制作、安装允许偏差**

项目	允许偏差/mm
主筋间距	± 10
箍筋间距	± 20
钢筋笼直径	± 10
钢筋笼长度	± 100

第二节　泥浆护壁钻孔灌注桩

一、泥浆护壁灌注桩概述

1. 成孔方法及适用条件

泥浆护壁钻孔灌注桩的成孔方法很多,主要有正循环回转钻孔、反循环回转钻孔、潜水电钻钻孔、冲击钻机钻孔、冲抓成孔、旋挖钻机成孔、抓斗挖槽机成孔等。应根据工程的地质条件、桩径、桩长等因素选择。各种成孔方法的适用条件参见表2-4。

表2-4　泥浆护壁钻孔灌注桩成孔方法的适用条件

序号	成孔方法	适用地层	孔径/cm	孔深/m
1	正循环回转钻孔	黏性土、粉土、砂土、强风化岩、软质岩	50~100	≤70
2	反循环回转钻孔	黏性土、粉土、砂土、碎石土、强风化岩、软质岩	60~250	≤70
3	潜水电钻钻孔	黏性土、粉土、砂土、淤泥质土、强风化岩、软质岩	50~150	≤50
4	冲击钻机钻孔	各种土层及风化岩、软质岩	60~120	≤70
5	冲抓成孔	黏性土、粉土、砂土、碎石土、砂卵石、强风化岩	60~120	≤40
6	旋挖钻机成孔	黏性土、粉土、砂土、碎石土、强风化岩、软质岩	50~120	≤50
7	抓斗挖槽机成孔	黏性土、粉土、砂土、碎石土、砂卵石、强风化岩	翼宽 60~120 翼长 120~300	≤50

2. 施工工艺流程

泥浆护壁钻孔灌注桩的工艺流程如图2-1所示,在施工中可根据工程特点适当增减工序。

二、施工准备

1. 施工场地准备

(1)陆地施工场地准备。

1)测放桩位。桩位放样偏差群桩不得大于20mm,单排

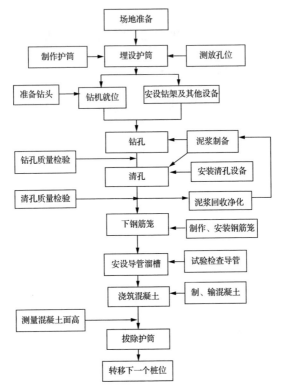

图 2-1　钻孔灌注桩施工工艺流程图

桩不得大于 10mm；以长 300～500mm 的木桩或铁钎锤入土层作为标记，出露高度一般为 50～80mm。

2）在建筑物旧址或杂填土地区施工时，应预先进行钎探，将桩位处的浅埋旧基础、块石等障碍物挖除。对于松软场地应进行夯打密实或换除软土等处理。场地为陡坡时，应先平整场地。在坡度较大时，可搭设坚固稳定的排架工作平台。

3）合理设置制浆站、混凝土搅拌站及废水、废浆、废渣处理设施，并保证施工道路通畅。

（2）水域施工场地准备。

1）施工场地为浅水且流速不大时，根据技术方案比较，可将水上钻孔改为旱地钻孔。如采用筑岛法，岛面应高出水面并符合设计要求。筑岛时尽量减少块石的回填，避免人为增加造孔难度。

2）场地为深水时，可搭水上施工平台。工作平台可用木桩、钢管桩、钢筋混凝土桩做垂直向支撑，顶面纵横梁，支撑架可用木料、型钢或其他材料搭设。平台要有足够的强度、刚度和稳定性，应能支承钻孔机械、护筒加压、钻孔操作以及灌注水下混凝土时可能产生的荷载。平台的高程应保证洪水季节能安全施工，或使设备能顺利撤离场地。

3）场地为深水而且水流平稳时，钻机可在船上钻孔，但必须锚固稳定，以免造成偏位、斜孔或其他事故；如果流速较大但河床可以整理平顺时，可采用钢板或钢丝网水泥薄壁浮运沉井，就位后灌水下沉至河床，然后在其顶面搭设工作平台，在底部开孔，安设护筒；在某些情况下，也可在钢板桩围堰内搭设钻孔平台。

2. 护筒埋设

（1）护筒的种类和制作。

护筒按材质分为钢护筒、钢筋混凝土护筒、砖砌护筒及木护筒四种，见图 2-2。

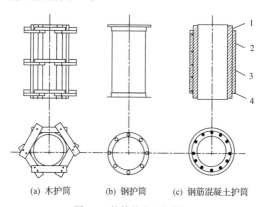

(a) 木护筒　　(b) 钢护筒　　(c) 钢筋混凝土护筒

图 2-2　护筒的类型与构造

1—钢板圈；2—混凝土；3—竖筋；4—箍筋

1) 钢护筒。钢护筒坚固耐用,重复使用次数多,制作简便,在旱地、河滩和水中都能使用。钢护筒一般用 4～6mm 厚的钢板制造,每节护筒高 1.2～2m,顶节护筒上部宜开设 1～2 个溢浆口,并焊有吊环。对于直径较大的护筒,钢板厚度可增至 8～10mm;也可做成两半圆组合式护筒。上下节之间和两半圆之间用法兰连接,接缝处设橡胶垫止水。为增加刚度,可在护筒的外侧加焊环向或竖向筋板。为防止护筒下沉,可在其上部焊两根角钢担在地面上。

2) 预制钢筋混凝土护筒。在深水施工多采用钢筋混凝土护筒,它有较好的防水性能,能靠自重沉入或打(震)入土中。钢筋混凝土护筒壁厚一般为 80～100mm,其长度按需要而定,每节不宜过长,以 2m 左右为宜。护筒需要接长时,接头处用扁钢制成的钢圈焊于两端的主筋上,在扁钢外面骑缝加焊一圈钢板将上下节连接起来。钢筋混凝土护筒还可以采用硫黄胶泥连接,连接方法类似于预制桩之间的黏接。

当用振动法下沉护筒时,应在顶节护筒上端按振动锤桩帽的螺栓孔位置预埋螺栓。

3) 砖砌护筒。一般用水泥砂浆砌筑而成,壁厚不小于 12cm。砖砌护筒目前已很少采用。

4) 木护筒。一般用 3～4cm 厚的木板制作,每隔 50cm 做一道环箍,板缝应刨平合严,防止漏水。木护筒耗用木材多,容易损坏,现在已较少采用。

(2) 护筒埋设。

护筒埋设应符合下列规定:

1) 护筒中心与桩位中心的偏差应不大于 50mm,护筒的倾斜度不大于 1%。

2) 护筒的内径应大于设计桩径,一般应大于钻头直径 100mm。用冲击和冲抓方式成孔时,护筒内径宜大于钻孔直径 200mm。

3) 护筒顶端高度。在旱地施工时,护筒顶端应高出地面 0.3m。地质条件较好时,孔内泥浆面至少高于地下水位 1.5m;地质条件较差时,孔内泥浆面至少高于地下水位 2m。

在水上施工时,护筒顶端一般应高出最高施工水位 1.5~2m。孔内有承压水时,应高出稳定水位 2m 以上。采用反循环回转方式钻孔时,护筒顶端也应高出地下水位 2m 以上。

4) 埋设深度。旱地或浅水处,黏性土层中不小于 1m,砂土中不小于 1.5m;其高度应满足孔内泥浆面高度的要求。深水及河床软土、淤泥层较厚处,护筒底端应深入到不透水黏土层内 1~1.5m,且埋设深度不得小于 3m。

5) 护筒埋设的方法。护筒埋设的位置是否准确,护筒的周围和底脚是否紧密,是否不透水,对成孔、成桩质量都有重大的影响。护筒埋设工作的要点如下:

①护筒埋设应根据地下水位高低分别采用挖埋法或填埋法埋设。当地下水位在地面以下超过 1m 时,可采用挖埋法,如图 2-3(a)所示。当地下水位埋深小于 1m 或浅水筑岛施工时,可采用填埋法,如图 2-3(b)(c)所示。在深水区施工时,可采用下沉法埋设,如图 2-3(d)所示。

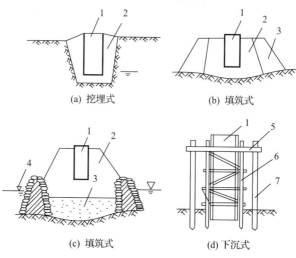

(a) 挖埋式　　　　　　(b) 填筑式

(c) 填筑式　　　　　　(d) 下沉式

图 2-3　护筒埋设方式
1—护筒;2—夯实黏土;3—砂土;4—施工水位;5—工作平台;
6—导向架;7—脚手架

②采用挖埋法和填埋法时埋坑不宜太大,一般比护筒直径大 0.6～1m,护筒外侧回填黏土至地面,并分层夯实;护筒内侧也应回填黏土并夯实,用以稳定护筒底脚,防止护筒外水位较高时护筒脚冒水,内侧回填深度一般为 0.3～0.5m。

③在砂土及其他松软地层中埋设护筒时,应将护筒以下的松散软土至少挖除 0.5m,换填好黏土并分层夯实。换土不能满足要求时,护筒必须加长,使筒脚落到硬土层上。为防止护筒陷落,可用方木做成井字架夹持护筒中部,一起埋于土中;也可用钢丝绳把护筒捆住,系于地面的方木上。在黏性土中挖埋时,挖坑深度与护筒高度相等,坑底稍加平整即可。

④为了校正护筒及桩孔中心,在挖护筒之前宜采用"十"字交叉法在护筒以外较稳定的部位设 4 个定位桩,以便在挖埋护筒及钻孔过程随时校正桩位。

⑤埋设前通过定位桩拉线放样,把钻孔中心位置标于坑底;再把护筒放进坑内,用十字架找出护筒的圆心位置,移动护筒使其圆心与坑底钻孔中心位置重合,用水平尺校正,使其直立。

⑥当采用填埋法时,筑岛高度应使护筒顶端比地下水位或施工水位高 1.5m 以上。土岛边坡以 1：1.5～1：2 为宜。顶面尺寸应满足钻孔机具布置的需要,并便于操作。

⑦在水域中施工时,护筒沿导向架下沉至水底后,可用射水、吸泥、抓泥、震动、锤击、压重、反拉等方法将护筒底部插入水底地层一定的深度。入土深度为黏性土 0.5～1m;砂性土 3～4m。

3. 泥浆制备

钻孔灌注桩采用泥浆护壁成孔时(湿作业法成孔),除在地下水位较高的黏性土地层中造孔可在孔内注入清水自行造浆外,其他地层中造孔均应预先准备好泥浆系统并制备足够数量的泥浆备用。泥浆的性能和质量对成桩质量有重要的影响,必须给予足够的重视。泥浆不仅有护壁的作用,而且还有携渣和排渣的作用。制备泥浆的原材料可采用当地黏土或膨润土,也可采用混合土料的泥浆。泥浆的性能指标应根据地质条件、施工方法和施工阶段确定。

在场地条件允许时,应首先考虑集中制浆;在狭小的场地也可采用分散制浆方式。集中制浆时,泥浆池的容积宜为同时施工钻孔容积 $1.2\sim1.5$ 倍,一般不小于 10m^3。

三、正循环回转钻进

1. 机具设备

主要机具设备为回转钻机,多用转盘式。钻架多用龙门式;钻头常用三翼或四翼式钻头、牙轮合金钻头或钢粒钻头,以前者使用较多;配套机具有钻杆、卷扬机、泥浆泵(或离心式水泵)、空气压缩机、测量仪器以及混凝土配制、运输、钢筋加工系统等。

2. 施工工艺方法要点

(1)钻机就位前,先平整场地,铺好枕木并用水平尺校正,保证钻机平稳、牢固。在桩位埋设护筒,同时挖好水源坑、排泥槽、泥浆池等。

(2)钻进时如土质情况良好,可采取清水钻进,自然造浆护壁,或加入红黏土或膨润土泥浆护壁,泥浆密度不小于 1.3g/cm^3。

(3)钻进时应根据土层情况加压,开始应轻压力、慢转速,逐步转入正常。在松软土层中钻进,应根据泥浆补给情况控制钻进速度,在硬土层或岩层中的钻进速度,以钻机不发生跳动为准。

(4)钻进程序,根据场地、桩距和进度情况,可采用单机跳打法、单机双打、双机双打等。

(5)桩孔钻完,开始清孔,直至孔内沉渣厚度符合规范要求。清孔后泥浆密度不大于 1.2g/cm^3。

(6)清孔后,进行隐蔽工程验收,合格后吊放钢筋笼,浇筑水下混凝土。

3. 施工常遇问题及防治处理方法(表2-5)

表 2-5　回转钻(电钻)成孔灌注桩常遇问题及预防处理方法

常遇问题	产生原因	防治措施及处理方法
坍孔	1. 护筒周围未用黏土填封紧密而漏水，或护筒埋置太浅； 2. 未及时向孔内加泥浆，孔内泥浆面低于孔外水位，或孔内出现承压水降低了静水压力，或泥浆密度不够； 3. 在流砂、软淤泥、破碎地层松散砂层中进钻，进尺太快或停在一处空转时间太长，转速太快	护筒周围用黏土填封紧密；钻进中及时添加新鲜泥浆，使其高于孔外水位；遇流砂、松散土层时，适当加大泥浆密度，不要使进尺过快，空转时间过长。轻度坍孔，加大泥浆密度和提高水位；严重坍孔，用黏土泥浆投入，待孔壁稳定后采用低速钻进
钻孔偏移（倾斜）	1. 桩架不稳，钻杆导架不垂直，钻机磨损，部件松动，或钻杆弯曲接头不直； 2. 土层软硬不匀； 3. 钻机成孔时，遇较大孤石或探头石，或基岩倾斜未处理，或在粒径悬殊的砂、卵石层中钻进，钻头所受阻力不匀	安装钻机时，要对导杆进行水平和垂直校正，检修钻机设备，如钻杆弯曲，及时调换，遇软硬土层应控制进尺，低速钻进偏斜过大时，填入石子、黏土重新钻进，控制钻速，慢速上下提升、下降，往复扫孔纠正；如有探头石，宜用钻机钻透，用冲孔机时用低锤轻击，把石块打碎；倾斜基岩时，投入块石，使表面垫平，用锤密打
流砂	1. 孔外水压比孔内大，孔壁松散，使大量流砂涌塞桩底； 2. 遇粉砂层，泥浆密度不够，孔壁未形成泥皮	使孔内水压高于孔外水位0.5m以上，适当加大泥浆密度。流砂严重时，可抛入碎砖、石、黏土用锤冲入流砂层，做成泥浆结块，使其成坚厚孔壁，阻止流砂涌入
不进尺	1. 钻头沾满黏土块(糊钻头)，排渣不畅，钻头周围堆积土块； 2. 钻头合金刀具安装角度不适当，刀具切土过浅，泥浆密度过大，钻头配重过轻	加强排渣，重新安装刀具角度、形状、排列方向；降低泥浆密度，加大配重糊钻时，可提出钻头，清除泥块后，再施钻
钻孔漏浆	1. 遇到透水性强或有地下水流动的土层； 2. 护筒埋设过浅，回填土不密实或护筒接缝不严密，在护筒及筒脚或接缝处漏浆； 3. 水头过高使孔壁渗透	适当加稠泥浆或倒入黏土慢速转动，或在回填土内掺乱石、卵石，反复冲击，增强护壁，护筒周围及底部接缝，用土回填密实，适当控制孔内水头高度，不要使压力过大

常遇问题	产生原因	防治措施及处理方法
钢筋笼偏位、变形、上浮	1. 钢筋笼过长，未设加劲箍，刚度不够，造成变形； 2. 钢筋笼上未设垫块或耳环控制保护层厚度，或桩孔本身偏斜或偏位； 3. 钢筋笼吊放未垂直绥慢放下，而是斜插入孔内； 4. 孔底沉渣未清理干净，使钢筋笼达不到设计强度； 5. 当混凝土面至钢筋笼底时，混凝土导管埋深不够，混凝土冲击力使钢筋笼被顶托上浮	钢筋过长，应分 2～3 节制作，分段吊放，分段焊接或设加劲箍加强；在钢筋笼部分主筋上，应每隔一定距离设置混凝土垫块或焊耳环控制保护层厚度，桩孔本身偏斜、偏位应在下钢筋笼前复扫孔纠正，孔底沉渣应置换清水或适当密度泥浆清除；浇灌混凝土时，应将钢筋笼固定在孔壁上或压住；混凝土导管应埋入钢筋笼底面以下 1.5m 以上
吊脚桩	1. 清孔后泥浆密充过小，孔壁坍塌或孔底涌进泥浆或未立即灌混凝土； 2. 清渣未净，残留石渣过厚； 3. 吊放钢筋骨架导管等物碰撞孔壁，使泥土坍落孔底	做好清孔工作，达到要求立即灌注混凝土；注意泥浆密度和使孔内水位经常保持高于孔外水位 0.5m 以上，施工注意保护孔壁，不让重物碰撞，造成孔壁坍塌
黏性土层缩颈、糊钻	由于黏性土层有较强的造浆能力和遇水膨胀的特性，使钻孔易于缩颈，或使黏土附在钻头上，产生抱钻、糊钻现象	除严格控制泥浆的黏度增大外，还应适当向孔内投入部分砂粒，防止糊钻；钻头宜采用肋骨式的钻头，边钻进边上下反复扩孔，防止缩颈卡钻事故
孔斜	1. 钻进松散地层中遇有较大的圆孤石或探头石，将钻具挤离钻孔中心轴线； 2. 钻具由软地层进入陡倾角硬地层，或粒径差别太大的砂砾层钻进时，钻头所受阻力不均； 3. 钻具导正性差，在超径孔段钻头走偏，以及由于钻机位置发生串动或底座产生局部下沉使其倾斜等	针对地层特征选用优质泥浆，保持孔壁的稳定；防止或减少出现探头石，一旦发现探头石，应暂停钻进，先回填黏土和片石，用椎形钻头将探头石挤压在孔壁内，或用冲击钻冲击或将钻机（或钻架）略移向探头石一侧，用十字或一字型冲击头猛击，将探头石击碎。如冲击钻也不能击碎探头石，则可用小直径钻头在探头石上钻孔，或在表面放药包爆破

常遇问题	产生原因	防治措施及处理方法
断桩	1. 因首批混凝土多次浇灌不成功,再灌上层出现一层泥夹层而造成断桩; 2. 孔壁塌方将导管卡住,强力拔管时,使泥水混入混凝土内或导管接头不良,泥水进入管内; 3. 施工时突然下雨,泥浆冲入桩孔; 4. 采用排水方法灌注混凝土,未将水抽干,地下水大量进入,将泥浆带入混凝土中造成夹层;另一方面,由于桩身混凝土采用分层振捣,下面的泥浆被振捣到上面,然后再灌入混凝土振捣,两段混凝土间夹杂泥浆,造成分节脱离,出现断层	力争首批混凝土灌一次成功,钻孔选用较大密度和黏度、胶体率好的泥浆护壁;控制进尺速度,保持孔壁稳定;导管接头应用方丝扣连接,并设橡皮圈密封严密;孔口护筒不使埋置太浅;下钢筋笼骨架过程中,不使碰撞孔壁;施工时突然下雨,要争取一次性灌注完毕,灌注桩严重塌方或导管无法拔出形成断桩,可在一侧补桩;深度不大可挖出;对断桩处作适当处理后,支模重新浇筑混凝土

四、反循环回转钻进

1. 泵吸反循环钻进

泵吸反循环钻进成孔工艺的要求和注意事项如下:

(1) 根据地层合理地选择钻头。泵吸反循环钻进所用钻头与正循环基本相同,所不同是钻头除切削岩土外,还要吸入钻渣。为此,施工中根据不同地层合理选用钻头是反循环钻进的关键。如在卵砾石层钻进中,宜选用筒式耙齿钻头和筒式打捞钻头。钻进时钻头齿刃松动切削地层,小的砂砾沿钻头吸渣口进入钻杆而排出地面,大直径卵石则进入筒内,最后随钻头一起提至地面。

(2) 保持孔内液面高度。泵吸反循环钻进时应保持孔内水位高出地下水位 2m 以上,利用水位差所产生的静水侧压力稳定孔壁。为此,反循环施工所用泥浆要十分充足,能及时补充孔内液面高度,一般泥浆贮备应为钻孔容积的 1.5～3 倍。尽量采用自流式供浆的方式,当采用泵送泥浆时,需要考虑砂石泵与抽水泵或泥浆泵的流量相匹配,并注意接长护筒,以防对孔壁的冲刷。泥浆的性能应视地层情况随时调节。

（3）钻杆内流体的上返速度选择。钻杆内流体的上返速度越高，携带钻渣的能力越强，以 2.5～3.5m/s 为宜。流速过高会引起弯管部位磨损过快，同时管外流速过高对孔壁稳定不利。钻速越高，单位时间内产生的钻渣越多，泥浆的上返流速也应增高。

（4）砂石泵流量选择。

砂石泵的流量可按公式(2-1)计算：

$$Q = 2827vd^2k \tag{2-1}$$

式中：Q——砂石泵的排量，m^3/h；

v——钻杆内流体上返速度，m/s；

d——钻杆内径，m；

k——砂石泵工作时的余量系数，取 1.4～1.8。

（5）钻渣含量的确定。钻渣含量的大小与所钻岩层性质、钻孔深度和循环介质的种类有关。孔浅时，钻渣含量可高一些，孔深时就要小一些。对于浅孔、软岩，使用泥浆钻进时的钻渣含量可达 10%～15%。深孔钻进时为防止管路堵塞，钻渣含量可控制在 1%～3%。一般地层，钻渣含量可控制在 5%～8%。

（6）钻进操作要点。

1）启动砂石泵。启动砂石泵前将钻头提离孔底 0.2m 以上。

采用注浆法启动时，先关闭砂石泵出口阀门，用注浆泵向砂石泵和管路注浆排气，待孔口浆面开始不冒气泡时，说明砂石泵和管路已充满泥浆，即可启动砂石泵，同时关闭注浆泵，打开砂石泵出口阀门。

采用真空泵启动时，先关闭砂石泵出口阀门和气包放水阀，并打开真空泵管路阀门，然后启动真空泵，抽吸砂石泵和管路中的空气，引进泥浆；当气包内的水面升到上部，真空表显示气压小于 0.05MPa 时，即可启动砂石泵，同时停真空泵，打开砂石泵出口阀门。砂石泵启动后，即可打开气包排水阀门，放出气包内的冲洗液。

2）待反循环正常后，才能开动钻机慢速回转下放钻头至孔底。开始钻进时,应先轻压慢转,待钻头正常工作后,逐渐加大转速,调整压力,以不造成钻头吸入口堵塞为准。

3)钻进时应仔细观察进尺情况和砂石泵出渣情况;排量减少或钻渣含量较多时,应控制钻进速度,防止管路堵塞。

4)在砂砾石、砂卵石、卵砾石地层中钻进时,为防止钻渣过多,卵砾石堵塞管路,可采用间断钻进、间断回转的方法来控制钻进速度。

5)加接钻杆时,应先停止钻进,将钻具提离孔底80～100mm,维持冲洗液循环1～2min,以清洗孔底并将管道内的钻渣携出排净,然后停泵加接钻杆。钻杆连接应拧紧上牢,在接头法兰之间应加橡胶垫圈。钻杆接好后,先将钻头提离孔底200～300mm,开动反循环系统,待泥浆流动正常后再下降钻具继续钻进。

6)钻进时如孔内出现坍孔、涌砂等异常情况,应立即将钻具提离孔底,控制泵量,保持泥浆循环,吸除坍落物和涌砂;同时向孔内输送性能符合要求的泥浆,保持浆柱压力以抑制继续涌砂和坍孔。恢复钻进后,泵的排量不宜过大,以防吸坍孔壁。

7)砂石泵排量要考虑孔径大小和地层情况灵活选择调整,一般外环间隙泥浆流速不宜大于10m/min,钻杆内泥浆上返流速应大于2.4m/s。

桩孔直径较大时,钻压宜选用上限,钻头转速宜选用下限,获得下限钻进速度;桩孔直径小时,钻压宜选用下限,钻头转速宜选用上限,获得上限钻进速度。

8)钻达到设计孔深停钻时,仍要维持泥浆正常循环,吸除孔底沉渣直到返出泥浆的钻渣含量小于4%为止。起钻操作要平稳,防止钻头拖刮孔壁,并向孔内补入适量泥浆,保持孔内浆面高度。

五、气举反循环钻进

1. 气水混合室沉没深度

浅孔阶段混合室的沉没比至少要大于0.5,深孔阶段混合室的沉没深度应根据风压大小、孔深及泥浆密度确定。上下混合室之间的间距与风压的关系可参考表2-6。

表 2-6 气水混合室与孔深、风压关系表

风压/MPa	0.6	0.8	1.0	1.2	2.0
混合室间距/m	24	35	45	55	90
混合室最大允许沉没深度/m	50	70	88	105	180

2. 尾管长度的选定

气举反循环装置的尾管长度越小,管内浆柱压力越小,排渣效率越高;但需要的风压也越大。

3. 反循环系统故障的预防与处理

(1)反循环系统启动后运转不正常。检查钻杆法兰、砂石泵盘根、水龙头压盖等有无松动、漏水、漏气。

(2)管路堵塞,泥浆突然中断。在砂卵石层中钻进时,应防止抽吸钻渣过多使混合浆液的比重过大。宜采用钻进一段后,稍停片刻再钻的方法。为防止大卵石吸进管内,钻头吸入口的直径应小于钻杆内径 10～20mm;也可在钻头吸入口中央横焊一根直径 6mm 的短钢筋,但这种方法对排渣粒径的限制过大。

发生堵管时,把钻头略微提升,用锤敲打钻杆及管路中的各处弯头,或反复启闭出浆控制阀门,使管内压力突增、突减,将堵塞物冲出。

六、潜水电钻成孔

潜水电钻成孔灌注桩系利用潜水电钻机构中的密封的电动机、变速机构,直接带动钻头在泥浆中旋转削土,同时用泥浆泵压送高压泥浆(或用水泵压送清水),使从钻头底端射出,与切碎的土颗粒混合,以正循环方式不断由孔底向孔口溢出,将泥渣排出,或用砂石泵或空气吸泥机用反循环方式排除泥渣,如此连续钻进,直至形成需要深度的桩孔,浇筑混凝土成桩。其特点是:钻机设备定型,体积较小,重量轻,移动灵活,维修方便,可钻深孔,成孔精度和效率高,质量好,扩孔率低,成孔率100%,钻进速度快;施工无噪声、无振动;操作简便,劳动强度低;但设备较复杂,费用较高。适用于地下

水位较高的软硬土层,如淤泥、淤泥质土、黏土、粉质黏土、砂土、砂夹卵石及风化页岩层中使用,不得用于漂石。

1. 机具设备

潜水钻孔机由潜水电机、齿轮减速器、钻头、钻杆、密封装置、绝缘橡皮电缆,加上配套机具设备,如机架、卷扬机、泥浆制配系统设备、砂浆泵等组成(图 2-4～图 2-7)。

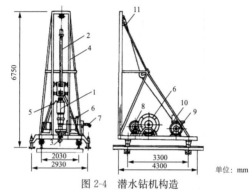

单位:mm

图 2-4　潜水钻机构造

1—潜水电钻;2—钻杆;3—钻头;4—钻孔台车;5—电缆;6—水管卷筒;
7—接泥浆泵;8—电缆卷筒;9—卷扬机;10—配电箱;11—钢丝绳

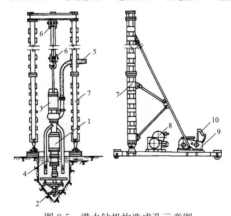

图 2-5　潜水钻机构造成孔示意图

1—潜水电钻;2—钻头;3—潜水砂石泵;4—吸泥管;5—排泥胶管;
6—三轮滑车;7—钻机架;8—副卷扬机;9—慢速主卷扬机;10—配电箱

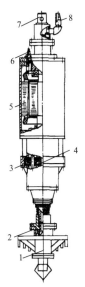

图 2-6 潜水电钻结构示意图

1—钻头；2—钻头接箍；3—行星减速箱；4—中间进水箱；

5—潜水电机；6—电缆；7—提升盖；8—进水管

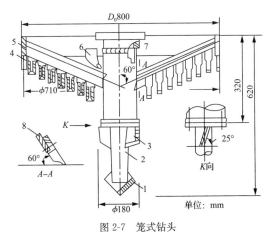

图 2-7 笼式钻头

1—钻头；2—岩心管；3—小爪；4—腋爪；5—护圈；6—钩抓；

7—钻头接箍；8—翼片

2. 施工方法要点

(1) 潜水电钻成孔灌注桩施工工艺见图 2-8。

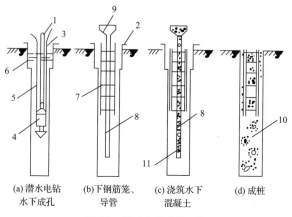

(a) 潜水电钻　　(b) 下钢筋笼、　　(c) 浇筑水下　　(d) 成桩
　水下成孔　　　导管　　　　　混凝土

图 2-8　潜水电钻成桩工艺

1—钻杆(或吊挂绳);2—护筒;3—电缆;4—潜水电钻;5—输水胶管;
6—泥浆;7—钢筋骨架;8—导管;9—料斗;10—混凝土;11—隔水栓

(2) 钻孔应采用泥浆护壁,泥浆密度在砂土和较厚的夹砂层中应控制在 $1.1\sim1.3$g/cm³;在穿过砂夹卵石层或容易坍孔的土层中应控制在 $1.3\sim1.5$g/cm³;在黏土和粉质黏土中成孔时,可注入清水,以原土造浆护壁,排渣时泥浆密度控制在 $1.1\sim1.2$g/cm³。施工过程中应经常测定泥浆密度,并定期测定黏度、含砂率和胶体率。

(3) 钻孔前,孔口应埋设钢板护筒,用以固定桩位,防止孔口坍塌,护筒与孔壁间的缝隙用黏土填实,以防止漏水。

(4) 将钻头吊入护筒内,应关好钻架底层的铁门。启动砂石泵,使电钻空转,待泥浆输入钻孔后,开始钻进。钻进中应根据钻速进尺情况及时放松电缆线及进浆胶管,并使电缆、胶管和钻杆下放速度同步进行。

(5) 启动、下钻及钻进时须有专人收、放电缆和进浆胶管,应设有过载保护装置,使能在钻进阻力过大时能自动切断电源。

（6）钻进速度应根据土质情况、孔径、孔深和供水、供浆量的大小确定，在淤泥和淤泥质黏土中不宜大于 1m/min，在较硬的土层中以钻机无跳动、电机不超荷为准。

（7）钻孔达设计深度后，应立即进行清孔放置钢筋笼，清孔可采用循环换浆法，即让钻头继续在原位旋转，继续注水，用清水换浆（系原土造浆），使泥浆密度控制在 $1.1g/cm^3$ 左右；如孔壁土质较差时，则宜用泥浆循环清孔，使泥浆密度控制在 $1.15\sim1.25g/cm^3$，清孔过程中，必须及时补给足够的泥浆，并保持浆面稳定；如孔壁土质较好不易塌孔时，则可用空气吸泥机清孔。

七、旋挖成孔

1. 旋挖成孔工艺

（1）护筒埋设。泥浆护壁旋挖成孔需要埋设深度较大的护筒（一般为 3～5m），护筒用厚壁钢管制作，护筒内径大于桩径 50～100mm。埋设时，先用直径与护筒外径一致或稍小的钻头钻够护筒埋设深度，然后在孔口放置护筒，再用钻机和不带钻头只带压盘的钻杆将护筒压入孔内。

（2）施工要点。

1）钻进转速，孔径较小、地层较软时可用较大的转速，反之用较小的转速。

2）对于粒径小于100mm 的地层均可用常规钻削式钻斗取土钻进，钻进时应注意满斗后及时起钻卸土。

3）钻进较软的地层应选用小切削角、小刃角的楔齿钻斗，钻进较硬的地层应选用大切削角的锥齿钻斗。

4）当地层中含有粒径 100～200mm 的大卵石时，应采用单底刃大开口的取石钻斗钻进。

5）遇到大于粒径200mm 的漂石或孔壁上有较大的探头石时，应采用筒形取石钻斗捞取，或采用环形牙轮钻斗先从孔壁上切割下来再捞取。

2. 常见故障的预防与处理

(1) 卡埋钻具。

1) 发生原因及预防措施：

①在较松散的砂卵石层或流砂层中，因孔壁坍塌造成埋钻。在钻进此类地层前应提前制定对策，如调整泥浆性能、加长护筒长度等。

②钻进软黏土层时一次进尺太多，因孔壁缩颈而造成卡钻。

③钻斗的边齿、侧齿磨损严重，不能保证成孔直径，孔壁与钻斗之间的间隙过小，此时易造成卡钻。钻筒直径一般应比成孔直径小 60mm 以上，边齿和侧齿应适当加长、加高。同时在使用过程中，边齿和侧齿磨损后要及时修复。

④因机械故障使钻斗在孔底停留时间过长，导致钻斗四周沉渣太多或孔壁缩颈而造成卡埋钻。因此，平时要注意钻机的保养和维修；同时要调整好泥浆的性能，使孔底在一定时间内无沉渣；检修钻机前尽可能将钻斗提离孔底 2m 以上。

2) 处理措施。

处理卡埋钻主要有以下几种方法：

①直接起吊法。即用吊车或液压顶升器直接起拔。

②清除沉渣法。即用高压水冲出钻斗四周的沉渣，并用空气吸泥器(气举反循环)吸出孔底附近的沉渣。

③高压喷射法。即在原钻孔两侧对称打 2 个小孔(小孔中心距钻斗边缘 0.5m 左右)，然后下入喷管对准被卡的钻斗高压喷射，直至两孔喷穿，原孔内的沉渣落入小孔内，即可回转提升被卡钻斗。

④护壁开挖法。当卡钻位置不深时，可用加深护筒等办法护壁，然后人工直接开挖清理钻斗四周的沉渣。

(2) 塌孔。主要是因为地层松散、地下水位较高，而又没有使用泥浆、泥浆供应不足、泥浆性能不好等原因所致。在易塌地层中钻进时，应使用密度和黏度较大、护壁效果较好的泥浆，并及时向孔内补泥浆，保持较高的浆面高度。同时注意控制起下钻具的速度，避免对孔壁产生过大的冲击、抽吸作用。

（3）主卷扬钢丝绳拉断。钻进过程中如操作不当，易造成主卷扬钢丝绳拉断。在起下钻时应注意卷绳和出绳不要过猛或过松、不要互相压咬，提钻时最好先用液压系统起拔钻具。当钢丝绳有较多断丝或有硬伤时，应及时更换。

（4）动力头漏油。发生这一现象的原因，除钻机的设计、安装存在缺陷外，主要是负荷超过设计能力、动力头内套过度磨损所致。所以，钻进前应了解钻机的设计挖掘能力，钻进中不要超负荷运行。

八、冲击成孔

冲击成孔灌注桩系用冲击式钻机或卷扬机悬吊冲击钻头（又称冲锤）上下往复冲击，将硬质土或岩层破碎成孔，部分碎渣和泥浆挤入孔壁中，大部分成为泥渣，用掏渣筒掏出成孔，然后再灌注混凝土成桩。其特点是：设备构造简单，适用范围广，操作方便，所成孔壁较坚实、稳定，坍孔少，不受施工场地限制，无噪声和振动影响等，因此被广泛地采用。但存在掏泥渣较费工费时，不能连续作业，成孔速度较慢，泥渣污染环境，孔底泥渣难以掏尽，使桩承载力不够稳定等问题。适用于黄土、黏性土或粉质黏土和人工杂填土层中应用，特别适于有孤石的砂砾石层、漂石层、坚硬土层、岩层中使用，对流砂层亦可克服，但对淤泥及淤泥质土，则要十分慎重，对地下水大的土层，会使桩端承载力和摩阻力大幅度降低，不宜使用。

1. 机具设备

主要设备为冲击钻机（图 2-9），亦可用简易的冲击钻机（图 2-10）。它由简易钻架、冲锤、转向装置、护筒、掏渣筒以及双筒卷扬机（带离合器）等组成。所用钻具按形状分，常用有十字钻头和三翼钻头两种（图 2-11）；前者专用于砾石层和岩层；后者适用于土层。转向装置是一个活动的吊环，它与主挖钢绳的吊环联结提升冲锤。掏渣筒用于掏取泥浆及孔底沉渣，一般用钢板制成（图 2-12）。

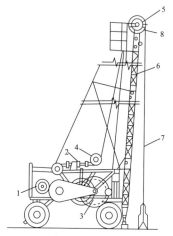

图 2-9　冲击钻机

1—电动机;2—冲击机构;3—主轴;4—压轮;5—钻具滑轮;6—桅杆;

7—钢丝绳;8—掏渣筒滑轮

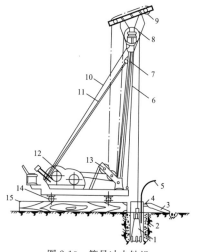

图 2-10　简易冲击钻机

1—钻头;2—护筒回填土;3—泥浆渡槽;4—溢流口;5—供浆管;6—前拉索;

7—主杆;8—主滑轮;9—副滑轮;10—后拉索;11—斜撑;12—双筒卷扬机;

13—导向轮;14—钢管;15—垫木

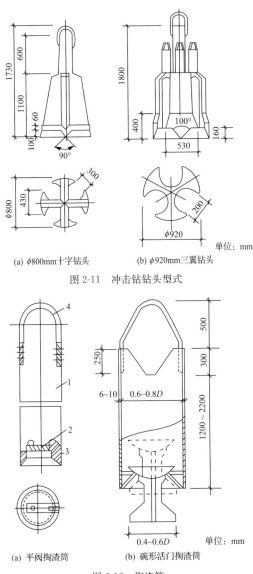

(a) φ800mm十字钻头　　　(b) φ920mm三翼钻头

图 2-11　冲击钻钻头型式

(a) 平阀掏渣筒　　　(b) 碗形活门掏渣筒

图 2-12　掏渣筒

1—筒体；2—平阀；3—切削管袖；4—提环

2. 施工工艺方法要点

（1）冲击成孔灌注桩施工工艺程序是：场地平整→桩位放线、开挖浆池、浆沟→护筒埋设→钻机就位、孔位校正→冲击造孔、清除废浆、泥渣→清孔换浆→终孔验收→下钢筋笼和钢导管→灌注水下混凝土。

（2）成孔时应先在孔口设钢护筒或砌砖护圈，它的作用是保护孔口、定位导向、维护泥浆面、防止塌方。护筒（圈）内径应比钻头直径大 200mm，深一般为 1.2～1.5m，如上部松土较厚，宜穿过松土层，以保护孔口和防止塌孔。然后使冲孔机就位，冲击钻应对准护筒中心，要求偏差不大于±20mm，开始低锤（小冲程）密击，锤高 0.4～0.6m，并及时加块石与黏土泥浆护壁，泥浆密度和冲程可按表 2-7 选用，使孔壁挤压密实，直至孔深达护筒下 3～4m 后，才加快速度，加

表 2-7　各类土层中的冲程和泥浆密度选用表

项次	项目	冲程/m	泥浆密度/(g/cm³)	备注
1	在护筒中及护筒脚下 3m 以内	0.9～1.1	1.1～1.3	土层不好时宜提高泥浆密度，必要时加入小片石和黏土块
2	黏土	1～2	清水	和稀泥浆，经常清理钻头上泥块
3	砂土	1～2	1.3～1.5	抛黏土块，勤冲勤掏渣，防坍孔
4	砂卵石	2～3	1.3～1.5	加大冲击能量，勤掏渣
5	风化岩	1～4	1.2～1.4	如岩层表面不平或倾斜，应抛入 20～30cm 厚块石使之略平，然后低锤快击使其成一紧密平台，再进行正常冲击，同时加大冲击能量，勤掏渣
6	塌孔回填重成孔	1	1.3～1.5	反复冲击，加黏土块及片石

大冲程,将锤提高至 1.5～2m,转入正常连续冲击,在造孔时要及时将孔内残渣排出孔外,以免孔内残渣太多,出现埋钻现象。

(3) 冲孔时应随时测定和控制泥浆密度。如遇较好的黏土层,亦可采取自成泥浆护壁,方法在孔内注满清水,通过上下冲击使成泥浆护壁。排渣方法有泥浆循环法和抽渣筒法两种。前者是将输浆管插入孔底,泥浆在孔内向上流动,将残渣带出孔外,本法造孔工效高,护壁效果好,泥浆较易处理,但对孔深时,循环泥浆的压力和流量要求高,较难实施,故只适于在浅孔应用。抽渣筒法,是用一个下部带活门的钢筒,将其放到孔底,作上下来回活动,提升高度在 2m 左右,当抽筒向下活动时,活门打开,残渣进入筒内;向上运动时,活门关闭,可将孔内残渣抽出孔外。排渣时,必须及时向孔内补充泥浆,以防亏浆造成孔内坍塌。

(4) 在钻进过程中每 1～2m 要检查一次成孔的垂直度。如发现偏斜应立即停止钻进,采取措施进行纠偏。对于变层处和易于发生偏斜的部位,应采用低锤轻击、间断冲击的办法穿过,以保持孔形良好。

(5) 在冲击钻进阶段应注意始终保持孔内水位高过护筒底口 0.5m 以上,以免水位升降波动造成对护筒底口处的冲刷,同时孔内水位高度应大于地下水位 1m 以上。

(6) 成孔后,应用测绳测量检查孔深,核对无误后,进行清孔,可使用底部带活门的钢抽渣筒,反复掏渣,将孔底淤泥、沉渣清除干净。密度大的泥浆借水泵用清水置换,使密度控制在 $1.15～1.25g/cm^3$ 之间。

(7) 清孔后应立即放入钢筋笼,并固定在孔口钢护筒上,使其在浇筑混凝土过程中不向上浮起,也不下沉。钢筋笼下完并检查无误后应立即浇筑混凝土,间隔时间不应超过 4h,以防泥浆沉淀和坍孔。混凝土浇筑一般采用导管法在水中浇筑。

3. 施工常遇问题及预防、处理方法(见表 2-8)

表 2-8　　冲击钻成孔灌注桩常遇问题及预防处理方法

常遇问题	产生原因	预防措施及处理方法
桩孔不圆，呈梅花形	1. 钻头的转向装置失灵，冲击时钻头未转动； 2. 泥浆黏度过高，冲击转动阻力太大，钻头转动困难； 3. 冲程太小，钻头转动时间不充分或转动很小	经常检查转向装置的灵活性；调整泥浆的黏度和相对密度；用低冲程时，每冲击一段换用高一些的冲程冲击，交替冲击修整孔形
钻孔偏斜	1. 冲击中遇探头石、漂石、大小不均，钻头受力不均； 2. 基岩面产状较陡； 3. 钻机底座未安置水平或产生不均匀沉陷； 4. 土层软硬不均，孔径大，钻头小，冲击时钻头向一侧倾斜	发现探头石后，应回填碎石或将钻机稍移向探头石一侧，用高冲程猛击探头石，破碎探头石后再钻进遇基岩时采用低冲程，并使钻头充分转动，加快冲击频率，进入基岩后采用高冲程钻进；若发现孔斜，应回填重钻；经常检查及时调整；进入软硬不均地层，采取低锤密击，保持孔底平整，穿过此层后再正常钻进；及时更换钻头
冲击钻头被卡	1. 钻孔不圆，钻头被孔的狭窄部位卡住(叫下卡)； 冲击钻头在孔内遇到大的探头(叫上卡)；石块落在钻头与孔壁之间； 2. 未及时焊补钻头，钻孔直径逐渐变小，钻头入孔冲击被卡； 3. 上部孔壁坍落物卡住钻头； 4. 在黏土层中冲程太高，泥浆黏度过高，以致钻头被吸住； 5. 放绳太多，冲击钻头倾倒顶住孔壁； 6. 护筒底部出现卷口变形，钻头卡在护筒底，拉不出来	若孔不圆，钻头向下有活动余地，可使钻头向下活动并转动至孔径较大方向提起钻头；使钻头向下活动，脱离卡点，使钻头上下活动，让石块落下及时修补冲击钻头；若孔径已变小，应严格控制钻头直径，并在孔径变小处反复刮削孔壁，以增大孔径；用打捞钩或打捞活套助提；利用泥浆泵向孔内泵送性能优良的泥浆，清除坍落物，替换孔内黏度过高的泥浆；使用专门加工的工具将顶住孔壁的钻头拨正；将护筒吊起，割去卷口，再在筒底外围用 φ12mm 圆钢焊一圈包箍，重下护筒于原位

常遇问题	产生原因	预防措施及处理方法
孔壁坍塌	1. 冲击钻头或掏渣筒倾倒，撞击孔壁； 2. 泥浆相对密度偏低，起不到护壁作用；孔内泥浆面低于孔外水位； 3. 遇流砂、软淤泥、破碎地层或松砂层钻进时进尺太快； 4. 地层变化时未及时调整泥浆相对密度； 5. 清孔或漏浆时补浆不及时，造成泥浆面过低，孔压不够而塌孔； 6. 成孔后未及时灌注混凝土或下钢筋笼时撞击孔壁造成塌孔	探明坍塌位置，将砂和黏土（或砂砾和黄土）混合物回填到坍孔位置以上1～2m，等回填物沉积密实后再重新冲孔；按不同地层土质采用不同的泥浆相对密度；提高泥浆面；严重坍孔，用黏土泥膏投入，待孔壁稳定后，采用低速重新钻进；地层变化时要随时调整泥浆相对密度；清孔或漏浆时应及时补充泥浆，保持浆面在护筒范围以内；成孔后应及时灌注混凝土；下钢筋笼应保持竖直，不撞击孔壁
流砂	1. 孔外水压力比孔内大，孔壁松散，使大量流砂涌塞孔底； 2. 掏渣时，没有同时向孔内补充水，造成孔外水位高于孔内	流砂严重时，可抛入碎砖石、黏土，用锤冲入流砂层，做成泥浆结块，使成坚厚孔壁，阻止流砂涌入保持孔内水头，并向孔内抛黏土块，冲击造浆护壁，然后用掏渣筒掏砂
冲击无钻进	1. 钻头刃脚变钝或未焊牢被冲击掉； 2. 孔内泥浆浓度不够，石渣沉于孔底，钻头重复击打石渣层	磨损的刃齿用氧气炔割平，重新补焊；向孔内抛黏土块，冲击造浆，增大泥浆浓度，勤掏渣
钻孔直径小	1. 选用的钻头直径小； 2. 钻头磨损未及时修复	选择合适的钻头直径，宜比成桩直径小20mm；定期检查钻头磨损情况，及时修复
钻头脱落	1. 大绳在转向装置联结处被磨断；或在靠近转向装置处被扭断，或绳卡松脱，或钻头本身在薄弱断面处折断； 2. 转向装置与钻头的联结处脱开	用打捞活套打捞；用打捞钩打捞；用冲抓锥来抓取掉落的钻头。 预防掉钻头，勤检查易损坏部位和机构

常遇问题	产生原因	预防措施及处理方法
吊脚桩	1. 清孔后泥浆相对密度过低,孔壁坍塌或孔底涌进泥砂,或未立即灌注混凝土; 2. 清渣未净,残留沉渣过厚; 3. 沉放钢筋骨架、导管等物碰撞孔壁,使孔壁坍落孔底	做好清孔工作,达到要求立即灌注混凝土。 注意泥浆浓度,及时清渣;注意孔壁,不让重物碰撞孔壁

九、钢筋笼制作、安装及水下混凝土灌注

（一）钢筋笼的制作和安装一般要求

（1）钢筋笼的制作与安装应符合设计要求或参照《建筑基坑支护技术规程》(JGJ 120—2012)。

（2）所用钢筋的规格及型号应符合设计要求;对进场钢筋进行抽样检查,一般 60t 为一批,按试验要求长度截取钢筋,做抗拉和抗弯试验,不合格的钢筋不得使用。

（3）钢筋笼宜加工成整体;如因运输和安装原因,钢筋笼可分段制作,分段下设,在孔口逐段焊接。

（4）分节制作的钢筋笼,主筋接头宜采用焊接。单面搭接焊缝长度应不小于 10 倍的钢筋直径,双面搭接焊缝长度应不小于 5 倍的钢筋直径。主筋接头应相互错开,错开长度应大于 50cm,同一截面内的钢筋接头数目不得大于主筋总数的 50%。

（5）用导管灌注水下混凝土时,钢筋笼的内径应比导管接头处外径大 100mm;保护层设计厚度应大于明浇混凝土,一般为 50～80mm,钢筋笼上应设置保护层垫块。沉管灌注桩钢筋笼的外径应比钢管内径小 60～80mm。

（6）箍筋应设在主筋外侧;主筋一般不设弯钩,需要设弯钩时不得向内伸露。

（7）主筋净距必须大于混凝土最大骨料粒径 3 倍以上。

（8）钢筋笼在制作、运输、安装过程中不得发生变形,应有防止变形的措施。

（9）钢筋笼制作的偏差应在以下范围内:主筋间距

±10mm;箍筋间距±20mm;钢筋笼直径±10mm;钢筋笼长度±50mm。

（二）钢筋笼的制作

1. 钢筋笼的结构和材料

钢筋笼通常由主筋、架立箍筋和螺旋箍筋组成。

主筋通常采用热轧带肋钢筋，常用规格为$\phi12\sim32$mm；螺旋箍筋可采用热轧圆盘条，常用规格为$\phi6\sim12$mm；架立箍筋通常采用热轧光圆钢筋，常用规格为$\phi10\sim16$mm。灌注桩钢筋笼常用热轧钢筋和圆盘条的规格和性能见表2-9和表2-10。

表2-9   钢筋笼常用热轧钢筋的规格和性能

钢筋级别	强度等级代号或牌号	公称直径/mm	抗拉强度/MPa	屈服点/MPa	伸长率	外形	钢号	冷弯 d—弯心直径 a—钢筋直径
			不小于					
I	R235	8～20	370	235	25%	光圆	Q235	180°，$d=a$
II	HRB335	6～25	490	335	16%	带肋	20MnSi	180°，$d=3a$
		28～50					20MnNbb	180°，$d=4a$
III	HRB400	6～25	570	400	14%	带肋	20MnSiV 20MnTi	180°，$d=4a$
		28～50					25MnSi	180°，$d=5a$
IV	HRB500	6～25	630	500	12%	带肋	40Si2MnV 45SiMnV	180°，$d=6a$
		28～50					45Si2MnTi	180°，$d=7a$

表2-10   常用热轧圆盘条的规格和性能

钢号	公称直径/mm	抗拉强度/MPa	屈服点/MPa	伸长率	冷弯 d—弯心直径； a—钢筋直径
		不小于			
Q215	5.5～30	375	215	27%	180°，$d=0$
Q235	5.5～30	410	235	23%	180°，$d=0.5a$

2. 钢筋笼制作设备及程序

（1）制作设备。制作钢筋笼的主要设备和工具有电焊机、对焊机、钢筋切割机、钢筋调直机、支承架、钢筋圈制作台、卡板等。

（2）制作程序。

1）下料。根据钢筋笼的设计直径和长度计算主筋分段长度和箍筋下料长度。将所需钢筋调直后，按计算长度切割备用。主筋分段长度宜与钢筋的定尺长度一致，以节省材料。

当箍筋为螺旋筋时，钢筋的理论下料长度可按式（2-2）计算：

$$L = \sqrt{(\pi D)^2 + S^2} \times Z \qquad (2\text{-}2)$$

式中：L——螺旋筋总长，m；

D——钢筋笼直径，m；

S——箍筋间距，m；

Z——螺旋筋圈数，$Z = T/S + 1$，T 为钢筋笼长度。

2）在钢筋圈制作台上制作圆形箍筋和架立筋，并按要求焊接。

3）将支承架按 2～3m 的间距摆放在同一水平面上的同一直线上。

4）钢筋笼成型：主筋与架立箍筋在支承架上定位，并焊接或绑扎。

5）螺旋箍筋按规定间距绕于钢筋笼上，用细铁丝绑扎并间隔点焊固定。

6）将焊接或绑扎钢筋笼保护层垫块。

7）将制作好的钢筋笼放置在平整干燥的地面上或垫木上。

8）对制作好的钢筋笼按设计和规范要求进行检查，不合格者应予返工。

3. 钢筋笼成型方法

（1）箍筋成型法。在加工平台上，先将 4 根主筋穿入箍筋内，同时在 4 根主筋上放样标定箍筋的间距。然后在主筋长度范围内，放好全部箍筋圈，扶正箍筋并逐一焊接或绑扎牢固；再将其余的主筋穿进箍筋圈内，按箍筋圈上标定的主筋间距，逐根摆顺并焊接。

（2）卡板成型法。以钢筋笼主筋中心至桩心的平面距离为半径，用 3cm 厚木板制作两块半圆形卡板，在卡板的边缘上按主筋的位置和半径开半圆槽。制作钢筋笼时,每隔 3m 左右放一对卡板,把主筋放入槽内用绳子捆好,再将箍筋套入并用铁丝将其与主筋绑扎牢固。然后松开卡板与主筋的绑绳,卸去卡板,随即将箍筋与主筋点焊成型。

（3）支架成型法。支架由固定部分和活动部分组成。按主筋的位置和直径在圆弧面上凿出支托主筋的半圆形凹槽;固定支架用打入地下的支柱固定。活动支架位于固定支架上方,其上部的外缘轮廓呈半圆形,下部的两条支腿用螺栓固定在固定支架上。活动支架各根横梁的两端均有放置主筋的凹槽,与下面的固定支架一起构成一个圆形支架。制作钢筋笼时,每隔 2m 左右设置支架一个,各支架应相互平行,圆心应在同一直线上。先把主筋逐根放入凹槽,然后将箍筋按设计位置放在主筋外围,并与主筋点焊连接。焊好箍筋后,把连接活动支架和固定支架的螺栓拆除,从钢筋笼两端抽出活动支架,从固定支架上取下钢筋笼,再绕焊螺旋箍筋。

（4）钢筋笼保护层的设置。水下浇筑混凝土的保护层厚度应不小于 50mm,非水下浇筑混凝土的保护层厚度应不小于 30mm。保护层可采用以下方法设置:

1）在钢筋笼上焊接或绑扎预制混凝土垫块。一般在钢筋笼长度方向上每隔 2m 对称设置 4 块,或在每节钢筋笼的上、中、下三个部位以 120°间隔各设置 3 块。

2）在钢筋笼上焊接导正筋。导正筋的上部和下部焊接在主筋上,中部弯成梯形伸向孔壁,起扶正钢筋笼的作用。在一个截面上至少设置 4 个导正筋,导正筋直径不宜小于 12mm,伸出长度应不小于 5cm,高度不宜小于 20cm。

4. 钢筋笼吊装

（1）吊装机具。钢筋笼就位设备视钢筋笼的大小、重量而定。场内转运和吊装一般应采用有多节伸缩臂杆的汽车吊,或吊车与钻机配合共同吊装。吊车的起吊能力应满足最大钢筋笼连成整体后的起吊要求。若受地形和运输工具的限制,小型钢筋笼可用人工抬运到孔口。钢筋笼吊装也可以根据地形采用人字杆、独杆或钻机本身的钻架起吊等简易起吊机具。

（2）钢筋笼吊放。钢筋笼吊放有单点法、双点法和三点法。吊点位置应恰当，一般设在箍筋处。长度12m以内的钢筋笼可用单点起吊法直接起吊，即用长约10m、两端带封闭环的钢丝绳从钢筋笼长度的约1/4处穿过，两端与钻机副卷扬吊绳索具连接。起吊时要用粗麻绳或棕绳从两个方向拉住钢筋笼底部，以防刮碰地面。吊直后对准孔口缓慢放入孔内。下放到设计高程后，横穿一根钢管将钢筋笼固定于孔口，并抽出起吊钢丝绳。长度12m以上的钢筋笼宜采用双吊点起吊，吊点宜设在1/3笼长和2/3笼长位置。重型钢筋笼则需要两台吊车配合吊装，其中一台先水平吊起一定高度，然后另一台提吊上端，在空中竖直后再换成顶部吊挂。为防止钢筋笼变形，可采用焊加强箍筋、增加螺旋箍筋焊点、增加架立箍筋直径、捆绑木杆等方法提高钢筋笼的整体刚度。

吊放钢筋笼时要对准孔位，避免碰撞孔壁。若下放遇阻，应查明原因，进行处理，不得强行下放。钢筋笼就位后应按设计要求在孔口调整钢筋笼与钻孔同心，最后将钢筋笼主筋固定在护筒顶部的边缘上，或用铅丝绑扎于钻架上，使其位置符合设计要求，并防止在下设导管和浇筑混凝土过程中发生位移。待混凝土浇完并初凝后即可解除钢筋笼的固定装置。

当钢筋笼笼顶的设计高度低于孔口高程时，在孔口看不到钢筋笼就位情况，为便于起吊安装，可在钢筋笼顶部加焊4个吊装导向筋。

（3）钢筋笼连接。当钢筋笼分节制作时，需在孔口将钢筋笼分节对正焊牢。对接时将已进入孔内的钢筋笼用木棍或钢管由加强箍筋下穿过，临时支承在孔口的护筒顶上，用吊车或钻架吊直上一节钢筋笼，使上下两节钢筋笼主筋位置对正，确认轴线一致后进行焊接。

因钢筋笼入孔连接时间过长或其他原因未能及时灌注混凝土，致使孔底淤积超过规范要求时，应在浇筑混凝土之前重新清孔。

（三）混凝土的制备和浇筑

1. 一般要求

（1）桩身质量要求。

1）桩身混凝土的抗压、抗拉强度应满足设计要求。

2）桩身混凝土应均匀、密实、完整，不得有蜂窝、孔洞、裂隙、混浆、夹层、断桩等不良现象。

3）水泥砂浆与钢筋黏结良好，不得有脱粘和露筋现象。

4）桩长、桩径和桩顶高程应满足设计要求，不得有缩径和欠浇现象。

（2）混凝土配制要求。

1）混凝土的施工配合比应经试验确定，其性能应符合设计强度要求。

2）混凝土所用水泥、砂、石等原材料的质量应符合有关标准的规定。

3）混凝土具有良好的和易性，其流动性和初凝时间应能满足施工要求，并在运输和浇筑过程中不发生离析。

4）混凝土坍落度控制范围：水下灌注混凝土为 18～22cm；干作业混凝土为 8～10cm；沉管灌注混凝土为 6～8cm。

（3）混凝土灌注要求。

1）水下混凝土的灌注作业必须连续进行。因故中断时，中断时间不得超过 30min。

2）浇筑过程中严禁将导管拔出混凝土面。发现导管拔出混凝土面时，应立即停止浇筑，将孔内已浇混凝土清理干净后重新浇筑。

3）实际灌入混凝土量不得少于设计桩身的理论体积。灌注桩的充盈系数不得小于 1.0，也不宜大于 1.3。

4）认真完整地填写混凝土灌筑施工记录，并按要求绘制有关曲线。

2. 混凝土的拌制和运输

（1）拌制前的准备工作。

1）根据混凝土的设计配合比、骨料含水量及搅拌机的容量，计算出搅拌一盘混凝土所需砂、石、水、水泥、外加剂的重量或体积。

2）安装搅拌机，校准配料计量装置。

3）准备足够的砂、石、水泥等材料和装载、取样、测试工具。

（2）混凝土拌制。

1）投料。投料应根据混凝土配合比通知单进行。为了减少水泥粉尘飞扬及粘罐现象，拌制混凝土的投料顺序是：石子→水泥→砂→水和外加剂。

2）搅拌。混凝土搅拌可采用各种类型的搅拌机，所需搅拌机数量可依据需要的浇筑强度和单台搅拌机的生产能力算出。目前多采用自动化搅拌站搅拌混凝土。

3）计量。需对各种原材料进行精确计量。

4）检查和调整。在混凝土拌制过程中，应按规范要求定时测试混凝土的坍落度和扩散度，特别是头一盘或头一车混凝土一定要检测。根据混凝土坍落度、扩散度和砂石骨料含水量的检测情况，及时调整配合比。

（3）混凝土运输。根据工程特点及施工单位情况，混凝土水平运输可采用混凝土搅拌车、混凝土泵、自卸汽车等运输工具。不管采用哪种运输工具，混凝土从搅拌机卸料后应在尽短的时间内运送到浇筑地点，保证单桩在首盘混凝土初凝前灌注完毕。

混凝土在运输过程中不得漏浆和离析。混凝土运至浇筑地点时应检查其均匀性和坍落度，如不符合要求应进行第二次拌和，二次拌和后仍不符合要求时不得使用。

应尽量减少倒运环节，尽可能采用混凝土搅拌车或混凝土泵与导管漏斗对口浇的施工方法。不具备对口浇的条件时，可用吊车、浇筑架、皮带机、储料斗、卧罐等作为垂直提升转运工具。

3. 水下混凝土的浇筑

水下混凝土的施工方法以直升导管法在灌注桩施工中最为常用。

（1）水下混凝土灌注机具。水下混凝土灌注机具主要有导管、导管提升设备、隔水栓、漏斗、储料斗等。

1) 导管提升设备。升降混凝土导管可用钻机、吊车或专用的混凝土浇筑架。吊车用于下设导管较方便,可一次下设多节导管。吊车还可用于提升混凝土,但不宜用作提吊导管;因为这样一来占用吊车的时间太多,二来用吊车上下活动导管不方便、不灵活。

2) 储料斗。储料斗常用 5mm 厚钢板制作,其上装有吊耳、卸料口和闸门。储料斗应有足够的容量,以保证首次灌入的混凝土能将导管底部埋住 1.0~1.2m 的高度。

3) 导管。导管壁厚不得小于 3mm,内径宜大于最大骨料粒径的 6 倍,直径制作偏差不应超过 2mm。导管的分节长度视工艺要求确定,一般配有 0.3m、0.5m、1.0m、2.0m、3.0m、4.0m、6.0m 等长度的导管;其中,2~3m 长的用量最多,0.3~1.0m 长的短管主要用于调节导管露出地面的高度;长度 3m 以上的导管专作底管用,其下部不带接头。

导管管节之间的连接,可采用法兰盘连接、双螺纹方扣连接、承插式活接头、钢丝绳软键接头等形式。

隔水栓的作用是在开浇时将导管内的混凝土与泥浆(或水)隔开,以免混凝土混浆。导管塞宜采用直径略小于导管内径,且在水中能浮起的橡胶或塑料充气空心球。这种塞球隔水效果较好,且具有弹性,在导管内不容易被石子卡住。

(2) 计算混凝土用量。混凝土浇筑之前,需计算出桩孔浇筑混凝土的数量。确定桩顶灌注标高时,一般比设计标高要高出 50cm,因为桩顶存在一段混浆层。桩孔混凝土浇筑量,按式(2-3)计算:

$$V = [(H_1 + h) - H_2] \times \pi D^2 / 4 \times \alpha \qquad (2\text{-}3)$$

式中:H_1——灌注桩设计桩顶高程,m;

H_2——灌注桩设计桩底高程,m;

h——桩顶超浇混凝土高度,m;

D——灌注桩设计直径,m;

α——灌注桩扩孔系数。

灌注桩扩孔系数与钻孔机械、地层条件有关。在回填地层、卵漂石地层扩孔系数较大,一般为 1.1～1.2;在黏土层、粉土层、砂层扩孔系数小些,一般在 1.1 以内;采用旋转钻机成孔,一般在 1.02～1.10 之间。采用冲击钻机成孔的扩孔系数较大,一般在 1.15～1.27 之间。施工中根据钻孔机械和地层条件,适当选用扩孔系数。

(3)初浇混凝土量的确定。初浇混凝土量必须满足导管底部埋深 0.8～1.2m 的要求。

储料斗的混凝土初存量可按公式(2-4)计算(式中参数见图 2-13):

$$V = \frac{\pi}{4}(H_a D^2 + H_b d^2)a \tag{2-4}$$

式中:V——初浇混凝土体积,m^3;

d、D——导管内径和桩孔设计直径,m;

a——扩孔系数;

H_a——初浇混凝土高度,$H_a = h_1 + h_2$,m;

H——孔内混凝土面深度,m;

H_b——孔内混凝土高度达到埋管深度时,导管内混凝土柱与导管外液柱的平衡高度,$H_b = (r_1/r_2) \times H$,m;

其中——r_1、r_2——孔内泥浆和混凝土重度,kN/m^3;

h_1——导管底端到孔底的距离,一般取 0.3～0.5m;

h_2——导管埋入混凝土内的深度,一般取 0.8～1.2m。

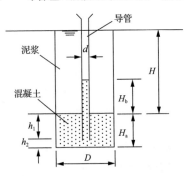

图 2-13　初浇混凝土量计算示意图

（4）安装导管。导管在使用之前，应在地面进行试拼装和试压，试水压力为 0.6～1.0MPa。同时检查导管是否弯曲，连接件是否牢固可靠，丈量导管组装后的实际长度。

安装导管时，应根据桩孔的实际深度配置导管。导管的下端距孔底的高度宜控制在 0.2～0.3m。应将导管下到孔底后，再提起适当高度用井架固定于孔口。安装好的导管应置于钻孔中心；导管的总长度和顶部露出地面的高度要用不同长度的短管来调节，使之便于混凝土灌注作业；其底部应装一节下端不带接头的长导管，以减少拔管阻力和挂碰钢筋笼的可能性。在连接导管时必须加垫密封圈或橡胶垫，并上紧丝扣或螺栓。

导管下设完毕后，先将隔水栓放入导管，再将漏斗插在导管上口，盖上盖板待浇。

（5）混凝土灌注。开始搅拌混凝土之前，宜先拌一盘水泥沙浆，水泥：砂＝1：2、水灰比为 0.5～0.6，存放在漏斗中。先注砂浆可防粗骨料卡住隔水栓，同时可起润湿导管和胶结孔底沉渣的作用。开浇前应有足够的混凝土储备量，使导管一次埋入混凝土面以下 0.8m 以上。当储料斗内的混凝土量已满足初灌要求时，拔出漏斗出口上的盖板，同时打开储料斗上的放料闸门，使砂浆和混凝土连续进入导管，迅速地把隔水栓及管内泥浆压出导管；当孔内浆液猛地溢出孔口时，证明混凝土已通过导管进入孔内；若导管内无泥浆返回，则开浇成功。此时应测量混凝土面的深度，确认导管埋深是否满足要求；若埋深过小，应适当降低导管。随即连续灌注混凝土，不得停顿。

混凝土灌注要连续进行，混凝土灌注速度应保证在首盘混凝土初凝前完成全桩的浇筑，单桩适当的灌注时间参见表 2-11。灌注中经常用测锤探测混凝土面上升高度，并适时提升拆卸导管，保持导管在混凝土中的合理埋深。导管埋深一般宜控制在 2～6m 范围内，初灌时不得小于 1m；在终灌阶段或遇特殊情况下料不畅时，可适当减少导管埋深，但不得小于 1m。混凝土灌注自始至终都应做好详细记录，并根据记录指导导管拆卸。每次测量混凝土深度后应核对混凝土灌注方量,以检查所测混凝土面位置是否正确。

表 2-11 不同桩长适当的灌注时间

桩长/m	<20	20～40	40～60	60～70	70～80	>80
灌注时间/h	1.5～2	2～3	3～4	4～5	5～6	7～8

(6) 注意事项:

1) 在灌注过程中,要注意观察孔内泥浆返出情况和导管内的混凝土面高度,以判断灌注是否正常。

2) 在灌注过程中要经常上下活动导管,以加快混凝土的扩散和密实。

3) 在灌注过程中要防止混凝土溢出漏斗,从漏斗外掉入孔内。

4) 向漏斗内放料不可太快、太猛,以免将空气压入导管内,影响浇筑压力和混凝土质量。

5) 为防止钢筋笼上浮,当混凝土顶面上升到接近钢筋笼底部时,应降低混凝土灌注速度;当混凝土顶面上升到钢筋笼底部以上 4m 时,将导管底口提升至距钢筋笼底部 2m 以上,即可恢复正常灌注速度。

6) 在终浇阶段由于导管内外的压力差减少,浇筑速度也会下降;如出现下料困难时,可适当提升导管和稀释孔内泥浆。

7) 提升导管时应保持轴线竖直、位置居中,如果导管卡挂钢筋笼,可转动导管,使其脱开钢筋笼,然后再提升。

8) 拆卸导管的速度要快,时间不宜超过 10min;拆下的导管应立即冲洗干净,按拆卸顺序摆放整齐。

9) 终浇高程应高于设计桩顶高程 0.5m 以上。

第三节 干作业成孔灌注桩

干作业钻孔灌注桩是指在不用泥浆和套管护壁的情况下,用人工或机械成孔,然后下设钢筋笼、灌注混凝土成桩。

这类桩具有成孔不用泥浆或套管,施工无噪声、无震动、无泥浆污染,机具设备简单,装卸移动方便,施工准备工作少,技术容易掌握,施工速度快、成本低等优点。适用于地下水位以上的一般黏性土、粉土、黄土以及密实的黏性土、砂土层中使用。穿过其他地层时,需采取特殊措施处理,但施工速度有所降低。

一、长螺旋钻孔灌注桩

(一)适用范围

长螺旋钻进一般适用于地下水位以上的土层、砂层及含有少量砾石的地层。遇地下水时,不仅孔壁容易坍塌,而且钻渣不能完全排出。

(二)施工机具

1. 长螺旋钻机

步履式长螺旋钻机由动力头、立杆、撑杆、卷扬机、底盘、行走机构等部件组成。由于长螺旋钻进需要很高的立杆,所以底盘必须有足够的重量和尺寸,以保持钻机的稳定。新型国产步履式长螺旋钻机一般都配有较高的立杆,但动力和扭矩较小。履带式多用途钻机的动力和扭矩较大,且自动化程度高、移机方便,用长螺杆钻进时可在硬土层中钻直径较大的孔;伸缩钻杆此时不起作用,可钻孔深相对较小。

步履式长螺旋钻机一般是电动动力头,履带式多用途钻机均采用液压马达动力头。电动动力头一般采用双电动机中空式结构,以便于在其顶部连接注浆管。

步履式钻机立杆的前后倾角一般可在±10°范围调节。履带式钻机立杆倾角的调节范围更大,不仅可以前后倾斜,而且可以左右倾斜,以适应在复杂地形施工和钻斜孔的需要。

2. 长螺旋钻杆与钻头

(1)钻杆。长螺旋钻杆一般由心管、螺旋带和连接部件组成。心管为无缝钢管,外面焊有螺旋板或螺旋槽。孔深较小时宜用整根钻杆;孔深较大时则需要分段制作,以便搬运,使用时再根据需要接长。常用规格有 $\phi300mm$、$\phi400mm$、

$\phi500mm$、$\phi600mm$、$\phi800mm$，每节长度为 4m 或 5m，按桩径、桩长要求选配。长螺旋钻杆的连接一般采用六方或四方插接方式，也可用螺纹或法兰连接。

（2）螺旋钻头由钻头体、翼片、螺旋带和连接部件组成，有单翼片钻头、双翼片钻头、阶梯钻头等类型。钻进一般土层常用带中心刀的双翼平底钻头，钻头底刃长度大于螺旋叶片外径 10～20mm，底刃上焊有硬质合金刀齿。单翼片钻头只适用于在软土层中钻进直径 450mm 以下的小桩孔。遇到含有石块、混凝土块的地层时，则可换装筒式钻头或斗式钻头分回次捞石钻进。

（三）施工工艺

1. 工艺流程

（1）成孔工艺流程：钻机就位→钻孔→质量检查→孔底清理→孔口盖板→移机。

（2）浇筑混凝土工艺流程：移开盖板→检查孔深和垂直度→放钢筋笼→吊挂混凝土串筒→浇筑混凝土（随浇随振）。

2. 操作要点

（1）定桩位。根据设计图纸，所有桩孔的定位一次完成。确定施工桩位顺序，应综合考虑有利于保护已施工桩和方便运输等因素。

（2）钻机就位。钻机必须保持平稳，对位必须准确。就位前应检查场地情况。如果场地较软，应予压实并增加支腿接地面积。如果坡度过大，应予平整。就位后应调平钻机，并用经纬仪从两个方向校准挺杆倾角，使挺杆的垂直度误差小于 1%。挺杆的底部须用硬方木垫实。为准确控制钻孔深度，应在机架上设置控制标尺，以便在施工中进行观测和记录。

（3）钻孔。开钻前应检查钻具的弯曲度、同心度和连接情况。钻进过程中钻杆应保持垂直稳固，位置正确，防止因钻杆晃动造成孔径过大。钻进一般地层主要靠钻具自重和钻杆上的土重压力，不另外加压；钻进硬土层时可适当加压。采用间歇式钻进方法，即钻进—空转—钻进。钻进中要随时注意地层和动力头负荷的变化,阻力增大时应立即降低转速和钻进速度。要坚持带导向套作业,以防钻杆弯曲。遇到地下水渗漏、砂卵石、流塑淤泥等异常情况时应及时处理,防止塌孔、缩孔。

(4) 清孔。钻至设计深度后再空转 30~60s。提出钻具后,应立即遮盖孔口,以防渣土回落孔内。孔内虚土较多时应采用各种取土工具打捞,必要时二次下钻清孔;对较少的虚土可投入少量粒径 25~60mm 的碎石或卵石后予以捣实。如发生严重塌孔,孔内有大量泥土时,应用砂土、黏土和石灰的混合料分层回填塌孔部位后,重新钻孔。

(5) 下设钢筋笼。下设钢筋笼前应测量孔深。为防止钢筋笼碰挂孔壁和保证保护层有足够的厚度,下设钢筋笼前须贴孔壁均匀吊挂 3~4 根导向钢管,钢筋笼上每隔 3~4m 须设一道保护层垫块,每道不少于 3 个。钢筋笼过长时,可分段吊放,在孔口逐段焊接。吊放钢筋笼时,要对准孔位,吊直扶正,缓慢下沉。钢筋笼放到设计位置后,应立即固定。

(6) 混凝土浇筑。浇筑前应再次测量孔深,如残渣过多应进行处理。钢筋笼定位后应尽早浇筑混凝土,间隔时间应不超过 4h,混凝土浇筑应连续进行。长螺杆钻孔灌注桩宜采用混凝土泵浇筑,混凝土的坍落度宜为 8~10cm。混凝土的强度等级不宜低于 C30,骨料粒径不宜大于 40mm,并不宜大于钢筋最小净距的 1/3。浇筑时孔内应装有串筒等缓冲装置,混凝土的自由下落高度应不大于 2m。浇筑应分层进行,每层高度一般不大于 50cm,分层用接长软轴的插入式振捣器捣实。混凝土终浇高程应适当大于设计桩顶高程。

3. 注意事项

(1) 桩孔检查后,及时盖好孔口盖板,并用钢管搭设围栏,防止在盖板上行车和走人。

(2) 钢筋笼在制作、运输作安装过程中,应采取措施防止变形。

(3) 应有在混凝土浇筑过程中防止钢筋笼上浮的措施。

(4) 散落在孔口的渣土和混凝土应及时清理。

（5）桩头外留的主筋插铁要妥善保护，不得任意弯折或压断。

（6）桩头混凝土强度没有达到设计要求时不得碾压，以防桩头损坏。

（7）灌注桩施工完毕进行基础开挖时，应制定合理的施工顺序和技术措施，防止发生断桩、移位、偏斜等事故。

（8）雨期施工应坚持随钻随浇的原则，雨天不应进行钻孔施工。施工现场必须有良好的排水设施，严防地面水流入或渗入孔内。

（9）冬季施工应有防寒保温措施。

二、长螺旋钻孔压灌混凝土桩

（一）适用范围

该工法适用于填土、黏性土、粉土、淤泥质土、砂土、砾石及粒径小于 100mm、卵石含量小于 30% 的砂卵石等地层。适用桩径 400～800mm，孔深不宜超过 20m。

（二）施工工艺

1. 施工程序

1）钻机就位；

2）钻孔；

3）钻至设计深度后空钻清底；

4）通过钻杆向孔底注入水泥浆，注入量为单桩体积的 3%～5%；

5）边提升钻杆边用混凝土泵向孔内压送混凝土；

6）提出钻杆，插入钢筋笼；

7）补灌混凝土至预定高程（高于设计桩顶高程 30～50cm）。

灌注混凝土前先注水泥浆的作用是：

（1）胶结孔底虚土，提高桩端承载力；

（2）将水泥浆压注到桩底地层中形成扩大头，提高桩端承载力；

（3）在灌注混凝土时，水泥浆沿孔壁上升，使桩身混凝土与四周土体紧密地固结成一体，提高桩侧的摩阻力。

2. 操作要点及注意事项

（1）成孔方法与注意事项与前述一般长螺旋钻孔灌注桩相同。

（2）搅拌混凝土应严格按配合比配料，每盘搅拌时间应不小于90s，经常检查混凝土的和易性，不合格的混凝土不得送入孔内。

（3）应确保泵送混凝土的连续性，提钻高度应与混凝土泵送量相适应。

（4）遇混凝土输送管路堵塞时，必须及时反泵或停泵将管路清通。

（5）因故不能正常施工时，为避免管路堵塞，应每隔20～30min进行一次泵送—反泵—泵送—反泵操作。

（6）每桩灌注混凝土结束后，应及时封顶以保护桩头。

三、钻孔压浆灌注桩

孔压浆灌注桩系用长臂螺旋钻机钻孔，在钻杆纵向设有一个从上到下的高压灌注水泥浆系统（压力10～30MPa），钻孔深度达到设计深度后，开动压浆泵，使水泥浆从钻头底部喷出，借助水泥浆的压力，将钻杆慢慢提起，直至出地面后，移开钻杆，在孔内放置钢筋笼，再另外放入一根直通孔底的压力注浆塑料管或钢管，与高压浆管接通，同时向桩孔内投放粒径2～4cm碎石或卵石直至桩顶，再向孔内胶管进行二次补浆，把带浆的泥浆挤压干净，至浆液溢出孔口，不再下降，桩即告全部完成。桩径可达300～1000mm，深30m左右。一般常用桩径为400～600mm，桩长10～20m，桩混凝土为无砂混凝土，强度等级为C20。这种桩的特点是：桩体致密，局部能膨胀扩径，单桩承载能力高，沉降量小，比普通灌注桩的抗压、抗拔、抗水平荷载能力提高1倍以上；不用泥浆护壁，可避免水下浇筑混凝土；采用高压灌浆工艺，对桩孔周围地层有明显的扩散渗透、挤密、加固和局部膨胀扩径等作用，不需清理孔底虚土，可有效地防止断桩、缩颈、桩间虚土等情况发生，质量可靠；由于钻孔后的土体和钻杆是被孔底的高压水泥浆置换顶出的，能在流砂、淤泥、砂卵石、塌孔和地下水的复杂地质条件下顺利成桩;施工无噪声、无振动、无排污,没有大量泥浆制和处理带来的环境污染;施工速度快,比普通打预制桩工期缩短 1～2 倍,费用降低 10%～15%。适用于一般黏性土、湿陷性黄土、淤泥质土、中细砂、砂卵石等地层,还可用于有地下水的流砂层。作支承桩、护壁桩和防水帷幕桩等。

1. 机具设备及材料要求

主要设备为长螺旋钻机和高压泵车或水泥注浆车,电动水泥泵;钻杆顶部设导流器,管路系统应耐高压,并附有快速连接装置。

浆液制备装置由计量、搅拌、过滤、储存容器等组成,并应与泵的排量相匹配。

压浆采用纯水泥浆,用强度等级 42.5 普通硅酸盐水泥,新鲜无结块,水灰比为 0.45～0.60。骨料采用粒径 20～40mm 碎石或卵石,含泥量小于 1%。石子和水泥浆液的体积比为石子:水泥浆液=1:0.75～1:0.8。

2. 施工工艺方法要点

(1) 施工工艺流程如图 2-14 所示。

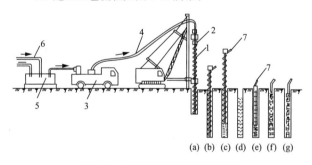

图 2-14　钻孔压浆灌注桩工艺流程

(a) 钻机就位;(b) 钻进;(c) 一次压浆;(d) 提出钻杆;

(e) 下钢筋笼;(f) 下碎石;(g) 二次补浆

1—长螺旋钻机;2—导流器;3—高压泵车;4—高压输浆管;

5—灰浆过滤池;6—接水泥浆搅拌桶;7—注浆管

（2）钻机就位。按常规方法对准桩位钻进，随时注意并校正钻杆的垂直度；钻孔时应随钻随清理钻进排出的土方；钻至设计深度后空钻清底。

（3）第一次注浆，提钻。将高压胶管一端接在钻杆顶部的导流器预留管口处，另一端接在注浆泵上，将配制好的水泥浆由下而上在提钻同时在高压作用下喷入孔内。提钻压浆应慢走进行，一般控制在 $0.5\sim1m/min$，过快易坍孔或缩孔。当遇有地下水时，应注浆至无坍孔危险位置以上 $0.5\sim1m$ 处，然后提出钻杆，使钻孔形成水泥浆护壁孔。

（4）放钢筋笼和注浆管。成孔后应立即投放钢筋笼。钢筋笼通常由主筋、加强箍筋和螺栓式箍筋组成。钢筋笼应加工成整体，螺旋式箍筋应绑牢。钢筋笼过长可分段制作，接头采用焊接。注浆管多固定在制作好的钢筋笼上，下钢筋笼时，一般使用钻机上附设的吊装设备起吊，对准孔位，竖直缓慢地放入孔内，下到设计标高，并将钢筋笼固定。

（5）填放碎（卵）石。碎（卵）石系通过孔口漏斗倒入孔内，用钢钎捣实。

（6）第二次注浆（补浆）。利用固定在钢筋笼上的塑料管进行第二次注浆，此工序与第一次注浆间隔不得超过 45min，第二次注浆一般要多次反复进行，最后一次补浆必须在水泥浆接近终凝时完成，注浆完了后立即拔管洗净备用。

（7）为控制混凝土质量，在同一水灰比的情况下，每班做 2 组试块。

3. 施工注意事项

（1）当在软土层成孔，桩距小于 $3.5d$ 时，宜跳打成桩，以防高压使邻桩断裂，中间空出的桩须待邻桩的混凝土达到设计强度等级的 50%以后方可成桩。

（2）当钻进遇到较大的漂石、孤石卡钻时，应作移位处理。当土质松软，拔钻后塌方不能成孔时，可先灌注泥浆，经 2h 后再在已凝固的水泥浆上二次钻孔。

（3）配制水泥浆应在初凝时间内用完，不得隔日使用或掺水泥后再用。水泥浆液可根据不同的使用要求掺加不同的外加剂。

（4）注浆泵的工作压力应根据地质条件确定,第一次注浆压力(即泵送终止压力)一般在 1～10MPa 范围内变化,第二次补浆压力一般在 2～10MPa 范围内变化。在淤泥质土和流砂层中,注浆压力要高;在黏性土层中,注浆压力可低些;对于地下水位以上的黏性土层,为防止缩颈和断桩也要提高注浆压力。

（5）安放补浆管时,其下端应距孔底 1m,当桩长超过 13m 时,应安放两根补浆管,为一长一短,长管下端距孔底 1m,短管出口安在 1/2 桩长处,补浆管组数视桩径而定。

（6）在距孔口 3～4m 段,应采用专门措施使该部分混凝土密实。一般当用两根补浆管时,宜先用长管补浆两次后,再用短管补浆,一直到水泥浆不再渗透时方可终止补浆,取出补浆管。

（7）钻孔压浆桩的施工顺序,应根据桩间距和地层渗透情况,按编号顺序采取跳跃式进行或根据凝固时间采取间隔进行,以防止桩孔间窜浆。

四、CFG 桩

1. 基本原理

CFG 桩也称水泥粉煤灰碎石桩,它的施工方法是先用长螺旋钻机钻孔或沉管成孔,然后用混凝土泵向孔内压送一种由水泥、粉煤灰、碎石、石屑或砂等混合料加水拌制而成的特殊混凝土,边压注混凝土边提升钻具,直至达到预定的高程,成桩后不再下设钢筋笼。

CFG 桩的桩体材料具有一定的胶结强度和较好的变形性能,它与桩间土和褥垫层共同组成复合地基,桩、土共同承担荷载,与碎石桩的作用基本相同,但比碎石桩复合地基的承载能力更大。

2. CFG 桩的特点

（1）CFG 桩的单桩承载力主要来自全桩长的摩阻力及桩端承载力,而碎石桩的承载力主要靠桩顶以下有限长度内桩周土的侧向约束力。在同等置换率条件下,CFG 桩承担的荷载占总荷载的比值为碎石桩的 1～2 倍。

（2）CFG 桩复合地基的承载力有较大的可调性，可提高地基的承载力 2～5 倍。

（3）与碎石桩相比，增加 CFG 桩的桩长可有效地减少变形，总变形量较小。

（4）与素混凝土桩相比，CFG 桩复合地基的承载力与其相近；但由于压缩模量的增大而显著地降低了荷载作用下的变形，使建筑物的沉降在短期内趋于稳定。同时，大量工业废料的利用可使处理费用节约 20%～30%，经济、社会效益显著。

（5）可采用长螺旋钻机快速施工，且不用泥浆，无污染、无振动，不受地下水位的限制；施工简便，成本低廉。

3. 适用范围

CFG 桩适用于黏性土、粉土、砂土和已自重固结的素填土等地基，对于淤泥质土应按地区经验或通过现场试验确定其适用性。当采用长螺旋钻机成孔时，适用桩径为 400～800mm，最大孔深可达 30m。

4. 施工方法与机具

（1）施工方法。CFG 桩的施工有：长螺旋钻孔灌注成桩；长螺旋钻孔，钻杆内泵送混凝土成桩；振动沉管灌注成桩等方法。其中以长螺旋钻孔、钻杆内泵送混凝土成桩法效果最好，成桩速度最快，应用最广。

（2）施工机具。CFG 桩的施工机具主要有双动力头长螺旋钻机及钻具、混凝土泵、混凝土搅拌机及混凝土输送管路等。

5. 原材料

（1）水泥。根据工程特点、所处环境以及设计、施工要求，选用强度等级 42.5 以上的水泥。

（2）碎石。粒径 20～50mm，松散密度 1.39g/cm³，杂质含量小于 5%。

（3）石屑。粒径 2.5～10mm，松散密度 1.47g/cm³，杂质含量小于 5%。

（4）粉煤灰。Ⅲ级及Ⅲ级以上的粉煤灰。

（5）褥垫层材料。宜用中粗砂、碎石或级配砂石等，最大粒径不宜大于 30mm。不宜用卵石，卵石的咬合力较差，施工扰动容易使褥垫层厚度不均匀。

6. 施工要点

（1）施工前应按设计要求由试验室进行混凝土配合比试验，施工时按通过试验确定的配合比配料。采用长螺旋钻孔、钻杆内泵送混凝土法施工时，混凝土的坍落度宜为 16～20cm；采用振动沉管法施工时，混凝土的坍落度宜为 3～5cm。

（2）当采用长螺旋钻孔、钻杆内灌注成桩法时，其成孔方法及注意事项与前述一般长螺旋钻孔灌注桩相同；混凝土灌注方法与注意事项与前述压灌混凝土灌注桩基本相同。

（3）当采用沉管灌注法施工时，拔管速度应均匀，一般应控制在 1.2～1.5m/min 之间；如遇淤泥或淤泥质土，拔管速度可适当放慢。

（4）每台施工机械每天至少成型一组混合料 28d 龄期抗压强度试块。

（5）冬季施工时，混合料的入孔温度不得低于 5℃，对桩头和桩间土应采取保温措施。

（6）清土和截桩时，不得造成桩顶高程以下的桩身破坏和扰动桩间土。

（7）褥垫层厚度宜为 150～300mm，由设计确定。虚铺厚度一般取压实后厚度的 1.1～1.15 倍。虚铺后宜采用静力法压实至设计厚度；当基础底面下的桩间土含水量较小时，也可采用动力夯实法。对较干的砂石材料，虚铺后可适当洒水再进行碾压或夯实。

7. 质量标准

（1）桩身垂直度偏差不大于 1.5%，桩径最大允许偏差为－20mm（指个别断面）。桩长允许偏差为 0～＋100mm。

（2）桩位偏差：满堂布桩基础不大于 0.4 倍桩径；条形基础不大于 0.25 倍桩径；单排布桩基础不大于 60mm。

（3）原材料、桩身材料配合比、坍落度、成桩工艺、成孔深度、桩顶高程、桩身强度、地基承载力、褥垫层厚度等应符合设计要求。

（4）褥垫层压实后的厚度与虚铺厚度的比值应不大于 0.9。

8. 成品保护

（1）施工时应调整好各单桩的施工顺序，以免桩机碾压已完成的桩头。

（2）CFG 桩施工完毕后，待桩体达到一定强度后（一般为 3～7d）方可开挖桩间土。开挖宜采用人工方法；如采用小型机械配合开挖，应注意保持一定的安全距离，避免损坏桩体和扰动桩间土。

（3）剔除桩头时，不可用重锤或重物横向打击桩体，应用在同一水平面按同一角度对称放置的 2 根或 4 根钢钎同时钻凿。桩头截断后，再由外向里逐渐剔除多余的混凝土，将桩顶找平。

（4）保护土层和桩头清除至设计高程后，应尽快进行褥垫层施工，以防桩间土被扰动。

（5）冬季施工时，应及时用草帘、草袋等保温材料覆盖桩头和桩间土，以防桩间土冻胀拉断桩体。

（6）当桩顶高程不够或断桩位置深度不大时，可将该桩桩顶凿毛并清洗干净后，用相同材料接桩至设计桩顶高程。接桩直径大于原桩直径 200mm，并与原桩搭接 100mm 长度。

五、短螺旋钻孔灌注桩

（一）适用范围

短螺旋钻进一般只适用于地下水位以上较密实的土层、砂层及含有少量卵砾石的地层。遇地下水时须下设套管护壁，否则不仅孔壁容易坍塌，而且钻渣不易排出。最大钻孔深度根据钻机的动力大小和所配伸缩钻杆的长度而定，一般不超过 50m。钻孔直径一般为 500～1500mm，最大可达 2000mm。

（二）施工机具

1. 短螺旋钻机

用于短螺旋钻进的钻机必须具备两个条件:配有伸缩钻杆或钻架较高,钻具能一次提出孔外。有较高的反转转速（≥140r/min）,能自行反转卸土。因此,能用于旋挖钻进或长螺旋钻进的钻机不一定能用于短螺旋钻进,见图2-15。

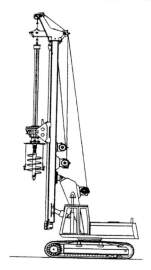

图2-15　短螺旋钻机

2. 钻杆

短螺旋钻进的钻杆与旋挖钻进所用钻杆基本相同。当孔深较小且钻架有足够的高度时,可采用单根钻杆;当孔深较大时则须采用伸缩钻杆。在外层钻杆的底部可安装直径大于钻头直径、高度与钻头相当的套筒,其作用是:

（1）在钻头提出孔口时防止所携带的渣土散落;

（2）安装孔口护筒时传递钻杆的压力。

3. 钻头

短螺旋钻头按适用地层不同可分为土层短螺旋钻头和嵌岩短螺旋钻头两类,按切削具形式不同可分为单头单螺旋、双头单螺旋、双头双螺旋等类型。土层短螺旋钻头一般为平底形,切削具有单头和双头两种形式,螺距较大,切削刃用耐磨材料加固,也可镶焊铲形钢齿,钻杆底部装有鱼尾形中心刀。嵌岩钻头可用于砂砾石、砂卵石、软—中硬基岩的钻进。嵌岩短螺旋钻头多为圆锥形,螺旋板的直径自下而上逐渐增大,螺旋板的厚度也较大,在钻杆底部和螺旋板的边缘上均镶有硬质合金锥形齿。

短螺旋钻头的高度一般为 1.3～2.2m(不包括钻杆接头高度),螺旋板长度一般为 3～4 圈,螺距随直径的增大而增大,其一般对应关系见表 2-12。

表 2-12　　　　短螺旋钻头螺距与直径关系表

直径/mm	520	650	780	900	1060	1200	1350	1500	1650	1830
螺距/mm	250	350	375	450	500	550	600	600	700	800

(三)施工工艺

短螺旋钻孔灌注桩的施工工艺流程及清孔、钢筋笼下设、混凝土浇筑方法与长螺旋钻孔灌注桩相同。

1. 钻头选择

短螺旋钻进应根据地层情况选择钻头。钻进较松软的粉土、砂土和砂砾石层时可用螺距较大的平底钻头,钻进黏土层多用锥底钻头,钻进杂填土和较密实土时层宜用长齿耙式钻头,钻进砂卵石层和基岩用圆锥形硬质合金齿嵌岩钻头。

2. 钻进技术

(1)短螺旋钻进应根据地层情况、钻机的提升能力和钻头长度确定回次进尺。钻进砂土、粉土层回次进尺可达 0.8～1.2m,而黏土层的回次进尺宜控制在 0.6m 以下。回次进尺一般不宜超过短螺旋钻头长度的 2/3。

(2)钻进一般不用加压,主要依靠钻具重量给进;当孔深较大时,为保持钻孔垂直,应适当减压钻进,使钻头处于半悬吊状态。钻进基岩可适当加压。

(3)钻进转速应根据地层性质和钻孔直径确定,可参照表 2-13 选择。卸土反转转速一般为 130～160r/min。

表 2-13　　　　　短螺旋钻进转速选择参照表

孔径/mm 地层	500～800	900～1200	1300～1600	1700～2000	＞2000
砂土	45～50	40～45	35～40	30～35	25～30
粉土	40～45	35～40	30～35	25～30	20～25
黏土	35～40	30～35	25～30	20～25	15～20
砂砾石	30～35	25～30	20～25	15～20	10～15
砂卵石	25～30	20～25	15～20	10～15	5～10

（4）遇有粒径较大的卵石或漂石时,应采用带有取石装置的筒形钻头钻进。对于较大的探头石,可先用环形钻头切割后再用取石钻头捞取。

（5）开孔时须埋设护筒。护筒直径大于桩径 100mm;高度根据地层情况确定,一般不小于 3m。埋设前先用直径稍大的钻头钻孔至需要的深度,然后吊装护筒,并用钻机将护筒压入孔内。

3. 注意事项

（1）钻进时应注意钻机的负荷变化情况,发现负荷过大时应立即降低钻压和转速。

（2）钻进时应注意保持钻杆垂直,每次下钻都要对准孔位。

（3）发现钻具跳动过大时应判明情况,若遇粒径较大的卵石或漂石应及时换用其他钻头处理。

（4）现场必须有良好的排水设施,防止地面水流入或渗入孔内。孔口积土应及时清理。

（5）坚持"随钻随浇"原则;雨天不得进行钻孔作业,并遮盖好孔口。

第四节　人工挖孔桩

人工挖孔灌注桩系用人工挖土成孔,浇筑混凝土成桩;挖孔扩底灌注桩,系在挖孔灌注桩的基础上,扩大桩底尺寸而成。这类桩由于其受力性能可靠,不需大型机具设备,施工操作工艺简单,在各地应用较为普遍,已成为大直径灌注桩施工的一种主要工艺方式。

人工挖孔桩成孔工艺存在劳动强度较大,单桩施工速度较慢,安全性较差等问题,这些问题一般可通过采取技术措施加以克服。若开挖深度超过16m,需通过危险性较大工程专项施工方案专家论证并通过后方可实施。

挖孔及挖孔扩底灌注桩的特点是单桩承载力高,结构传力明确,沉降量小,可一柱一桩,不需承台,不需凿桩头;可作支撑、抗滑、锚拉、挡土等用;可直接检查桩直径、垂直度和持力土层情况,桩质量可靠;施工机具设备较简单,都为工地常规机具,施工工艺操作简便,占场地小;施工无振动、无噪声、无环境污染,对周围建筑物无影响;可多桩同时进行,施工速度快,节省设备费用,降低工程造价。

挖孔及挖孔扩底灌注桩适用于桩直径800mm以上,无地下水或地下水较少的黏土、粉质黏土、含少量的砂、砂卵石、姜结石的黏土层采用,特别适于黄土层使用,深度一般20m左右,可用于高层建筑、公用建筑、水工结构(如泵站、桥墩作支撑、抗滑、挡土、锚拉桩之用)。对有流砂、地下水位较高、涌水量大的冲积地带及近代沉积的含水量高的淤泥、淤泥质土层,不宜采用。

一、构造要求

挖孔桩直径(d)一般为$800\sim2000$mm,最大直径可达3500mm。当要求增大承载力、底部扩底时,扩底直径一般为$1.3d\sim3.0d$。最大可达$4.5d$,扩底直径大小按$(d_1-d)/2:h=1:4,h_1\geqslant(d_1-d)/4$进行控制/[图2-16(a)、图2-16(a)(b)]。一般采用一柱一桩,如采用一柱两桩时,两桩中心距不应小于$3d$,两桩扩大头净距不小于1m[图2-16(c)],上下设置不小于0.5m[图2-16(d)]桩底宜挖成锅底形,锅底中心比四周低200mm,根据试验,它比平底桩可提高承载力20%以上。桩底应支撑在可靠的持力层上,支撑桩大多采用构造配筋,配筋率以0.4%为宜,配筋长度一般为1/2桩长,且不小于10m;用于作抗滑、锚固、挡土桩的配筋,按全长或2/3

桩长配置,由计算确定。箍筋采用螺旋箍筋或封闭箍筋,不小于 $\phi8@200mm$,在桩顶 1m 范围内间距加密一倍,以提高桩的抗剪强度。当钢筋笼长度超过 4m 时,为加强其刚度和整体性,可每隔 2m 设一道 $\phi16\sim20mm$ 焊接加强筋。钢筋笼长超过 10m 需分段拼接,拼接处应用焊接。

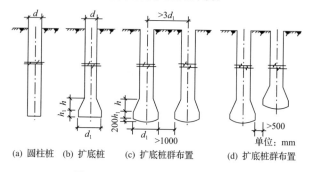

(a) 圆柱桩　(b) 扩底桩　(c) 扩底桩群布置　(d) 扩底桩群布置

图 2-16　人工挖孔和挖孔扩底灌注桩

二、机具设备及材料要求

提升机具包括卷扬机架或单轨电动葫芦(链条式)配提升金属架与轨道,活底吊桶;挖孔工具包括短柄铁锹、镐、锤、钎。

水平运输工具包括双轮手推车或机动翻斗车;混凝土浇筑机具包括混凝土搅拌机(含计量设备)、小直径插入式振动器、插钎、串筒等。当水下浇筑混凝土时,尚应配金属导管、吊斗、混凝土储料斗、提升装置(卷扬机或起重机等)、浇筑架、测锤以及钢筋笼吊放机械等。其他机具设备包括:钢筋加工机具、支护模板、支撑、电焊机、吊挂式软爬梯;低压变压器、井内外照明设施;配鼓风机、输风管;有地下水应配潜水泵及胶皮软管等。

混凝土护壁和桩材料要求同钻孔灌注桩。

三、施工工艺方法要点

(1) 挖孔灌注桩的施工程序是:场地整平→放线、定桩位→挖第一节桩孔土方→支模浇筑第一节混凝土护壁→在护壁上二次投测标高及桩位十字轴线→安装活动井盖、垂直运输架、起重电动葫芦或卷扬机、活底吊土桶、排水、通风、照明设施等→第二节桩身挖土→清理桩孔四壁、校核桩孔垂直度和直径→拆上节模板，支第二节模板，浇筑第二节混凝土护壁→重复第二节挖土、支模、浇筑混凝土护壁工序，循环作业直至设计深度→检查持力层后进行扩底→清理虚土、排除积水、检查尺寸和持力层→吊放钢筋笼就位→浇筑桩身混凝土。当桩孔不设支护和不扩底时，则无此两道工序，见图2-17。

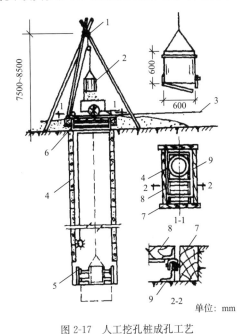

单位：mm

图 2-17　人工挖孔桩成孔工艺

1—卷扬机架；2—吊土桶；3—接卷扬机；4—混凝土护壁；
5—定型组合钢模板；6—活动安全盖板；7—枕木；8—活动井盖；9—角钢轨道

（2）护壁措施。为防止坍孔和保证操作安全，直径 1.2m 以上桩孔多设混凝土支护，每节高 0.9～1.0m，厚 8～15cm，或加配适量直径 6～9mm 光圆钢筋，混凝土用 C25 或 C30；直径 1.2m 以下桩孔，井口 1/4 砖或 1/2 砖护圈高 1.2m，下部遇有不良土体用半砖护砌。

（3）护壁混凝土模板。护壁施工采取一节组合式钢模板拼装而成，拆上节支下节，循环周转使用，模板用 U 形卡连接，上下设两半圆组成的钢圈顶紧，不另设支撑，混凝土用吊桶运输人工浇筑，上部留 100mm 高作浇筑口，拆模后用砌砖或混凝土堵塞，混凝土强度达到安全要求后拆模。

（4）挖孔方法。挖孔由人工从自上而下逐层用镐、锹进行，遇坚硬土层用锤、钎破碎；挖土次序为先挖中间部分后挖周边，允许尺寸误差＋5cm，扩底部分采取先挖桩身圆柱体，再按扩底尺寸从上到下削土修成扩底形。弃土装入活底吊桶或箩筐内。垂直运输，在孔上口安支架、工字轨道、电葫芦，用 1～2t 慢速卷扬机提升，吊至地面上后，用机动翻斗车或手推车运出。

（5）人工挖孔桩中心线控制。桩中线控制是在第一节混凝土护壁上设十字控制点，每一节设横杆吊大线坠作中心线，用水平尺杆找圆周。

（6）钢筋笼制作与安装。直径 1.2m 内的桩，钢筋笼的制作与一般灌注桩的方法相同，对直径和长度大的钢筋笼，一般在主筋内侧每隔 2.5m 加设一道直径 25～30mm 的加强箍，每

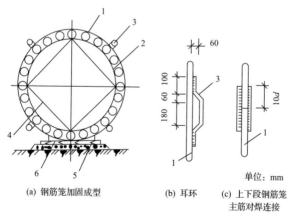

(a) 钢筋笼加固成型　　(b) 耳环　　(c) 上下段钢筋笼
　　　　　　　　　　　　　　　　　　　主筋对焊连接

图 2-18　钢筋笼的成型与加固

1—主筋 ϕ32mm；2—箍筋 ϕ12～16@150mm；3—耳环 ϕ20mm；

4—加劲支撑 ϕ30@5.0m；5—轻轨；6—枕木

隔一箍在箍内设一井字加强支撑,与主筋焊接牢固组成骨架
(图2-18),为便于吊运,一般分两节制作,钢筋笼的主筋为通
长钢筋,其接头采用对焊,主筋与箍筋间隔点焊固定,控制平
整度误差不大于5cm,钢筋笼4侧主筋上每隔5m设置耳环,
控制保护层为5～7cm,钢筋笼外形尺寸比孔小11～12cm。

钢筋笼就位用小型吊运机具(图2-19)或履带式起重机

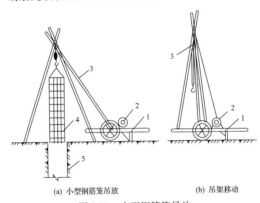

(a) 小型钢筋笼吊放   (b) 吊架移动

图 2-19 小型钢筋笼吊放

1—双轮架子车;2—0.5～1t卷扬机;3—吊架;4—钢筋笼;5—桩孔

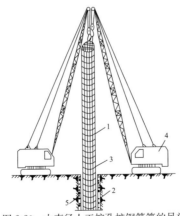

图 2-20 大直径人工挖孔桩钢筋笼的吊放

1—上节钢筋笼;2—下节钢筋笼;3—钢筋焊接接头;

4—15t履带式或轮胎式起重机;5—混凝土护壁

进行(图 2-20),上下节主筋采用帮条双面焊接,整个钢筋笼用槽钢悬挂在井壁上,借自重保持垂直度正确。

(7)混凝土浇筑。混凝土用粒径小于 50mm 石子,水泥用强度等级 42.5 普通硅酸盐水泥或矿渣水泥,坍落度 4～8cm。混凝土下料采用串桶,深桩孔用混凝土溜管;如地下水大(孔中水位上升速度大于 6mm/min),应采用混凝土导管水中浇筑混凝土工艺(图 2-21),混凝土要垂直灌入桩孔内,并应连续分层浇筑,每层厚不超过 1.5m。小直径桩孔,灌注深度 6m 以下利用混凝土的大坍落度和下冲力使其密实;0～6m 以内分层捣实。大直径桩应分层捣实,或用卷扬机吊导管上下插捣。对直径小、深度大的桩,人工下井振捣有困难

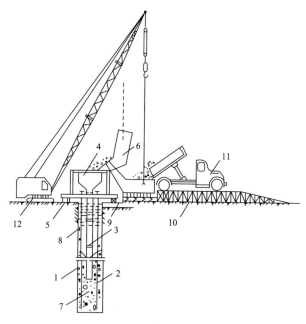

图 2-21　水下混凝土浇筑工艺

1—大直径桩孔;2—钢筋笼;3—导管;4—下料漏斗;5—浇筑台架;
6—卸料槽;7—混凝土;8—泥浆水;9—泥浆溢流槽;10—钢承台;
11—翻斗汽车;12—履带式起重机

时,可在混凝土中掺水泥用量 0.25% 木钙减水剂,使混凝土坍落度增至 13～18cm,利用混凝土大坍落度下沉力使之密实,但桩上部钢筋部位仍应用振捣器振捣密实。

(8)桩混凝土的养护:当桩顶标高比自然场地标高低时,在混凝土浇筑 12h 后进行湿水养护,当桩顶标高比场地标高高时,混凝土浇筑 12h 后应覆盖草袋,并湿水养护,养护时间不少于 7d。

四、地下水及流砂处理

桩挖孔时,如地下水丰富、渗水或涌水量较大时,可根据情况分别采取以下措施:

(1)少量渗水可在桩孔内挖小集水坑,随挖土随用吊桶,将泥水一起吊出;大量渗水,可在桩孔内先挖较深集水井,设小型潜水泵将地下水排出桩孔外,随挖土随加深集水井。

(2)涌水量很大时,如桩较密集,可将一桩超前开挖,使附近地下水汇集于此桩孔内,用 1～2 台潜水泵将地下水抽出,起到深井降水的作用,将附近桩孔地下水位降低。

(3)渗水量较大,井底地下水难以排干时,底部泥渣可用压缩空气清孔方法清孔。

桩孔内排水时,注意周围地下水位变化,否则由于土壤固结、地面下沉会给周围设施带来危害。

当挖孔时遇流砂层,一般可在井孔内设高 1～2m,厚 4mm 钢套筒,直径略小于混凝土护壁内径,利用混凝土支护作支点,用小型油压千斤顶将钢护筒逐渐压入土中,阻挡流砂。钢套筒可一个接一个下沉,压入一段,开挖一段桩孔,直至穿过流砂层 0.5～1m,再转入正常挖土和设混凝土支护。浇筑混凝土时,至该段,随浇混凝土随将钢护筒(上设吊环)吊出,也可不吊出。

五、施工常遇问题及预防处理方法

施工常遇问题及预防处理方法参见表 2-14。

表 2-14　　　　挖孔及挖孔扩底桩常遇问题及预防、处理方法

常遇问题	产生原因	预防措施及处理方法
塌孔	1. 地下水渗流比较严重； 2. 混凝土护壁养护期内，孔底积水，抽水后，孔壁周围土层内产生较大水压差，从而易于使孔壁土体失稳； 3. 土层变化部位挖孔深度大于土体稳定极限高度； 4. 孔底偏位或超挖，孔壁原状土体结构受到扰动、破坏或松软土层挖孔，未及时支护	有选择地先挖几个桩孔进行连续降水，使孔底不积水，周围桩土体黏聚力增强，并保持稳定；尽可能避免桩孔内产生较大水压差；挖孔深度控制不大于稳定极限高度；并防止偏位或超挖；在松软土层挖孔，及时进行支护。 对塌方严重孔壁，用砂、石子填塞，并在护壁的相应部位设泄水孔，用以排除孔洞内积水
井涌 （流泥）	遇残积土、粉土，特别是均匀的粉细砂土层，当地下水位差很大时，使土颗粒悬浮在水中成流态泥土从井底上涌	遇有局部或厚度大于 1.5m 的流动性淤泥和可能出现涌土、涌砂时，可采取将每节护壁高度减小到 300～500mm 并随挖随验，随浇筑混凝土，或采用钢护筒作护壁，或采用有效的降水措施以减轻动水压力
护壁裂缝	1. 护壁过厚，其自重大于土体的极限摩阻力，因而导致下滑，引起裂缝； 2. 过度抽水后，在桩孔周围造成地下水位大幅度下降，在护壁外产生负摩擦力； 3. 由于塌方使护壁失去部分支撑的土体下滑，使护壁某一部分受拉而产生环向水平裂缝，同时由于下滑不均匀和护壁四周压力不均，造成较大的弯矩和剪力作用，而导致垂直和斜向裂缝	护壁厚度不宜太大，尽量减轻自重，在护壁内适当配 $\phi10@200mm$ 竖向钢筋，上下节竖钢筋要连接牢靠，以减少环向拉力；桩孔口的护壁导槽要有良好的土体支撑，以保证其强度和稳固裂缝一般可不处理，但要加强施工监视、观测，发现问题，及时处理

常遇问题	产生原因	预防措施及处理方法
淹井	1. 井孔内遇较大泉眼或土渗透系数大的砂砾层； 2. 附近地下水在井孔集中	可在群桩孔中间钻孔,设量深井,用潜水泵降低水位,至桩孔挖完成,再停止抽水,填砂砾封堵深井
截面大小不一或扭曲	1. 挖孔时未每节对中量测桩中心轴线及半径； 2. 土质松软或遇粉细砂层难以控制半径； 3. 孔壁支护未严格控制尺寸	挖孔时应按每节支护量测桩中心轴线及半径遇松软土层或粉细砂层加强支护严格认真控制支护尺寸
超量	1. 挖孔时未每层控制截面,出现超挖； 2. 遇有地下洞穴、落水洞,下水道或古墓、坑穴； 3. 孔壁坍落,或成孔后间歇时间过长,孔壁风干或浸水剥落	挖孔时每层每节严格控制截面尺寸,不使超挖；遇地下洞穴,用3:7灰土填补、拍夯实；按坍孔一项防止孔壁坍落；成孔后在48h内浇筑桩混凝土,避免长期搁置

第五节　钻孔扩底桩及变截面异型灌注桩

一、钻孔扩底桩

(一)概述

钻孔扩底灌注桩的扩底方法可分为正循环钻孔扩底法、反循环钻孔扩底法和螺旋钻孔扩底法三种。反循环钻孔扩底法适用于可塑至硬塑状态的黏性土、粉土、中密至密实砂土和碎石土层；螺旋钻孔扩底法适用于地下水位以上的一般黏性土、红黏土、粉土、湿陷性黄土和密实的砂土层。正循环钻孔时的泥浆上返流速较小,故只适合在细颗粒地层中扩孔,且扩孔直径较小。装有硬质合金滚刀的扩孔钻头也可在基岩中扩孔。

扩底直径为桩径的 1.5～3.0 倍,最大扩底直径为 4m。桩底扩大头的边坡线与垂直线间的夹角一般不大于 14°,即边坡坡度不小于 4∶1。

钻孔扩底桩施工具有以下特点：①只有在稳定地层才能进行扩底；②可以进行单节扩底和多节扩底；③必须使用专门的扩底钻头；④一般钻孔深度较浅。

（二）设备和机具

1. 钻机

扩底钻机采用回转钻机。当采用液压扩孔钻头时，需要增加配套的液压系统。

2. 扩底钻头

按扩底刀具的驱动力不同，可分为自重式、油压式、水压式三大类；按扩底刀具的开闭方式不同，有上开式、下开式、滑降式、推出式等类型（见图 2-22）。

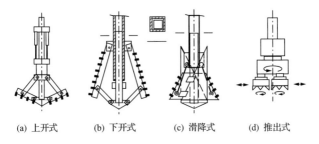

(a) 上开式　　(b) 下开式　　(c) 滑降式　　(d) 推出式

图 2-22　扩底钻头开闭方式示意图

（三）扩底施工要点

1. 正、反循环钻孔桩扩底

（1）扩底钻头的最大扩孔直径应与设计扩底直径一致。当采用自重式扩底钻头时，翼片张开后的高度和坡度还必须与设计扩底形状一致。

（2）下扩底钻头之前应检查扩底钻头翼板的张开和收拢是否灵活。

（3）扩底钻头下到孔底后，应先保持空转不进尺，然后逐渐张开扩刀切土扩底。

（4）扩底速度不宜过快，并注意控制钻机扭矩在钻头强度允许的范围内。

（5）扩底时应保持泥浆循环，并适当调高泥浆的密度和黏度，泥浆流量应与排渣量相适应。

（6）扩底完毕后，应继续空转和循环泥浆一段时间，以清除孔底沉渣。

（7）黏土、粉土、碎石层扩孔可采用一般刮刀扩孔钻头，卵石和岩石地层应采用滚刀扩孔钻头扩孔。

2. 螺旋钻孔桩扩底

（1）螺旋钻孔扩底桩由桩身、扩大头和桩根组成，如图2-23所示。由于螺旋钻孔是干作业，扩孔时的钻渣不能及时排出，故必须在钻孔底部留出一段暂存扩孔钻渣的空间，不能将扩大头置于桩的最底端。

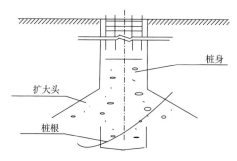

图 2-23　螺旋钻孔扩底桩构造

（2）用螺旋钻具钻完桩孔后，提出螺旋钻具，将扩底工具下至设计深度的持力层中进行扩底，形成扩大头空腔，扩底时切下的渣土集中到下部的桩根空腔内。

（3）再把带有取土装置的螺旋钻具下到桩根部位旋转，将集中在此处的渣土取出，清底后再钻深 100mm，桩根应不留虚土。

（4）扩底应分次进行，每次剥土量应根据桩根空腔体积确定，满腔后将扩底工具提出，再下螺旋钻具取土。

（5）扩底位置和形状，应在钻机设专门标志线进行检查。

（6）遇漂石应暂停扩底，待用其他方法取出漂石后再继续扩底操作。

二、钻孔挤扩桩

（一）基本原理

钻孔挤扩桩也称多分支承力盘灌注桩，简称 DX 桩。钻孔挤扩桩是在钻（冲）孔完成后，向孔内下入专用的挤压扩孔装置，通过地面液压站控制该装置扩张和收缩，在孔壁的不同深度和部位挤压出多个三角形岔腔和（或）环状沟槽，然后放入钢筋笼、灌注混凝土形成的一种在桩身上带有多个分支和多个承力盘的"狼牙棒"形灌注桩。这种桩由桩身、分支、承力盘组成，并共同承载（见图 2-24）。

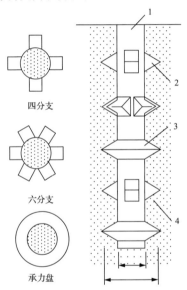

四分支

六分支

承力盘

图 2-24　挤扩桩示意图

1—桩身；2—分支；3—承力盘；4—被挤密的土

（二）适用范围和施工机具

1. 适用范围

挤扩桩主要适用于第四纪土层较厚，以黏性土为主的土层，也可在粉土、砂土、黄土、残积土层中应用；但要求土层有一定的承载力，容易挤压成形，因此不适合于淤泥质土、较密实的中粗砂层、卵砾石层及液化砂土层。

下列情况不能采用挤扩桩：

（1）有深厚的淤泥及淤泥质黏土层，在桩长范围内无适合挤扩的土层。

（2）基岩埋深较浅，地表下的软土层较薄，或两者之间虽有硬土层，但其厚度过小。

（3）有承压水而无法成直孔时地层。

2. 施工机具

挤扩多分支撑力盘灌注桩或挤扩多承力盘桩(以下简称多支盘桩)是利用支盘成型器(图 2-25)在桩孔的某一位置进行挤压，使周围的土壤变得密实，灌注混凝土后形成承力分支或盘，增大支撑面积，从而提高桩的竖向承载力和抗拔力。

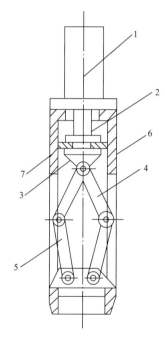

图 2-25　液压挤扩支盘成型器结构构造

1—液压缸；2—活塞杆；3—压头；4—上弓臂；5—下弓臂；6—机身；7—导向块

支盘成型装置由接长管、液压缸、支盘成型器(机)、液压胶管和液压站 5 个部分组成,由液压站提供动力,由支盘成型器实施支盘的成型。

支盘器工作原理是:当给定工作压力 P 时,液压缸活塞杆向下伸出,带压头压迫上弓臂和下弓臂挤扩孔壁,直至达到设计要的最大行程。当液压缸反向供油时,活塞杆回缩,拖动上弓臂和下弓臂恢复到原位,这样,即完成一个分支的挤扩过程。通过旋转接长管将主机旋转相应的角度,多次重复上述挤扩过程,可在设定的位置上挤扩出分支或分承力盘体。

(三)挤扩桩施工方法

1. 施工程序

挤扩桩的直孔成孔、清孔、钢筋笼制作安装及混凝土浇筑方法与一般灌注桩相同,分支和承力盘的挤扩施工程序如下:

(1)采用泥浆护壁或干作业钻成直孔,成孔后进行第一次孔底沉渣清理。

(2)用吊车将挤扩装置放入孔中。

(3)按设计位置,自上而下依次挤扩形成分岔及环状承力盘腔体。

(4)移走挤扩装置。

(5)检查钻孔孔形、分岔与盘腔体的位置与尺寸,第二次清理孔底沉渣。

(6)下设钢筋笼。

(7)下设混凝土浇筑导管,浇筑水下混凝土。

(8)拔出导管、护筒,成桩。

2. 操作要点及注意事项

(1)对一般黏性土,油压控制在 6～7MPa;对坚硬密实砂土为 20～25MPa。

(2)若无自动旋转、定位装置,可在压完一个分支后,用短钢管插入分支器上部连接管上的插孔内旋转一定的角度,在同一高程上继续挤压下一个分支。

（3）挤扩施工可能造成孔壁局部变形和孔底沉渣增加，所以挤扩之后一定要修整孔壁和进行第二次清孔。

（4）由于挤扩施工对地层要施加很大的侧压力，故当桩距小于 3.5 倍桩径时，应采用间隔跳打的施工方法，以免造成塌孔和影响桩身质量。

（5）桩的分支未配钢筋，靠混凝土的剪力传递压力，因此该处的混凝土要保证密实，浇筑过程中应严格控制坍落度，并勤活动导管插捣混凝土。

（6）施工中如发现地质变化、承载力不够时，应根据具体情况加深主桩或增加分支、承力盘的数量。

（7）分支、盘位应选定较好的持力层。施工中如地质变化，持力层深度不能满足设计要求，为提高承载力，应根据具体情况适当加深 0.5～1.5m，或在桩上增加 2～4 个分支（或 1～2 个承力盘），以保证达到要求的承载力。

（8）由于分支成盘，对土层要施加很大侧压力，当桩距小于 3.5d（d 为主桩直径）时，钻机应采取相隔跳打，即间隔钻孔，以免造成塌孔，影响桩身质量。

（9）桩的分支未配钢筋，靠混凝土的剪力传递压力，因此该处的混凝土要保证密实，除控制混凝土配合比外，还应控制坍落度和用导管翻捣固密实。

（10）每一支盘应通过孔口刻度圈按规定转角及次序认真挤扩，转动支盘成型器可用短钢管插入成型器上部连接管孔内旋转即可。每次要测量泥浆面下降值，机体上升值和油压值，以判断支盘成型效果。

（11）挤扩盘过程中，随着盘体体积增大，应不断补充泥浆，尤其是在支盘成型器上提过程中。

（四）质量控制要点

（1）灌注桩用的原材料质量和混凝土强度可参照《建筑桩基技术规范》（JGJ 94—2008）的规定和设计要求。

（2）成孔深度、分支及承力盘位置必须符合设计要求。

（3）钢筋笼制作应对钢筋规格、焊条规格、品种、焊口规格、焊缝长度、焊缝外观及质量、主筋和箍筋的制作偏差等进行检查,并记录检查结果。

(4) 桩的位置偏移不得大于 $d/6$(d 为桩直径),且不大于 100mm,垂直度偏差不得大于 $L/100$(L 为桩长)。

三、锤击扩底灌注桩

(一)基本原理

锤击沉管灌注桩系用锤击打桩机,将带活瓣桩尖或设置钢筋混凝土预制桩尖(靴)的钢管锤击沉入土中,然后边浇筑混凝土边用卷扬机拔桩管成桩。其工艺特点是:可用小桩管打较大截面桩,承载力大;可避免坍孔、瓶颈、断桩、移位、脱空等缺陷;可采用普通锤击打桩机施工,机具设备和操作简便,沉桩速度快。但桩机较笨重,劳动强度较大,还要特别注意安全。适于黏性土、淤泥、淤泥质土、稍密的砂土及杂填土层中使用,但不能在密实的中粗砂、砂砾石、漂石层中使用。

(二)特点及适用范围

夯扩灌注桩主要有以下特点:

(1) 单桩承载力高;

(2) 可消除一般灌注桩易出现的缩颈、裂缝、不密实、回淤等缺陷,质量可靠;

(3) 经济实用;

(4) 施工设备简单,操作方便。

夯扩灌注桩适用于一般黏性土、粉土、黄土、淤泥质土,也可用于有地下水的情况,可在 20 层以下的高层建筑基础中应用。夯扩灌注桩的桩径一般为 300～400mm,最大桩长为 20m。

(三)机具设备

夯扩桩施工设备是由沉管灌注桩施工设备改装而成,主要由机架、桩锤、外管、内夯管、行走机构等部分组成。另配 2 台 2t 慢速卷扬机作拔管用。

机架有井式、门式和桅杆式。桩锤一般采用柴油锤,柴油锤又有导杆式和筒式之分。常用的 DD 型柴油桩锤有 1.8t、2.5t、4.0t 等规格。行走机构一般为走管式,少数为走轨式和履带式。

外管一般用直径 325mm 或 377mm 无缝钢管。内夯管直径一般为 219mm,壁厚 10mm。内管长度比外管短 100～200mm,土质较好、地下水位较低时取小值,反之取大值。内管顶部带有直径大于外管直径的环形盖板,沉管时用以带同外管一起下沉。内夯管底端可采用封闭锥底,也可采用封闭平底。

(四) 施工工艺

1. 施工程序(见图 2-26)

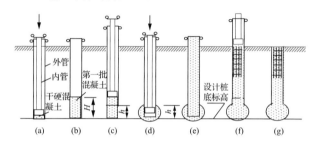

图 2-26　夯扩灌注桩施工程序图

(a) 内外管同步夯入土层;(b) 提出内管,浇筑第一批混凝土;
(c) 插入内管提升外管;(d) 夯扩;(e) 提出内管,灌注第二批混凝土;
(f) 插入钢筋笼和内管;(g) 拔出内外管成桩

(1) 在桩位处按要求放置厚度 100～200mm 的同等级干硬性混凝土。

(2) 将内外管套叠对准孔位同步打入土中至设计深度。

(3) 拔出内夯管,向外管内灌入第一批混凝土,高度为 H。

(4) 将内夯管放回外管内压在混凝土面上,将外管拔起 h 高度($h < H$),高差一般为 0.6～1.0m。

(5) 用桩锤通过内夯管将外管内的混凝土挤出管外,直至外管端接近设计桩底深度,形成扩大的端部。如需第二次夯扩,则重复(3)～(5)步骤。

(6) 拔出内夯管,在外管内灌入第二批混凝土,直至桩身所需要的高度。

（7）放入钢筋笼,插入内夯管紧压管内的混凝土,边压边徐徐拔起外管。

（8）将双管同步拔出地面,则成桩过程完毕。

2. 施工要点

（1）沉管过程中,外管封底可采用干硬性混凝土或无水混凝土,经夯击形成阻水、阻泥管塞,其高度一般为 100mm。当无地下水时,也可不采取上述封底措施。

（2）桩的长度较大或需配置钢筋笼时,桩身混凝土宜分段灌注;拔管时内夯管和桩锤应施压于外管中的混凝土顶面,边压边拔。

（3）施工前应进行试成桩,详细记录混凝土的分次灌入量、外管上拔高度、内管夯击次数、双管同步沉入深度,并检查外管的封底情况,经核实后作为施工控制的依据。

（4）桩端扩大头进入持力层的深度不小于 3m。当采用 2.5t 锤施工时,每根桩的夯击次数应不少于 50 锤;当不能满足此锤击数时,须再投料一次。

（5）夯扩桩混凝土配合比应按设计强度等级确定;混凝土的坍落度,扩大头部分宜为 1～3cm,桩身部分宜为 10～14cm。

（6）夯扩桩的桩端入土深度应以设计桩底标高和锤击贯入度进行双标准控制,一般情况应以贯入度控制为主,以设计标高控制为辅。

（7）施工时应按下面的顺序施打:

1）可采用横移退打的方式,自中间向两端对称进行,或自一侧向单一方向进行。

2）根据基础设计标高,按先深后浅的顺序进行。

3）根据桩的规模,按先大后小、先长后短的顺序进行。

4）当持力层埋深起伏较大时,按深度分区进行施工。

（五）桩端扩大头平均直径计算

一次夯扩平均直径计算公式为

$$D_1 = d_0 \sqrt{\frac{H_1 + h_1 - C_1}{h_1}} \tag{2-5}$$

二次夯扩平均直径计算公式为

$$D_2 = d_0 \sqrt{\frac{H_1 + H_2 + h_2 - C_1 - C_2}{h_2}} \qquad (2\text{-}6)$$

式中：D_1、D_2——第一、二次夯扩扩大头的平均直径；

d_0——外管内径；

H_1、H_2——第一、二次夯扩工序中外管内混凝土灌注高度；

h_1、h_2——第一、二次夯扩工序中外管上拔高度，可取 $h_1 = H_1/2$，$h_2 = H_2/2$；

C_1、C_2——第一、二次夯扩工序中内外管同步下沉至离桩底的距离，可取为 0.2m。

夯扩桩扩大头平均直径计算简图如图 2-27 所示。

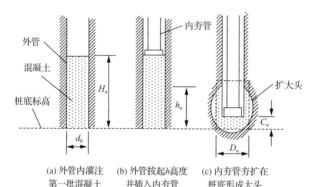

(a) 外管内灌注　　　(b) 外管拔起 h 高度　　　(c) 内夯管夯扩在
　　第一批混凝土　　　并插入内夯管　　　　桩底形成大头

图 2-27　夯扩桩扩大头平均直径计算简图

四、异形截面灌注桩

(一) 概述

异形截面灌注桩是指非圆截面灌注桩，如条形桩、丁字桩、工字桩、十字桩等。这是一种在泥浆护壁条件下，用专用挖槽机械成孔，然后整体下设钢筋笼并浇筑混凝土形成的大型灌注桩。异形截面桩是地下连续墙技术在桩基工程中的应用，它适用于各种建筑物，能适应各种承载力要求。最简单的异形截面桩是条形桩，其截面宽度为 0.6～1.2m，截面长度为 2.2～7m,最小长宽比为 2,最大长宽比可达 10 以上。其他截面形状均由条形截面变换而来,但并非几个条形桩的简单拼凑,而是整个截面的钢筋和混凝土均须连成一体。

（二）施工机具

异形截面灌注桩的施工机具与地下连续墙的施工机具基本相同,主要包括成孔机具、清孔机具、泥浆拌制处理机具、钢筋笼制作安装机具和混凝土搅拌浇筑机具,其中关键的设备是成槽机具。

成槽宜采用抓斗挖槽机,抓斗挖槽机的适应能力较强,施工速度快,布置移动方便;实际工程中多用抓斗挖槽机成槽。条形桩也可用多头反循环回转钻机或钢丝绳冲击钻机成槽,但前者只适用于细颗粒地层,后者的施工速度太慢。单头的正、反循环回转钻机均不适于成槽施工,但可用于配合抓斗挖槽机施工,如打导孔、局部扩孔等。

抓斗挖槽机有钢丝绳抓斗、液压抓斗、导板抓斗、长导杆抓斗、短导杆抓斗等类型,其中以斗体能够转向的短导杆抓斗最适用。在施工截面复杂的桩孔时,此类抓斗在履带吊主机不移动的情况下,斗体可以左右转动,既可抓横向槽孔,又可抓纵向槽孔。常用的抓斗挖槽机由履带式吊车和斗体两大部分组成,两者之间以钢丝绳相连接。斗体由导向装置、开闭斗装置、纠偏装置和斗壳组成。通过更换斗壳,一台抓斗挖槽机可用于多种宽度槽孔的成槽施工。

当用抓斗挖槽机成槽时,须另配潜水砂石泵等清孔机具。抓斗本身不能彻底清除孔底沉积物,也不能进行换浆。当地层中有粒径较大的卵石或漂石时,应配备质量 3～5t 的凿石重锤;必要时重锤还可用于破碎基岩。

（三）施工方法

1. 导墙

异形截面灌注桩施工前必须修筑导墙。导墙的结构和强度应能单独承受最大施工荷载,在孔口发生局部坍塌时,导墙不得发生较大变形或垮塌。导墙应坐落在原地层上,当表层地基较松软时,修筑导墙之前应进行加固处理。导墙两侧应回填黏土并夯实。

2. 成孔施工

（1）条形桩成孔。条桩的截面尺寸宜在现有施工设备的可选择范围内确定,成孔机具的宽度应与条桩的宽度一致。条桩用抓斗或多头钻成孔时,单桩的平面长度一般与抓斗的开度(抓斗张开后两侧斗齿间距)或多头钻的一次成孔长度相等。用多头钻成孔时桩孔两端呈弧线形;用抓斗成孔时桩孔两端可呈弧线形,也可呈直线形,视斗壳形状而定。条桩可一次成孔,施工较简单,主机不用移动位置就可自上而下连续挖至设计深度,故应用较多。

当桩孔设计长度大于成孔机具长度不多时,可对成孔机具稍作改装;相差较多时,成孔机具须两次以上移位挖掘才能成孔,但又不能一面临空挺进;故必须采用地下连续墙的成槽方法,将桩孔分成几个单孔,先施工主孔(奇数号孔),后施工副孔(偶数号孔),最后连通成要求长度的槽形孔。由多个单孔组成的桩孔可用抓斗挖槽机、冲击钻机施工,而不宜用多头钻施工。

当用抓斗施工时,主孔的长度与抓斗的开度相等,副孔长度应小于抓斗开度,以便于抓斗施工;也不可太小,否则施工相邻主孔时会向副孔方向偏斜;副孔长度一般为抓斗开度的1/2～3/4。由于上述工艺条件,使条桩平面长度的选择范围受到限制;必要时,可用冲击钻机或回转钻机先钻圆形主孔(也称"导孔"),采用"两钻一抓"或"三钻两抓"的方法形成桩孔;这样既便于调整桩孔长度,又提高了抓斗的工作效率,且可控制孔斜,特别适用于抓斗不能单独成槽的坚硬地层;只是施工程序和施工设备较多。条形桩的成孔方法及施工程序如图2-28所示。

当采用冲击钻机单独施工条形桩孔时,桩孔的长度不受限制;因为采用"钻劈法"成槽,主孔是直径与桩宽相等的圆形孔,副孔可大可小。在含卵石和漂石较多的地层中成孔能充分发挥冲击钻机的优势;但在细颗粒地层中冲击钻机的工效相对较低,且孔壁的平整度较差。

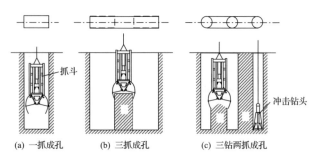

(a) 一抓成孔　　　(b) 三抓成孔　　　(c) 三钻两抓成孔

图 2-28　条形桩成孔方法及程序示意图

(2) 十字形桩成孔。十字形截面灌注桩是"一柱一桩"基础中应用较多的桩型,多采用抓斗施工。十字形桩孔由两个垂直交叉的条形孔组成,条形孔的长度一般与抓斗的开度相等(2.2~3m),以便于施工。两条桩孔的施工宜采用分层交替掘进法;如采用抓完一条再抓另一条的方法,则第二条施工时上部容易抓空;因为两条孔是连通的,不等斗壳完全闭合,斗中渣土就全部落到第一条孔中去。为了便于同时掘进两条十字交叉的孔,应选用斗体能转向的抓斗挖槽机,以避免主机频繁移动。

当十字桩的翼展尺寸大于抓斗开度不多或地层较硬(如有粒径较大的卵石)时,可先在两条桩孔的两端钻圆形导孔,然后再分层交替抓中间部分,即用"四钻两抓"法成孔。如十字桩的翼展尺寸大于抓斗开度较多,则采用"五钻四抓"法成孔,即在十字桩中心和各翼的端部各钻一导孔(中心孔宜大于外侧孔),然后用抓斗抓挖各导孔之间的部分。

(3) 其他截面桩成孔。其他异型截面桩的桩孔均由若干个条形孔连通而成,用抓斗施工须两次以上移位才能成孔。安排施工顺序时应遵循的原则是:要么两边斗齿同时着地,要么两边斗齿同时临空。如丁字形桩孔应先抓竖向孔后抓横向孔;工字形桩孔应抓完两条横向孔后再抓竖向孔。不能先抓竖向孔再抓横向孔,更不能按横→竖→横的顺序施工。如果单用抓斗无法按上述原则排序时(如拐角形桩孔),可用先打导孔的方法来解决。

（4）漂石层和基岩中成孔。抓斗在漂石层和基岩中掘进困难，容易发生偏孔、卡斗事故，事先必须详细了解地质情况，并采用以下措施：

1）在浇筑导墙以前，挖除已知的漂石、孤石或进行钻孔预爆。

2）用冲击钻机先钻导孔，采用"两钻一抓"方法成孔。在钻导孔时应彻底解决因孔壁探头石引起的孔斜问题，保证垂直度满足要求。

3）用履带式吊车吊挂 3～5t 重锤将大漂石或基岩分层击碎后再抓取。

4）用钢丝绳冲击钻进、潜孔冲击钻进、大口径牙轮钻进等方法通过漂石层，或嵌入基岩。

5）用孔内钻孔爆破或定向聚能表面爆破处理后再抓取。孔深 10m 以内不宜用此法。

（5）清孔。异形截面桩桩孔的临空面积较大，成孔施工时应采用密度和黏度较大的泥浆护壁，成孔后为保证浇筑质量，应换成密度和黏度较小的泥浆。桩孔可用抓斗初步清底，将孔底的大颗粒钻渣先抓出，然后用反循环清孔设备将孔底淤积物逐点清除，并用新鲜泥浆置换孔内泥浆，不可完全依赖抓斗清孔。当下设钢筋笼时间较长时，浇筑混凝土前应进行第二次清孔。

3. 钢筋笼制作安装

异形截面桩钢筋笼结构复杂，外形尺寸和重量较大，必须采取有效措施保证加工精度、不变形和下设位置准确。施工中的主要措施和注意事项如下：

（1）钢筋笼应在平整牢固的加工平台上分片成型，在大型模具的控制下组装。

（2）为防止钢筋笼变形，除设计钢筋外，应在适当位置增加必要的加强筋、斜拉筋和临时定位钢筋。

（3）吊装时应使用两台大型吊车，一台水平提升，另一台提吊顶部，在空中竖立，吊点均不得少于四个，吊点处应加强并焊吊耳,重心应计算准确。

(4)吊车的起重能力和各种吊具均应有2倍以上的安全系数。

(5)下设前应对钢筋笼和孔形进行严格的检查,并试下高度不小于3m的小钢筋笼。

4. 混凝土浇筑

在选择异形截面桩的截面形状和尺寸时应考虑浇筑导管的布置要求。当采用二级配混凝土时,混凝土的扩散半径不宜超过1.5m;当采用一级配混凝土时,混凝土的扩散半径不宜超过2m;桩的尺寸超过此范围则需采用2根以上的导管浇筑,导管内径不宜小于250mm。混凝土的水泥用量应不小于350kg/m³,水灰比不宜大于0.55,坍落度宜为18～22cm。混凝土面上升速度应不小于2m/h,导管埋深应不小于1.5m,不大于6m。

第六节　沉管灌注桩

一、概述

(一)沉管灌注桩的特点

(1)施工设备简单,成桩速度快,工期短;

(2)孔形圆整性好,成桩质量高,超径系数小,节省材料;

(3)不用冲洗液,无泥浆排放问题,现场整洁;

(4)对地层和环境有挤土和振动影响;

(5)在软土中成桩易于产生缩颈缺陷。

(二)沉管灌注桩的适用范围

振动沉管灌注桩的桩径一般为270～400mm,最大桩长为20m。锤击沉管灌注桩的桩径一般为300～500mm,最大桩长为24m。

沉管灌注桩适用于一般黏性土、粉土、淤泥质土、松散至中密的砂土及人工填土层。不宜用于标准贯入击数 N 值大于12的砂土和 N 值大于15的黏性土以及碎石土。在厚度较大的高流塑淤泥层中不宜采用桩径小于340mm的沉管灌注桩。

二、施工机械与设备

（一）振动沉管打桩机

振动沉管打桩机由桩架、振动沉拔桩锤、卷扬机、行走机构等部件组成。

1. 桩架

桩架由立杆、撑杆、底盘等部件组成。桩架上设有三台卷扬机，一台用于提升桩锤和桩管，一台用于沉管时对桩管加压，另一台为提升混凝土料斗用。振动沉管打桩机的行走方式有滚管式、轨道式和步履式三种。

2. 振动沉拔桩锤

振动沉拔桩锤具有沉桩和拔桩双重作用。振动沉拔桩锤按动力不同可分电动沉拔桩锤和液压沉拔桩锤。常用的电动沉拔桩锤均为偏心振动机构，有高频、中频、低频、加压、可调偏心力矩及双锤联动等类型。施工时根据地层条件、沉管深度和桩管直径选择振动桩锤和与之配套的桩架。

（二）锤击沉管打桩机

锤击沉管打桩机由桩架、桩锤、卷扬机、行走机构等组成。桩架的结构形式和技术性能与振动沉管打桩机的桩架基本相同。桩锤按动力和工作方式不同，可分为单动气锤、双动气锤、柴油打桩锤、电动落锤、柴油机落锤等类型；按桩锤质量不同，可分为小型桩锤、中型桩锤和大型桩锤。其中气锤可用蒸汽动力，也可用压缩空气作动力。落锤是一种用卷扬机提起后，自由下落打击桩头的简易桩锤。锤击沉管常用的桩锤如下文所述。

1. 小型桩锤

一般采用电动落锤和柴油机落锤，桩锤质量 $0.75\sim$ 1.5t，落锤高度 $1\sim2m$。最大适用桩径 320mm，适用桩长 $10\sim15m$。

2. 中型桩锤

一般采用电动落锤和单作用气锤，桩锤质量 $2\sim3t$，前者落锤高度 $1\sim2m$，后者落锤高度 $0.5\sim0.6m$。最大适用桩径

400mm,适用桩长 13～18m。

3. 大型桩锤

一般采用柴油锤和柴油机落锤,前者落锤高度 2.5m,后者落锤高度 1～2m。柴油锤冲击部分质量为 4.5t,总质量 5～7t。柴油机落锤质量为 7t。

选择桩锤时可用公式(2-7)复核:

$$K = \frac{M+C}{E} \tag{2-7}$$

式中:K——适用系数:双动气锤、柴油锤 $K \leqslant 5$,单动气锤 $K \leqslant 3.5$,落锤 $K \leqslant 2$;

M——锤重,t;

C——桩管重(包括桩帽与桩垫),t;

E——桩锤的一次冲击动能,t·m。

（三）桩管、桩尖

1. 桩管

一般采用无缝钢管,桩管规格常见的有 $\phi377mm$、$\phi325mm$,$\phi273mm$ 三种。桩管的表面应刻有醒目的标尺,以便施工中进行入土深度的观测。

2. 桩尖

桩尖一般采用钢筋混凝土预制桩尖或活瓣桩尖(图 2-29)。当用钢筋混凝土预制桩尖时,桩管底部需用钢板加厚,以增加管底与混凝土桩尖台阶的接触面积,减轻桩尖在激振力作用下的破损程度。混凝土桩尖的强度等级应不低于 C30,桩尖外径应比设计桩径大 20mm,长 500～700mm,锥尖角度 45°～60°。用于坚硬土层中施工的桩尖,还需用钢板加固。一般情况下不宜采用活瓣桩尖。如果采用,活瓣桩尖应有足够的强度,其尖端应在桩管的中轴线上;活瓣张闭应灵活,活瓣间不得有较大的缝隙,否则易造成质量问题。

三、施工工艺

沉管灌注桩施工有振动和锤击两种沉拔管方法。按成桩方式不同,有单打(振)法、复打(振)法和反插法三种。单打法是最常用、最基本的成桩方法;复打法和反插法只在地

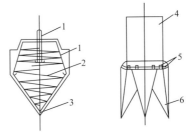

(a) 混凝土预制桩尖示意图　(b) 活瓣桩尖示意图

图 2-29　沉管灌注桩桩尖

1—φ10 钢筋；2—φ8 螺旋筋；3—φ6 螺旋筋；4—桩管；5—活瓣销孔；6—活瓣

质条件特殊或要求提高承载力的情况下采用。

（一）单打法

单打法适用于含水量较小的土层，且宜采用预制桩尖。单打法的施工工艺流程为：桩管就位→振动（锤击）沉管 →灌注混凝土→下设钢筋笼或插筋→拔管→成桩（见图 2-30）。

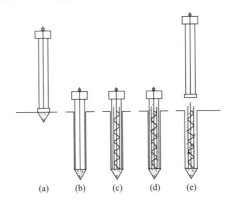

(a)　(b)　(c)　(d)　(e)

图 2-30　单打法施工程序图

（a）桩管就位；（b）沉管；（c）下设钢筋笼；（d）灌注混凝土；（e）拔管

1. 桩管就位

当采用钢筋混凝土桩尖时，将桩管对准预先埋设在桩位上的预制混凝土桩尖，套压在桩尖的环形台阶上。在桩管与桩尖接触部位缠绕麻绳或其他材料,以防桩尖损坏和地下水进入管内。当使用活瓣桩尖时,沉管就位前先将活瓣桩尖收拢并捆绑好。桩尖对准桩位,利用桩管自重和桩机的加压装置将桩尖压入土中。桩管与桩尖的接触应有良好的密封性。校正桩管垂直度(偏斜不超过 0.5%)后即可进行沉管作业。当采用锤击法沉管时,一般不宜采用活瓣桩尖。

2. 沉管

(1)沉管施工要求:

桩管开始沉入土中时,应保持位置正确,如有偏斜应立即纠正。桩尖入土时如有损坏,应将桩管拔出,用土或砂填实,另换新的重新打入。在沉管过程中地下水或泥土可能进入桩管时,可在桩管内先灌入高 1.5m 左右的封底混凝土,再开始下沉。使用预制混凝土桩尖时,沉管过程中禁止上提桩管,以防桩管与桩尖脱离,地下水或泥土进入桩管,影响成桩质量。

沉管深度的控制应根据地质条件、贯入度和设计桩长综合确定,并应符合下列规定:

①纯摩擦桩以设计桩长为主,贯入度为辅。

②摩擦端承桩及端承摩擦桩以贯入度和设计桩长同时控制。

③纯端承桩应以贯入度为主,设计桩长为辅。

(2)振动沉管操作要点:

1)首先采用静压沉管。当静压沉管不能下沉时,再启动振动器,边振动边加压沉管。振动沉管时可收紧钢丝绳加压,或用配重加压,以提高沉管效率。收紧钢丝绳加压时,应注意防止抬起桩架发生事故。

2)沉管时应根据地层情况调整振动器的频率,使其接近土体的共振频率,以求得最快的沉管速度。

3)振动沉管贯入度的控制:最后一次抬空持续 20s 时的贯入度应小于 20mm。必须严格控制最后两个两分钟的贯入速度,其值按设计要求,或根据试桩结果和当地长期的施工经验确定。测量贯入速度时应使配重及电源电压保持正常。

4）必须根据设计要求和试桩结果严格控制最后 30s 的电流、电压值。

（3）锤击沉管操作要点：

1）在检查桩管垂直度和与桩尖的同轴度后，先低锤轻击桩管。在入土一定深度，桩管已稳定，校正桩位及垂直度后再正式锤击，直至将桩管打至设计标高或要求的贯入度。

2）沉桩全过程必须有专职的记录员做好施工记录，每根桩的施工记录均应包括每米的锤击数和最后一米的锤击数。准确测量最后的贯入度及落锤高度。

3）锤击沉管桩最后贯入度的控制标准应根据试桩结果和当地的长期施工经验确定。

4）测量沉管的贯入度应在下列条件下进行：①桩尖未破坏；②锤击无偏心；③锤的落距符合规定；④桩帽和垫层正常；⑤用气锤时气压力符合规定。

3. 灌注混凝土

沉管至设计标高或要求的贯入度后，应立即灌注混凝土，尽量减少间隔时间。灌注混凝土之前必须用吊锤检查桩管内有无吞桩尖和进泥、进水，接着用吊斗将混凝土从桩管进料口灌入桩管内。灌注时应逐渐由加料口倒入，使管内空气能够排出，避免因加料过猛形成气囊。每次灌注混凝土时应尽量多灌。用长桩管打短桩时，混凝土应一次灌足；打长桩时，应分次灌注，第一次应灌满，并保证桩管内始终有高度 2m 以上的混凝土。

当桩身配有钢筋时，混凝土的坍落度宜为 8～100cm；素混凝土桩的坍落度宜采用 6～8cm。骨料粒径不宜大于 30mm。单打法成桩的混凝土充盈系数应不小于 1，对于混凝土充盈系数小于 1 的桩，宜全长复打。

4. 拔管

（1）拔管施工要求。第一次拔管高度应以能容纳第二次所需要灌入的混凝土量为限，不宜拔得过高。在拔管过程中应设专人用测锤检查管内混凝土的下降情况，在测得混凝土确已流出桩管后，才能继续拔管。拔管过程中振动或锤击不得中断,桩管内至少有 2m 高的混凝土。

(2) 振动拔管操作要点。当混凝土灌满桩管后,先振动 5~10s,再开始拔管。边振边拔,边补灌混凝土。每拔 0.5~1m 停止拔管,振动 5~10s 后再继续拔管。如此反复,直至桩管全部拔出。

在一般土层内,拔管速度宜为 1.2~1.5m/min;在软弱土层中,拔管速度宜为 0.6~0.8m/min。用活瓣桩尖时拔管宜慢,用预制桩尖时可适当加快拔管速度。

(3) 锤击拔管操作要点:

①当混凝土灌满桩管后,便可边锤击边拔管,同时补灌混凝土,至直桩管全部拔出。

②拔管速度要均匀,对一般土层以不大于 1m/min 为宜,在软弱土层及软硬土层交界处,应控制在 0.3~0.8m/min 范围内。

③采用倒打拔管的打击次数,单动汽锤不得少于 50 次/min;自由落锤轻击(小落距锤击)不得少于 40 次/min。在管底未拔出桩顶设计标高之前,倒打和轻打不能中断。

(二)反插法

采用反插法时,桩管灌满混凝土后,先振动再拔管,边振边拔,每次拔管高度 0.5~1m,再振动下沉 0.3~0.5m。如此反复,直至全部拔出沉桩管(图 2-31)。在拔管过程中,应分段添加混凝土,保持管内混凝土面始终不低于地表面或高于地下水位 1~1.5m 以上,拔管速度应小于 0.5m/min,反插深度不宜大于每次拔管高度的 3/5。

反插法宜在饱和土层中采用。反插的作用在于增加混凝土的密实度及扩大桩的局部断面,从而提高桩的承载力;但混凝土耗量较大。

采用反插法应注意如下事项:

①在桩端以上的 1.5m 范围内应多次反插,反插次数不宜少于 5 次。

②桩身反插范围及反插次数应根据地层条件,通过试桩确定。

③穿过淤泥夹层时,应当放慢拔管速度,并减少拔管高度和反插深度;在流动性淤泥中不宜使用反插法。

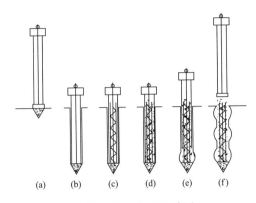

图 2-31　反插法施工程序图

(a) 桩管就位;(b) 沉管;(c) 下设钢筋笼;(d) 灌注混凝土;

(e) 拔管和反插;(f) 桩管排出

(三)复打法

复打法施工等于两次单打,即在单打拔出沉桩管后,在原桩位再次沉管至设计孔深,再次灌注混凝土,并按单打法拔管(图 2-32)。复打前先重新捆绑桩尖或第二次安放桩尖,复打施工过程与单打法相同。用复打法能扩大桩径,提高桩的承载力。处理充盈系数小于 1 的桩时,应采用全复打。处理断桩、缩颈可采用局部复打的办法,复打深度必须超过断桩或缩颈段 1m 以上。复打法在淤泥层中的扩孔效果较好,在密实砂土层中的扩孔效果较差。采用复打法时应注意下列事项:

(1)第一次灌注混凝土应达到自然地面;

(2)随拔管随清除粘在管壁上和散落在地面的泥土;

(3)前后二次沉管的轴线应重合;

(4)复打施工必须在第一次灌注混凝土初凝之前完成;

(5)当沉管桩设计有钢筋笼时,钢筋笼应在最后一次复打到桩底时放置。

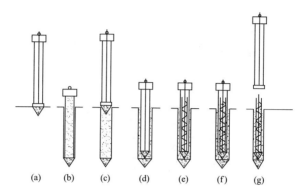

图 2-32　复打法施工程序图

(a) 桩管就位；(b) 沉管、灌注混凝土；(c) 拔管重置桩尖；

(d) 复打；(e) 下设钢筋笼；(f) 再次灌注混凝土；(g) 再次拔管

（四）安装钢筋笼

当桩身配置钢筋笼时,第一次灌注的混凝土应先灌至笼底标高,然后放置钢筋笼,再灌注混凝土至设计标高。为保证钢筋笼在桩内的保护层厚度满足设计要求,钢筋笼制作时,在钢筋笼的外侧加焊导向筋。

放入钢筋笼有四种方法：

（1）在混凝土进料口上方的桩管上留有长槽,钢筋笼从长槽中插入；

（2）卸下振动器,从桩管上口插入钢筋笼；

（3）振动器的两根偏心轴分别由两台电动机带动,振动器中间有大通孔,从振动器上方插入；

（4）拔管排水后从桩管底部插入。

四、常见质量事故及预防

沉管灌注桩常见的质量事故的发生原因及其预防措施见表 2-15。

表 2-15　　　**沉管灌注桩常见质量事故的预防措施**

名称	事故原因	预防措施
桩身缩径	1. 含水量高的淤泥质软土层在沉管时受到振动、挤压后,产生很高的孔隙水压力,桩管拔出后作用到新浇筑的混凝土桩身上; 2. 拔管过快,孔隙水压力来不及扩散; 3. 桩管内的混凝土过少,混凝土自重压力不够; 4. 混凝土的和易性不好	1. 控制拔管速度,采用反插法施工; 2. 拔管时多灌混凝土,管内的混凝土面始终高于地面,或高于地下水位 1.5m 以上; 3. 控制混凝土坍落度在 8～10cm 范围内
断桩	1. 桩距过小,混凝土终凝不久、强度不高,临桩沉管时受到振动和挤压造成断桩; 2. 打长桩时混凝土加料不及时,桩管拔离混凝土面,使孔壁的泥土塌入孔内造成断桩; 3. 地下水位过高,桩管与桩尖之间封闭不当,使地下水进入桩管,造成混凝土严重离析,使桩身失去整体性而造成断桩	1. 桩距大于 3.5 倍桩径,或采用跳打加大桩的施工间距; 2. 在邻桩混凝土终凝之前,将影响范围内的桩施工完毕; 3. 随时监测管内混凝土面深度,严格控制拔管速度和拔管时间,防止拔离混凝土; 4. 合理安排桩机的行走路线; 5. 混凝土面高于地下水位 1.5m 左右,防止地下水进入桩管; 6. 在沉管过程中防止桩尖与桩管脱离或离开孔底,并灌入 1m 高混凝土封底
悬桩(吊脚桩)	1. 混凝土桩尖强度不够,被打碎进入桩管,水和泥土挤进桩管,与灌入的混凝土混合而成松散软弱层; 2. 在使用活瓣桩尖时,沉管到底后被周围土体包裹而打不开,或拔到一定高度时才打开,而此时孔底部已被孔壁回落的泥土填塞而形成悬桩; 3. 封底混凝土高度不足以抵抗地下水的侵入,而使混凝土离析造成悬桩	1. 严格控制和检查混凝土桩尖的强度; 2. 沉管时用吊铊检查桩尖是否缩入管内;如果是,及时拔出更换新的桩尖,或将桩孔回填,重新沉管; 3. 在地下水位较高的地层施工时,尽量不采用活瓣桩尖,而使用混凝土预制桩尖; 4. 增加桩管内混凝土量,使桩管内混凝土高于地下水位 2m 以上

第三章

振　冲　法

第一节　概　述

一、应用和发展

振冲法 20 世纪 30 年代始创于德国，1937 年首次用于处理柏林某大楼砂基。我国在 20 世纪 70 年代中期引进，目前已广泛应用于水利水电、火力发电厂、公路、铁路及石油、化工等工业和民用建筑工程的地基处理。

水利水电系统是我国最早引进振冲技术的行业，早在 1978 年采用振冲法成功地处理了北京官厅水库主坝坝基的中细砂层，使该层砂土达到了 9 度地震时防止液化的要求。1982 年北京向阳闸闸基处理是我国新建水利工程中最早应用振冲法的。1985 年在四川省铜街子水电站处理左岸副坝深槽地基，采用振冲法穿过 8m 厚漂卵石夹砂层加密下卧粉细砂层，这是目前国内外已知振冲法贯穿最粗粒径的地层。1997 年、2000 年分别在三峡水利枢纽二期围堰水下抛填风化砂和黄壁庄水库副坝振冲法处理深度超过 30m，表明我国国产电动型振冲器，振冲技术及处理深度诸方面已达到国际先进水平。

振冲技术在不断发展，早期振冲技术的发展主要体现在振冲器的改进，如国内振冲器从 13kW 发展到 150kW 的电动型振冲器。动力源上由电动机向液压型驱动发展，使振冲器的功率加大、体积减小，具有更大的贯穿地层能力。近年来国内外技术人员针对振冲法处理地基的缺点，如大量排放泥浆、在软黏土层中碎石桩承载力不高等进行了改进、研究、试验出振冲混凝土桩技术和碎石桩后压浆技术，就是利用振冲设备施工混凝土桩和利用水泥浆固结松散的碎石桩，以提高桩体承载力，减少排浆量，这是建筑地基处理技术的一种新型复合桩基。

振冲法处理技术在水利水电工程应用具有广阔的前景，可以处理土石堤坝及其松软地基，可以用于新建水利水电工程和加固，提高堤坝及构筑物的强度和抗滑、抗震稳定性。

二、分类及其适用范围

振冲法可从不同角度进行分类。

（1）按施工工艺分类，振冲法施工可分为湿法和干法两类：干法振冲在施工中不加水冲，常辅以压缩空气以利造孔和加密；湿法振冲在施工中辅以压力水冲，有利造孔和加密，还能对振冲器起到冷却作用，保证机具正常地运行。

干法振冲不用水、不排出泥浆，成孔时将土挤入周围土体中进行加密，但要求振冲器具有冷却系统。目前国内的潜水电动机型振冲器不适合干法振冲。干法振冲适用的土类、制桩深度等均受限制，国内很少采用。

本章内容均指湿法振冲或叫振动水冲法，简称振冲法。

（2）按对地基土加密效果分类，振冲可分为振冲加密和振冲置换两大类：振冲加密是指经过振冲法处理后地基土强度有明显提高；振冲置换是指经过振冲法处理后地基土强度没有明显提高，主要通过将部分地基土置换出去建造强度高的碎（卵）石桩柱与周围土组成复合地基，从而提高地基强度。

振冲法加固地基施工机具简单、操作方便、加固质量易控制，加固时不需钢材水泥，仅用当地产的碎（卵）石，工程造价低，具有明显的经济效益和社会效益。

振冲法几乎适用于各类土层，用以提高地基的强度和抗滑稳定性，减少沉降量。振冲法是加强砂土抗震、防止液化的有效处理措施。但是，对不排水抗剪强度 Cu 小于 20kPa 的饱和黏性土和饱和黄土地基，采用振冲法处理应通过现场试验，确定其适用性。对卵（碎）石土采用振冲法处理，要通过现场造孔试验，验证选定的振冲器造孔能否达到要求处理的深度。

第二节　施　工　准　备

一、施工机具

（一）振冲器

振冲器是一种通过自激振动并辅以压力水冲贯入土中，对土体进行加固（密实）的机具。振冲器的振动方式有水平振动、水平振动加垂直振动两类，目前国内外振冲器均以单向水平振动为主。振冲器的振动源有电动机和液压马达两种，国产的振冲器均采用潜水电动机驱动。液压马达驱动振冲器，转速可以变化，能更广泛适用于不同土类的造孔和加固。液压马达由柴油动力机驱动，因此可在缺乏电源条件下施工。

1. 电动振冲器结构

振冲机具设备包括：振冲器、起重机和水泵。振冲器类似混凝土插入式振动器，其工作原理是：利用电机旋转一组偏心块产生一定频率和振幅的水平振动，压力水通过空心竖轴从振冲器下端喷口喷出。振冲器的构造如图 3-1 所示。

2. 国产振冲器的型号

国内外电动型振冲器都以电机的功率确定，常用国产电动机型振冲有 30kW 型和 75kW 型振冲器，此外还有 55kW型、100kW 型、120kW 型和 150kW 型振冲器等。

3. 振冲器的选择

施工中可按下列原则选择振冲器：

（1）如已进行现场振冲试验，施工中宜选择试验时使用的振冲器型号；

（2）设计确定的振冲器型号；

（3）缺乏上述两项条件时，施工单位可根据工程经验选择振冲器型号，并通过试验桩验证。

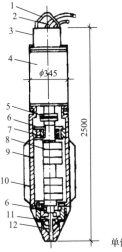

图 3-1　振冲器构造

1—吊具；2—水管；3—电缆；4—电机；5—联轴器；6—轴；

7—轴承；8—偏心块；9—壳体；10—翅片；11—头部；12—水管

（二）施工辅助机具

振冲法施工主要辅助机具和设施有：起吊机械、填料机械、电气控制设备、供水设备、排泥浆设施及其他配套的电缆、水管等。

1. 起吊机械

起吊机械是用来吊起振冲器进行施工作业，起吊力和起吊高度必须满足施工要求。常用的起吊机械有汽车吊、履带吊、打桩机架和扒杆等。

汽车吊调遣机动性强，常为施工单位采用。80kN 汽车吊可满足 30kW 振冲器孔深 9m 以内施工要求，250～300kN 汽车吊可满足 75kW 振冲器孔深 20m 以内施工要求。履带式吊车虽然运进施工场地比较难，但对场地要求比较低，运行方便，机动性强，吊臂长度可根据需要装卸，施工中也很少发生吊臂弯折事故，有条件宜选用。采用桩机架作为起吊设备是费用低的方法,但桩机架移动不灵活,对施工场地平整度要求较高。采用扒杆,轻型简易,但起吊力低,移动比较困难,一般用于 30kW 振冲器施工。

2. 填料机械

使用填料机械将石料填到振冲孔中,可选用装载机或人力手推车。采用装载机填料可保证及时供料,以利提高振冲施工效率,缺点是装载机运行需用石料填筑道路,施工中弃料较多。人力手推车供料速度慢,施工效率较低,优点在于可以比较准确计算填料数量,填料损失比较少,且适用于场地狭窄地段,30kW 振冲器施工可采用人力手推车填料。75kW 大功率振冲器施工要求供料强度大,数量多,宜采用装载机供料,一般选用 1m³ 装载机可满足填料要求。

3. 电气控制设备

电气控制装置除用于施工配电外,还具有控制施工技术指标的功能,即可控制振冲施工中造孔电流、加密电流、留振时间等。目前常用的有手动式和自动控制式两种:手动式即在施工中电流和留振时间是人工按键钮控制;自动控制式,可以人工设定加密电流值和留振时间,施工中当电流和留振时间达到设定值,会自动发出信号。

4. 供水设备

供水设备为振冲施工提供压力水,由储水设备、水泵、分水盘、压力表等组成。储水设施可用水箱或蓄水池,施工中一般采用水箱,储水体积以大于 4m³ 为宜。

水泵是将储水设施中的水加压送至振冲器供水。根据施工需要可选用多级泵或单级泵,以满足施工水压和水量为原则。一般情况下,选择供水压力 0.3～1MPa,供水量 10～20m³/h 的水泵即可。

分水盘和压力表用来配置水压和水量,分水盘一般为三通式水管结构。主管与水泵出口相连,一支管与振冲器水管相连,安装压力表调节供水压力,另一支管将多余水量返回水箱。

5. 排泥浆设备

用于排放施工中的泥浆水，由排泥浆泵和泥浆存储池组成。当没有储存泥浆场地，可用罐车将泥浆外运。

泥浆泵应根据排泥浆量与排泥浆距离选择。

6. 电缆与胶管

电缆用于振冲器、水泵、排泥浆泵供电，电缆应与使用的电机功率相匹配。

各类型电动振冲器推荐选择 5 芯铜线电缆，按电机容量配线，见表 3-1。

表 3-1　　　　　　　　电动机功率与配线表

电机功率/kPa	30	55	75	100	120	150
5 芯铜橡胶电缆/mm²	16	25	35	50	75	75

胶管分用于供水管与排泥浆管。供水管一般选用耐压大于 1.5MPa 的胶管，管径应与振冲器进水口相匹配。排污管可选择一般的胶管或塑料管、布织管，当排浆量大、距离远也可选择钢管。

二、技术资料

施工技术资料主要指场地地质资料和施工技术要求的收集、整理、分析以及施工组织设计的编制等，见表 3-2。

表 3-2　　　　　　　　施工前准备的技术资料

资料名称	内容
地质资料	场地地质勘察报告、地质剖面图、钻孔柱状图、土的特性指标、水文地质资料等
建(构)筑物资料	建(构)筑物等级、荷载分布、基础类型与尺寸、基础埋深、地震设防裂度、对地基沉降变形的要求等
地基处理要求	设计桩(孔)布置图、柱长、桩距、桩径、复合地基承载力、抗剪强度、压缩(变形)模量、抗震要求等
施工技术参数	加密电流、留振时间、加密段长、水压和填料量等
施工组织设计	根据工程合同、设计文件和现场条件等，编制包括工程要求、施工计划、施工管理与劳动组合、施工机械、施工工艺、质量保证体系等内容的施工组织设计

三、施工场地

1. 查清地下障碍物

施工前应查清施工场地内的地下障碍物，如地下水管、煤气天然气管、电缆、光缆、地下建筑物等的位置、埋置深度，并予以清除、移动或提出避开和保护的措施。否则在施工中可能造成事故甚至危及人身安全。

2. 完成"三通一平"

应当做到路、水、电通和场地平整：

（1）道路应满足施工机械和运料车辆进入施工场地的需要。

（2）供水管线宜接到离施工场地以内，水量应满足施工要求。

（3）电源宜接至施工场地以内，不宜离施工场地过远，防止电压降过大，影响设备运行。用电量应满足振冲器、供水泵、排污泵、夜间施工照明需要。一般单台机组用电量 30kW 振冲器不小于 60kW，75kW 振冲器不小于 120kW。工作电压应保持在 380V±20V。

（4）施工场地布置时，划分好施工作业区、材料堆放区、临时建筑物和机修场地区、泥浆收集和排放区等。

供水管、排泥浆管沟、电缆线的安置应不妨碍施工机械运行。填料堆放在施工场地附近，比较大的工程可以划出部分施工场地堆料，施工后的场地亦可作为堆料场地。施工场地宜划分若干施工作业区。各作业区之间应有土垅、地沟相隔。作业区内也应挖若干沟渠，使泥浆能流入集浆池，用泥浆泵送至指定地点或用车辆运走。振冲施工时应防止泥水漫流，做到文明施工。振冲桩位应根据主要建筑物轴线或主要桩位按设计图纸测放，桩位允许偏差小于 30mm。

四、试制桩

在正式施工前，每个单项工程应进行试制桩工作。试制桩应在建筑物有代表性的地层进行。

试制桩的目的：调试施工机具，掌握施工工艺，熟悉并验证设计确定的施工工艺和加密技术参数。

第三节 施 工 工 艺

一、施工工艺流程

振冲法工艺流程见图 3-2。

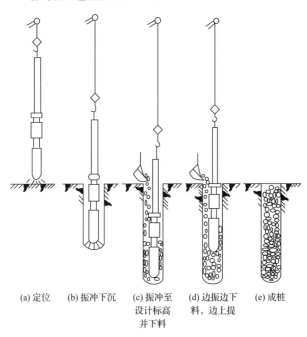

(a) 定位　(b) 振冲下沉　(c) 振冲至　(d) 边振边下　(e) 成桩
设计标高　料,边上提
并下料

图 3-2 振冲碎石桩施工工艺

（1）造孔。造孔是保证施工质量首要环节,造孔应符合下列规定:

1）振冲器对准桩位,对准偏差应小于 100mm。先开启压力水泵,振冲器末端出水口喷水后,再启动振冲器,待振冲器运行正常开始造孔。

2）造孔过程中振冲器应处于悬垂状态。

3）造孔速度和能力根据地基土质和振冲器类型及水冲压力等经试验确定,造孔最大速度一般不大于 2m/min。

4) 松散粉细砂、粉土、粉煤灰、淤泥土等易被压力水冲刷,造孔深度可小于设计深度 300mm 以上。待倒入填料后振冲器夹带石料再向下贯入至设计深度,减轻压力水冲刷破坏设计孔深下的土层。

5) 造孔水压大小取决于振冲器贯入速度和土质条件。造孔速度慢或土质坚硬可加大水压力,反之宜减少水压。一般造孔水压可控制在 200~600kPa,对松散的粉细砂、砂质粉土、粉煤灰地基造孔水量宜少,防止随返水带出大量泥砂。

6) 当造孔时振冲器出现上下颠动或电流大于电机额定电流,经反复冲击不能到设计深度时,宜停止造孔,并及时研究解决。

(2) 清孔。造孔时返出的泥浆较稠或孔中有狭窄或缩孔地段应进行清孔。清孔可将振冲器提出孔口或在需要扩孔地段上下提拉振冲器,使孔口返出泥浆变稀,振冲孔顺直通畅以利填料沉落。

(3) 填料。造孔或清孔结束后可将填料倒入孔中,填料方式目前有连续填料、间断填料和强迫填料三种方式:

1) 连续填料。在制桩过程中,将振冲器留在孔内,连续向孔内填料,填料自动沉落孔底并被挤密,直至设计要求高程。

2) 间断填料。填料时先将振冲器提出孔口,倒入一定数量填料(一般填料高度 1m 左右),再将振冲器贯入孔中,将填料振捣密实。

3) 强迫填料。利用振冲器的自重和振动力将孔上部的填料挟送到下部需要填料的地方。

连续填料时要求填料速度和数量能保持孔中不缺填料。若缺乏填料或填料不足,振冲器在孔中振动和压力水冲刷,孔径不断扩大,难以加密成桩。连续填料一般采用装载机作业。30kW 振冲器施工时也可采用手推车填料,但应组织足够多的车辆和人力以满足连续填料的要求。

间断填料时每次将振冲器提出孔口,比较适合采用手推车填料。但因提放振冲器所用时间多,当孔的深度深时,填料较难沉落到孔底,施工效率低。

强迫填料时要求振冲器在填料满孔条件下向下贯入,所受贯入阻力大,因此强迫填料一般只适用于大功率振冲器施工,同时要避免电流超过电机额定电流,而使填料不能达到需要加密地段。

(4) 加密。加密分为填料加密和不填料加密。填料振冲加密是将填入孔中的填料挤振密实,而不填料振冲加密则是完全利用地基土自身振动密实;加密是振冲法处理地基的关键环节,加密控制标准基本上可分三种:

1) 填料量控制。加密过程按每延米填入填料数量控制,适合均匀土质场地。当场地土质变化大,强度不均匀,相同填料量加密后,地基在沿垂直方向和水平方向都不能达到均匀,加密效果会很不理想。目前采用单纯填料量控制较少。

2) 电流控制。按振冲器的电流达到设计确定值控制。振冲器启动后在贯入土层前运行的电流称空载电流。贯入土层中受土约束,为克服周围土阻力保持自由振动状态,振冲器运行电流就会升高,即电动机输出功率增大。周围土约束力越大,振冲器运行电流越大。设计确定的加密电流实际上是振冲器空载运行电流增加某一增量电流值。当采用统一的加密电流值,地基土松软就需要填入较多的填料量,反之,地基土坚硬填入填料量就少,地基处理后强度相对比较均匀。

由于制造或使用原因,相同型号的振冲器空载电流也有差别。因此,在施工中设计确定的加密电流宜根据振冲器空载电流不同而适当增减。这在多台机组处理同一建筑物时更应注意。

3) 加密电流、留振时间、加密段长度综合指标法。采用这三种指标是为了使加密质量更有保证,因为加密效果不仅与加密电流值大小有关,也和达到该电流值维持时间长短有关。留振时间是指振冲器达到加密电流后的振动时间。加密段长度小效果好,段长大效果差,甚至产生漏振。目前,振冲法处理已逐渐采用综合指标法标准控制。

由于采用加密电流、留振时间、加密段长度作为加密控制标准,填料数量由上述标准经试验确定,因此,填料数量仅作为参考标准。若施工中出现填料数量过少,特别对于以置换性质为主的加固,应予以充分关注。无论采用哪一种加密控制标准,加密时均应从孔底开始,逐段向上,中间不得漏振。

根据工程经验,30kW振冲器、75kW振冲器常见加密技术参数见表3-3。

表3-3   常见振冲加密技术参数

机型	加密电流/A	留振时间/s	加密段长/mm	水压/MPa
30kW振冲器	45~60	5~10	200~500	0.1~0.4
75kW振冲器	70~100	5~20	200~500	0.1~0.4

4)加密结束。先停止振冲器运行,后停止水冲。

施工过程中每一孔(桩)都必须有完整的原始记录,记录应及时、准确、字迹清晰,不得随意涂改。

二、制桩顺序

对单项振冲法加固工程施工顺序可采用排打法、围打法、跳打法:

(1)排打法。由一端开始,依次到另一端结束;

(2)围打法。先施工外围的桩孔,逐步向内施工;

(3)跳打法。一排孔施工完后隔一排孔再施工,反复进行。

一般情况下常采用排打法。该法施工方便、难度小。当地基为强度低的软黏土或易液化的粉土、粉细砂,可采用跳打法。对中粗砂,围打法可以取得较好加密效果,但在孔距较小的情况下,采用围打法施工也可能出现地基土加密后造孔困难的情况。

当桩(孔)附近有建筑物时,宜先从靠近建筑物的一边开始施工,逐步向外推移。

三、振冲加密

振冲加密指通过振冲法处理后地基土能获得比较明显

的加密。适用于振冲加密的土层有卵（碎）石类土、砂类土、砂质粉土、粉煤灰及由该类土组成的填土。

振冲密实根据是否添加填料及填料的性质可划分为就地加密和填料加密。

1. 就地加密

就地加密或称不填料加密，主要适用于卵（碎）石土、中粗砂层等。由于土颗粒粗、渗透系数大，振冲施工时周围土不能形成明显的液化区，土颗粒之间保持骨架接触，能有效传递振动应力，使周围土体有效加密。就地加密要点如下：

（1）在振动应力作用下，土颗粒向振冲器移动，地表形成坍落漏斗，随深度增加，振冲器电流上升。当电流超过电机额定电流，加密深度受到限制时，通过增设外水管，加大水压或水量可在一定程度上增大造孔深度；增大振冲器电机功率也可有效增加造孔深度。30kW 振冲器振密深度不宜超过 7m，75kW 振冲器振密深度不宜超过 15m。

（2）在该类土造孔时，为防止周围土过早被加密而影响造孔深度，造孔速度宜快，不宜慢。

（3）在地表层，由于周围土塌落量不足，电流值不能达到设计要求，可以用装载机、人工或水冲填入原地基土。

（4）在该类土造孔时，随深度增加塌落的土可能将振冲器的导管抱住，使振冲器不能向下贯入，施工中表现为开始振冲器贯入速度快，电机电流增大，以后贯入速度降低，电流降低，最后电流接近空载，不仅振冲器不再向下贯入，而且向上提拔振冲器亦困难。此时需要采取一定措施，消除坍落土，避免抱住导管，振冲器仍有可能继续向下贯入。

（5）在卵（碎）石地层造孔，当振冲器出现上下颤动，表示遇到大孤石或基岩，应及时终止造孔，防止损坏振冲器。

（6）在该类土造孔，当电流超过电机额定电流，经反复冲击而不能继续深入时，表示该类型号振冲器已不能再向下贯入，应终止造孔。

2. 填料加密

填料加密指振冲时需要加入填料。填料加密能获得良好效果的土类主要有粉细砂、砂质粉土、粉煤灰等及由这类土组成的填土。在振动作用下这类土在振冲器周围产生液化区，液化区的存在使振动剪应力不能得到有效传递，周围砂土也不能获得加密。填入粗颗粒填料能消除振冲器周围液化区，使振冲器振冲应力有效地加密周围的桩间土。填料加密施工要点如下：

（1）填料应是振动作用下不发生液化的粗颗粒料，通常用卵（碎）石充填液化区，使振动剪应力能传递给周围土并获得加密。

（2）填料形成的桩柱强度高于加密后地基土，并和地基土组成复合地基，因此填料加密具有振冲置换性质。

（3）地基土颗粒细，缺少黏粒，在压力水作用下易被返水冲出。因此，造孔和加密时水量宜少，水压宜小，填料应及时充足，减少地基土冲出量。

（4）在地表层，特别是地下水位接近地表时，该类土液化后缺乏上覆有效压力，振冲施工电流难达高值。该类土加密电流不宜定得过高，一般 30kW 振冲器 50～60A，75kW 振冲器 70～80A 为宜。

（5）在该类土振冲施工，易造孔，也易加密，处理后复合地基强度一般可达 300kPa 以上，可以消除砂土地震液化。

四、振冲置换

振冲置换指采用振冲法处理后，地基土难以得到明显加密，主要通过在地基中建造碎石桩，并与周围土组成复合地基来提高地基的强度。振冲置换适用于各类黏性土。黏质粉土采用振冲法处理后强度有一定提高，但不十分明显，也可归入振冲置换土类。

五、其他施工方法

1. 水下振冲施工

水下振冲与陆地施工有很大的不同，主要问题在于解决船舶定位和填料。船舶定位可采用经纬仪测定。对砂类土可采用就地加密方法。对置换性质的加固可以采用水下预抛填料，但此方法使用填料量较大，也可在振冲器旁附设导管伸到水下填料。水下振冲施工一般在船舶上进行,船舶载重量大,可采用多个振冲器组合施工,提高设备利用率,加快工程施工速度,降低工程造价。

2. 振冲混凝土桩

(1)振冲混凝土桩施工设备。造孔制桩主要利用振冲施工设备,压灌混凝土利用混凝土泵。在原有振冲器外部附加1根内径110mm、外径130mm的耐磨钢管作为导料管。出料口设置逆向阀门,与振冲器下缘齐平;导料管上口通过弯头与混凝土泵系统连接。

(2)振冲混凝土桩主要施工工序。振冲混凝土桩施工程序可分为:

1)振冲器就位调试。

2)振冲器造孔至设计深度。

3)泵压混凝土到孔底。

4)提升振冲器同时泵送混凝土成桩。提升过程中振冲器端部应浸在混凝土中。

5)检查桩顶标高及成桩质量。

6)振冲器移位至下一根桩,重复以上操作(图 3-3)。

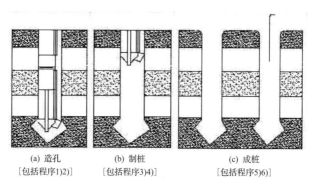

(a) 造孔
[包括程序1)2)]

(b) 制桩
[包括程序3)4)]

(c) 成桩
[包括程序5)6)]

图 3-3　振冲混凝土桩施工示意图

3. 后压浆振冲碎石桩

振冲碎石桩通过压浆后的桩比未压浆的桩承载力有较

大提高。它可在桩头或桩身某一地层进行灌浆处理,提高该段地层桩体承载力。碎石桩桩头压浆处理后,其桩头就不再需要二次开挖。碎石桩桩后压浆施工尚处于试验阶段。

振冲碎石桩后压浆施工工艺:先按常规工艺施工振冲碎石桩,然后采用钻机将 ϕ43 或 ϕ50 地质钻杆改制成的灌浆管沿碎石桩中心打入需要灌浆的部位,然后进行灌浆。图 3-4 为振冲碎石桩后压浆施工示意图。

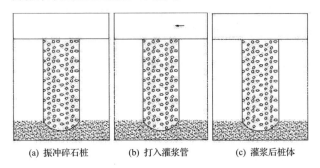

(a) 振冲碎石桩　　　　(b) 打入灌浆管　　　　(c) 灌浆后桩体

图 3-4　振冲碎石桩后压浆施工示意图

六、施工中的注意事项

(1)灌浆时机。振冲碎石桩成桩后 72h 内应插入灌浆管,随即灌浆,尽量缩短成桩与灌浆的间隔时间,以防止桩体内泥浆沉淀干燥后水泥浆不宜灌入桩体碎石孔隙,导致压浆失败。

(2)浆液水灰比。水泥浆宜掺入一定量的粉煤灰以降低成本。通过试验,水泥∶粉煤灰为 3∶2,水灰比为 0.55~0.6 较为合适。粉煤灰掺量过大,水泥浆收缩性明显;掺量过小,水泥用量大,成本较高;水灰比太大造成桩体吸浆量小,后压浆桩强度低,达不到压浆效果。

(3)洗孔。灌浆前须采用细管插入灌浆管内,用高压水从上至下冲洗,直至灌浆管周围或垫层冒清水为止。

(4)钻杆周围跑浆。用黏土将钻杆周围孔隙密封。

(5)终灌标准。一般以桩体顶部或灌浆管周围冒浆,且冒出浆液的浓度与灌入浆液的浓度基本相同为止。

（6）灌浆压力可选用 0.2～0.6MPa。

（7）灌浆管的回收。可用吊车、铲车等起重设备强行将其拔出，再用清水冲干净钻杆内泥浆。弯曲的钻杆须调直。

七、施工过程质量控制

施工过程中质量控制主要有：桩位偏差、成桩深度、填料质量和数量、施工工艺参数的控制，以及在施工过程中对桩体密实度和桩间土加密效果进行跟踪抽检。

1. 桩位偏差

要使成桩后的桩位偏差达到规范要求，首先在造孔时要控制孔位偏移。造孔过程中发生孔位偏移原因及纠正方法如下：

（1）由于土质不均匀，造孔时向土质软的一侧偏移。纠正方法可使振冲器向硬土一边开始造孔，偏移量多少在现场施工中确定，也可在软土一侧倒入填料阻止桩位偏移。

（2）振冲器导管上端横拉杆拉绳拉力方向或松紧程度不合适造成振冲器偏移。纠正方法为调整拉绳方向和松紧度。

（3）导管弯曲或减振器变形导致振冲器与减振器、导管不在同一垂直线上。纠正方法为调直导管修理减振器或更换导管和减振器。

（4）施工从一侧填料挤压振冲器导致桩位偏移。纠正方法为改变填料方向从孔的四周均匀加入填料。

（5）当制桩结束发现桩位偏移超过规范或设计要求时，应找准桩位重新造孔，加密成桩。

2. 桩长

桩长的控制应注意以下事项：

（1）在振冲器和导管安装完后，应用钢尺丈量并在振冲器和导管上作出长度标记，一般 0.5m 为一段，使操作人员据此控制振冲器入土深度。

（2）应了解地面高程变化情况，依据地面高程确定造孔应达到的深度。

（3）施工中当地面出现下沉或淤积抬高时，振冲器入土深度也要做相应的调整，以确保成桩长度。

3. 填料

（1）填料质量。

1）填料质量应符合《建筑地基处理技术规范》（JGJ 79—2012)规定要求，即桩体骨料宜采用含泥量不大于10%，有一定级配的碎石、砾石、矿渣或其他无腐蚀性、无环境污染的硬质材料。粒径要求：30kW振冲器20～100mm;75kW振冲器20～150mm。

2）当设计有特殊要求时，填料质量应符合设计要求。

3）当缺乏设计或规范要求的填料时，对小型土石堤坝，通过试验并得到设计许可，弱风化、中风化石料也可以作为填料使用。

4）在填料中含一定数量（一般小于20%）的0.5～20mm细粒料，有利于提高桩体的密实度和强度。砂类土加密时0.5～20mm粒料也可作为填料使用。

（2）填料数量。

1）采用装载机填料时，要注意每次铲斗装料多少及散落在孔外的数量。

2）手推车填料时，每车装石料量应基本相同，并记录入孔数量。

3）要核对进入施工场地的填料的总量和填入孔内填料的总量，发现后者大于前者时，应检查施工记录并妥善处理。

4. 施工技术参数控制

施工技术参数有加密电流、留振时间、加密段长、水压、填料数量。

当采用加密电流、留振时间、加密段长作为综合指标时，填料数量受上述这些指标所约束；但在振冲置换处理时，填料量多少关系到成桩直径的大小和置换率大小。因此，当填料数量比设计要求过多或过少时，应分析原因，必要时通过设计变更，适当改变加密电流、留振时间，以保证工程质量。

施工工艺参数控制时应注意下列事项：

（1）为保证加密电流和留振时间准确性，施工中应采用电气自动控制装置。在振冲施工过程中，设定的加密电流，留振时间可能发生变化,应及时核定和调整。

(2)施工中应确保加密电流、留振时间和加密段长都要达到设计要求,否则不能结束一个段长的加密。

(3)为掌握振冲施工中加密电流、留振时间、水压、振冲器贯入地层深度等全过程情况,目前国内外已逐步开始采用数字式自动记录仪,通过计算机可检测施工中任意时间的电流、水压、深度等参数。

(4)应定期检查电气设备,不合格、老化、失灵的原器件应及时更换。

八、施工中常见问题及处理方法

施工中常见的问题及处理方法见表 3-4。

表 3-4 振冲施工中常见问题及处理方法

类别	问题	原因	处理方法
造孔	贯入速度慢	土质坚硬	加大水压
	振冲器电流大	振冲器贯入速度快	减小贯入速度
		砂类土被加密	加大水压,必要时可增加旁通管射水,减小振冲器振动力;采用更大功率振冲器
	孔位偏移	周围土质有差别	调整振冲器造孔位置,可在偏移一侧倒入量填料
		振冲器垂直度不好	调整振冲器垂直度,特别注意减震器部位直度
孔口返水	孔口返水少	遇到强透水性砂层	加大供水量
		孔内有堵塞部分	清孔,增加孔径,清除堵塞
填料	填料不畅	孔口窄小,孔中有堵塞孔段	用振冲器扩孔口,铲去孔口泥土
		石料粒径过大	选用粒径小的石料
		填料把振冲器导管卡住,填料下不去	填料过快、过多所至。暂停填料,慢慢活动振冲器直至消除石料抱导管
加密	电流上升慢	土质软,填料不足	加大水压,继续填料
		加密电流标准过高	适当降低加密电流标准

类别	问题	原因	处理方法
加密	振冲器电流过大	土质硬	加大水压,减慢填料速度,放慢振冲器下降速度
串桩	已经成桩的碎石进入附近施工的孔中	土质松软;桩距过小;成桩直径过大	减小桩径或扩大桩距。被串桩应重新加密,加密深度应超过串桩深度。当在原桩位不能贯入实现重新加密,可在旁边补桩,补桩长度超过串桩深度

第四节　质量检测与验收

振冲法处理工程属隐蔽工程,应严格按设计和 JGJ 79—2012 的规定的要求进行质量检测与验收。检测验收内容有:碎石桩的桩数、桩位、桩径、桩体质量、桩间土加密效果、复合地基承载力、变形模量等(见表 3-5)。

表 3-5　　　　振冲处理工程质量标准与检测方法

项目	质量标准	检测方法
桩数	符合设计桩数	检查施工记录、开槽验桩
桩径(d)	符合设计桩径	按填料量计算、开槽实测桩径
桩位偏差	箱基、筏基、堤坝满堂布桩 $d/4$	测量放桩、抽检数量不小于总桩数 5%,90% 达到检测标准工程合格
	条形基础 $d/5$	开槽放出建筑物轴线测定桩位偏差
	柱基边桩 $d/5$、内部桩 $d/4$	开槽放出建筑物轴线测定桩位偏差
桩体密实度	符合设计要求	灌砂法或灌水法测碎石桩重度
		重型动力触探一般应大于 7 击或设计要求
桩体承载力与变形模量	符合设计要求	现场载荷试验

项目	质量标准	检测方法
桩间土的 γ、e_c、ϕ、E_s	符合设计要求	取原状土样做土物理力学性试验
桩间土承载力	符合设计要求	现场载荷试验、标准贯入试验、静力触探、轻便触探、旁压试验等
复合地基承载力	符合设计要求	单桩或多桩复合地基载荷试验，单桩桩间土载荷试验按计算确定

检测点的布置应具有代表性，并应分布均匀。在建筑物重要部位、不同土质有代表性地区以及施工中出现异常的地段，应布置检测点。

一、检测恢复期的时间

振冲法处理地基土受振动应力作用，土体内部存在超孔隙水压力，检测宜在土体内超孔隙水压力消散后进行，因此一般应在恢复期后进行处理效果原位测试。按规范规定，振冲法处理后恢复期的时间，粉质黏土地基不宜少于 21d，粉土地基不宜少于 14d，砂土和杂填土地基不宜少于 7d。

二、桩位检测与验收

桩位检测与验收时，地基开挖至基础底面高程以上 0.5m，再用人工清理桩头，然后量测桩的直径和桩中心位置。大面积满堂布桩，桩位可按设计桩位测量放线确定，对条基、柱基，当桩偏出基础范围，应根据具体情况进行必要处置。

三、碎石桩体密实度检测

碎石桩体密实度可在现场采用灌砂法或灌水法测干重度，也可采用动力触探、静力触探法根据贯入击数或贯入阻力间接确定桩体的密实度。

灌砂法和灌水法可比较准确测定碎石桩体的干重度，但一般只能确定基础底面附近碎石桩体干重度，测定深处时，桩体受破坏，难以恢复，因此使用受到限制。

动力触探或静力触探可以贯入碎石桩体深部，可获得桩体沿深度处贯入击数或贯入阻力情况。根据贯入击数或贯入阻力变化可确定桩体密实度变化情况。碎石桩重型动力触探锤击数的密实度判别标准宜通过现场试验确定，当设计未提出要求，一般密实的桩体重型动力触探击数应大于 7 击。对桩体要求承载力高，重型动力触探锤击数宜大于 10 击。由于目前施工中使用的振冲器功率增大，桩体也更密实，碎石桩重型动力触探锤击数可达 20～30 击，甚至更高。因此有些单位采用超重型动力触探检测桩体密实度。采用静力触探测碎石桩密实度，需要特殊静力触探的设备，国内只有个别单位有这种设备和测试经验。

根据工程级别与重要性，碎石桩密实度检测数量不宜少于 2%，单项工程不少于 3 根。

四、桩间土处理后的效果检测

一般可采用下列常规的原位试验或室内试验检测桩间土的处理效果。这些试验包括:静力触探、标准贯入试验、轻便触探、钻孔旁压试验，原位取土做物理力学性质指标试验。

五、复合地基承载力的检测

确定复合地基承载力可采用单桩或多桩复合地基静载荷试验确定，也可通过单桩和桩间土分别做载荷试验，再按规范推荐的计算式计算复合地基承载力。

检测数量应按《水利水电工程振冲法处理地基技术规范》(DL/T 5214—2005)规定执行。

大(1)型工程或重要一级建筑物试验点不少于 5 点(组);大(2)型工程试验点不少于 4 点(组);中型工程或二级建筑物试验点不宜少于 3 点(组)。

六、竣工验收资料

竣工验收时施工单位应提交下列文件和资料:

(1) 竣工报告及竣工图纸;

(2) 施工中设计变更通知及说明;

(3) 质量检测、试验和工程检查记录;

(4) 质量缺陷记录、缺陷分析及处理结果;

(5) 施工大事记;

(6) 施工原始记录。

第四章

沉 井

第一节 概 述

沉井是在预制好的钢筋混凝土井筒内挖土,依靠自重克服井壁与地层的摩擦阻力逐步沉入地下,以实现工程目标的一项施工技术,具有结构可靠,使用机械设备简单等优点。

一、沉井的作用

沉井技术在国内的煤炭、铁路、交通等行业中应用较早,20 世纪 60 年代开始其应用范围逐步扩大,施工环境由陆地发展到水下。水电建设在 60 年代开始引入沉井技术,先后在一些大型水利水电工程中应用。沉井技术作为一项通用性施工技术,因行业特性的差异,其设计和施工各有行业特点。目前水电水利工程沉井施工依据《水电水利工程沉井施工技术规程》(DL/T 5702—2014)。

沉井可以适用于土层及砂砾石层,在风化和软弱岩层中也可沉入。必要时,沉入坚硬完整的岩石,达到嵌入基岩的目的也是可以的。

二、沉井的构造

沉井一般为钢筋混凝土结构,其主要由井筒(井壁)、隔墙和刃脚等部分组成。

(1)井筒。井筒一般由重度较大和刚度较高的钢筋混凝土结构构成,断面可根据工程需要制作成为方形、圆形或椭圆形等。其通常由多节井筒组成,井筒上下敞开,接头处由混凝土和钢筋进行连接。井筒的壁厚应通过计算,根据所承受的土压力、水压力及下沉时的摩阻力等进行确定,通常厚度可为 0.4～1.2m 等。

（2）隔墙。即井筒内的间隔墙。其作用是改善受力条件，增强筒体刚度。隔墙厚度根据实际情况确定，通常为 0.5m。

（3）刃脚。底节井筒下端设置的钢制尖角，主要作用为保护井筒底节及便于沉井切入土层中。刃脚踏面宽度一般设置为 200～300mm，内侧倾角 40°～60°为宜。

第二节　施　工　准　备

一、沉井施工应具备的资料

沉井施工开始前，应得到相关技术资料：

（1）沉井（或沉井群）的结构图、设计说明及现场布置图；

（2）沉井施工区域的地形地貌、工程地质及水文地质资料；

（3）施工区域河段的水文资料；

（4）对沉井施工工期的具体要求；

（5）设备和人力资源状况等。

沉井作为地下工程，对地质资料的要求十分重要。一般每个沉井都应安排 1 个地质勘探孔，探明地层构造、各层土体力学指标、摩阻力、地下水、地下障碍物等情况。应在全面研究了解上述资料的基础上进行施工的前期准备工作，编制好施工组织设计，制定好安全技术措施。

二、制定施工方案

水利水电工程一般由于场地限制，多采用现场制作，下沉的方法进行施工，具体方法是在地下水位线以上的旱地设置施工平台，就地制作井筒。沉井的出渣方式主要有抽水吊渣法和水下机械除渣法。

（1）抽水吊渣法。抽除井内渗水，由井外配置的出渣设备进行出渣，沉井在下沉过程中及时纠偏，下沉到预定位置后进行基础处理。

（2）水下机械除渣法。配置水下开挖设备，或者向井内灌水抽渣,待沉到预定位置后,再由潜水员对底部进行检查和基础处理。

下沉方式的选定要通过对地下水、地层渗透系数、地质条件以及工期、工程造价等因素的综合分析进行确定。井内渗水能够采取措施及时排除,渣中卵砾石粒径较大且伴有孤石,或需要在岩石中进行下沉的沉井施工,宜采用抽水吊渣法进行。对渗水量较大,无法有效排水或排水过程中可能有大量流砂涌入井内,砾石颗粒较小,孤石较少的沉井,可采用水下机械出渣法。水工沉井一般处在河床深覆盖层上,通常砾石粒径较大,间或夹杂大量漂石、孤石,采用水下机械出渣法,工作量大,工期长,宜采用抽水吊渣法施工。

三、主要施工机具及材料

(1)挖掘机具。土层或砂砾石层可采用人工挖掘方式,大型沉井可以采用机械设备进行挖掘。岩石层可采用爆破,清渣可采用人工或小型机械进行挖装。

(2)起吊及运输机械。起吊机械应根据整个工程起吊的要求进行选择。水平运输机械宜以汽车为主。

(3)其他配套机械。排水、通风、混凝土拌和站等配套设备。

(4)动力供应及通信。风、水、电及通信设施可以利用网电,如无网电则应自建系统,配置柴油发电机组和相应的管线网路等。

(5)主要施工材料。木材主要用于少量加固模板和底节垫木;钢筋的规格数量按设计而定;型钢、模板及支撑钢管;水泥、砂石骨料等。

四、施工现场及临时设施

(1)施工前,应对施工区域进行清理,拆除各种障碍物。对沉井位置场地进行平整碾压,平整范围一般大于沉井平面尺寸,向周边扩大 2~4m,碾压完成后地面承载力应达到设计要求。

(2)完善风、电、水、路、通信系统、排水系统等设施,建立其他临时设施,如混凝土供应系统、钢结构加工场等。施工前编制好安全措施。

第三节　施 工 方 法

一、施工程序

1. 单井的施工程序

单口沉井的施工程序见图 4-1。

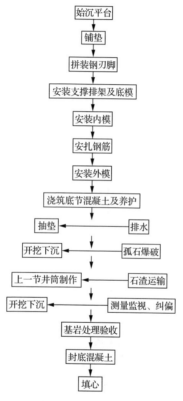

图 4-1　单个沉井施工程序

（1）准备工作，搬迁、平场、碾压、施工机械安装、布设临时设施；

（2）铺砂砾石层及摆平垫木；

（3）刃脚制作安装；

（4）底节沉井制作（支承桁架、模板制作安装及钢筋绑扎）；

（5）底节沉井混凝土浇筑、养护至规定强度；

（6）支撑桁架及模板拆除；

（7）抽除垫木，开挖下沉；

（8）二节沉井制作（内外模板及钢筋绑扎）及混凝土浇筑、养护至规定强度；

（9）开挖下沉（含纠偏），再浇筑上一节井身混凝土，依次循环，直至沉井下沉至设计高程；

（10）基岩内的齿槽开挖（根据设计需要设置）；

（11）按设计要求进行封底及填心。沉井的封底及填心视沉井的作用及需要而定，如作为大口径抽水井使用，则不需封底，沉到含水层内一定的深度即可。如沉井作为建筑物基础或抗滑建筑物，则需要在下沉至设计高程后，浇筑钢筋混凝土封底层，以上井身可填充贫混凝土或达到设计要求重度的砂卵石，或采取其他措施。

2. 井群的施工程序

沉井群是由大小不一，深浅不同的多个沉井组成的群体。具有施工井间距离小，相邻沉井沉放过程中互相制约的特点。恰当地选择井群的开挖顺序是确保沉井施工质量、安全和进度的关键。

（1）沉井群的分区与分期。应根据井群的布置、工期要求和施工场地情况，将沉井群分成若干个区段，（一般 3～5 个沉井作为一个区段），选择一、二个区段先行施工，后续区段逐步跟进。

（2）先导井。在前期施工的区段内根据地质及地下水情况选择一个或少量具有典型特点的先导井进行施工，主要作用是对井群施工起探索作用，也可作为井群降水措施。

（3）流水作业。当多个沉井依次排列井间距离较小时，为确保施工安全及减少在沉井下沉过程中的相互干扰（如爆破振动影响),一般应在某个沉井第一节开挖下沉停止后才进行相邻沉井的混凝土浇筑。可将沉井按单、双序号分成两组,先施工第一组,待其开挖下沉高度超过 $2/3H_1$(H_1 为第一节井筒的高度)后,即开始第二组沉井下沉施工,而第一组沉井照常开挖下沉。由此往复循环,流水作业。

3. 主要施工技术要点

施工中可能出现因地质、设计和施工等诸多原因造成的难点,处理要点如下:

(1)底节沉井始沉平台的高程应根据施工季节的水位或地下水位确定。地下水位较低时,可采用明挖的方式对地下水位以上部分进行开挖,以减小下沉的总高度。对难于压实或承载力过低的土层应予以换填。

(2)底节沉井是整个沉井顺利下沉的关键,应尤其注意其施工质量,其他各道工序如平台压实、刃脚制作安装、井身混凝土浇筑及抽垫下沉等工作均应切实做好。

(3)沉井下沉过程中可能遇到的问题大体有以下几项:在不均匀地层内的下沉;通过流砂层的下沉;地下水集中喷涌;夏季地下水位抬高;沉井位置偏移或倾斜;井筒内出渣方法及井内施工安全等。针对以上问题应编写专项施工方案。

(4)沉井的地基处理,沉井地基处理一般要求较严,要保证稳定可靠。承受侧向力较大的沉井应坐落在岩石基础上,并采取锚筋和钢筋混凝土封底。为确保沉井基础工程质量,施工中的排水尤其重要,应落实专项施工措施。

4. 底节井筒施工

沉井的底节井筒带有刃脚,通过挖掘逐步下沉,然后逐节进行接高,往复开挖,直至达到设计深度。底节井筒的最小高度应以能抵抗纵向破裂为准。

5. 铺垫砂砾石及垫木

铺垫砂砾石层和铺设垫木。始沉平台场地经平整碾压密实后,在垫木铺设范围内铺垫砂砾石或砂垫层,找平夯实。

垫木是在地基满足承载能力的前提下,为防止沉井浇筑混凝土过程中发生的不均匀沉陷和减少对地面的压强而设置的。垫木应采用质量良好的枕木及短方木制成,一长一短交替摆放,在刃脚的直线部位垂直铺设,四角(或圆弧)部位径向铺设(图4-2)。垫木数量依据首节沉井重量及附加载荷均匀分布到地基经计算确定。先定位支点垫木,垫木间用粒径5～20mm砂卵石填塞密实,填塞时先四角后中间,防止垫木位移。

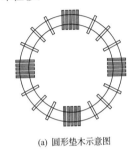 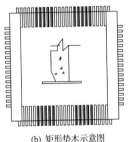

(a) 圆形垫木示意图   (b) 矩形垫木示意图

图4-2　垫木布置示意图

6. 刃脚制作与安装

刃脚是位于底节沉井下端的三角形结构,它以角钢为骨架,底部镶焊槽钢,表面衬焊钢板,俗称钢靴。刃脚是沉井的关键部件,关系到下沉全过程是否可靠,应按照钢结构施工规范的要求保证刃脚的制作和安装质量。通常由厂内分段加工成型后运至现场拼装、调整、焊接成整体,钢靴和钢筋之间焊接应可靠,能承受沉井下沉全过程中产生的挤压振动和冲击。常用刃脚结构形式见图4-3。

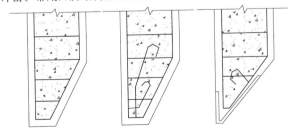

图4-3　刃脚结构形式图

7. 刃脚下的承重桁架及井筒内模施工

根据首节沉井结构尺寸和承重荷载的要求,对井筒内模周边、转角和隔墙可制作承重桁架,在荷载集中的支点也可砌筑承重平台。应控制刃脚下和井内隔墙下垫木应力,使其基本相等,以免不均匀沉陷使井壁连接处混凝土出现裂缝。

内侧模板可采用在加工厂加工成型的标准模板在现场拼装,局部接头使用散拼模板进行拼接。顺序为先安装斜面和隔墙承重模板,后安装侧面模板,并用内撑固定。

8. 钢筋笼安装及预埋件施工

内模验收合格后,方能进行钢筋安装。钢筋可采用现场手工绑扎或场外制作后整体吊装的方式安装。刃脚钢筋布置较密,可预先将刃脚纵向钢筋焊至定长,然后放入刃脚内连接。主筋要预留焊接长度,以便向上一节沉井钢筋进行连接。沉井内的各种埋件,如灌浆管、排水管以及为固定风、水、电管线、爬梯等埋件,均应按照设计位置预埋。

9. 井壁外侧模板施工

沉井井筒外壁要求平整、光滑、垂直,严禁外倾(上口大于下口)。为了施工快捷和有利模板平整,外模宜采用定型效果好的钢模等。模板支撑采用对拉方式。内外模板均应涂刷脱模剂。内外侧模板和钢筋之间,要有足够的保护层,通常安设预制的砂浆块来控制保护层厚度。

10. 首节井筒混凝土浇筑

模板、钢筋、埋件等在安装过程中和安装完成以后,必须经过严格检验,验收合格后方能进行混凝土浇筑。混凝土浇筑可采用平铺法或台阶法。平铺法先搭设浇筑平台,并按规定距离布设下料溜筒,一般 5～6m 布置一套溜筒,混凝土通过溜筒均匀铺料。为避免不均匀沉陷和模板变形,四周混凝土面的高差不得大于一层铺筑厚度(30～40cm)。首节井筒混凝土强度应较其他节提高一级(一般不低于 C20)。刃角处不宜使用大于二级配的混凝土。

一节井筒应一次性浇筑,如因故不能浇完时,水平施工缝要进行可靠处理。混凝土浇筑完毕后及时进行养护,养护时间按《水工混凝土施工规范》(SL 677—2014)要求执行。浇水养护时应注意防止多余水流冲刷垫层,引起土体流失、坍陷,致使沉井混凝土开裂。

11. 井筒内外模板及承重桁架拆除

井筒内外模板拆除时间按 SL 677—2014 执行。拆模时应按照井壁内外侧模板、隔墙下支撑、隔墙底模、刃脚下支撑、刃脚斜面模板的先后顺序进行。

二、井内开挖及井筒下沉

首节井筒模板及支撑排架拆除后,首节井筒混凝土强度必须达到 100%以后,才能进行垫木抽垫,开始挖渣下沉作业。其他节井筒混凝土经养护达到设计强度 70%后,方可下沉。下沉是沉井施工的主要环节,下沉过程也是问题最集中的时段,必须精心组织,精心施工。

沉井由地表沉至设计高程,主要取决于三个因素:一是井筒要有足够自重和刚度,能克服地层摩阻力而下沉;二是井筒内部被围入的土体要挖除,使井筒仅受外侧压力和下沉的阻力;三是从设计和施工方面采取措施确保井筒按要求顺利下沉。

1. 底部垫木抽除

抽除垫木是保证沉井下沉的垂直度关键节点工序。在抽垫过程中,应分区、依次、对称、同步地进行:先隔墙,后井筒;先短边,后长边;最后保留设计支承点。抽去垫木后刃脚下应立即使用卵砾石或砂进行填塞并捣实,使沉井自重逐渐由垫层承受。

在整个抽取作业过程中必须加强观测,发现沉井倾斜时应及时采取措施调整。井筒抽垫作业分三步进行:

(1) 先间隔、同步抽出两短边对称轴左右 1/2 组垫木,再抽出四角垫木,然后间隔同步抽出两长边对称轴左右 1/2 组垫木。

(2) 留下长边对称轴及四角 1～2 组支承点垫木,依次抽出短边对称轴左右余下垫木,然后抽出长边对称轴左右余下垫木。

同步抽出作为支承点的垫木。具体每步抽出垫木多少，应视沉井倾斜情况适当调整。

2. 挖渣下沉

水工沉井一般采用抽水吊渣法施工，人工井下开挖。也可辅以小型挖渣机械，由起吊机械装车卸至渣场。

对覆盖层每层挖渣作业的要点是，周边先预留 1m 以上宽度，从中心向四周先短边后长边开挖。依次挖渣厚度为 0.3～0.5m，再间隔挖除预留部分，留下设计支承点。在挖除支承点时，沉井在自重作用下逐渐下沉，下沉过程中随时注意纠偏。

对岩石开挖每层开挖作业要点，周边先预留 1～1.5m 以上宽度，由中心向四周开挖，层高 0.8～1.0m。采用风镐及人工撬挖相结合的方法。刃脚下开挖用跳槽法，先短边后长边沿刃脚周长分成若干段，每段长 1～1.5m，间隔挖除。

在进行刃脚踏面内侧开挖时，只有当开挖深度达 1m 左右形成临空面后，才能对刃脚踏面内侧预留的 1～1.5m 进行开挖。任何情况下，隔墙不得承重。隔墙处应保持 1m 的净高，以利通行。

3. 抽水吊渣

采用抽水吊渣下沉法，抽水是关键。挖渣时先挖好集水坑，并配备专人负责坑内的清渣挖深工作。根据渗水情况，应配备足够的排水设备，挖渣和抽水必须紧密配合。

4. 交通

施工中为解决沉井内上下交通，每节沉井应选一隔仓设斜梯一处，以满足安全疏散及填心需要，其余隔仓内应各设垂直爬梯一道。

三、后续井筒施工

在首节沉井下沉到一定深度后就应停止下沉，准备进行上面一节沉井的接高。沉井的接高应符合以下要求：

（1）接高前应调平沉井，井顶露出地面（或水面）应保持 1m 左右高度。

（2）上一节沉井高度可与底节相同（5～8m）。为减少外井壁与周边土石的摩擦力,第二节井筒周边尺寸应比首节缩小 5～10cm。以后的各节井筒周边也应依次缩小 5～10cm。

（3）上节模板不应支撑在地面上,防止因地面沉陷而使模板变形。

（4）为防止在接高过程中突然下沉或倾斜。必要时应在刃脚处回填或进行支撑。

（5）接高后的各节井筒中心轴线应为一条直线。

（6）上一节井筒混凝土达到强度要求后,继续开挖下沉。以后再依次循环完成上部各节井筒的制作、下沉。

四、特殊地层中的沉井施工

（1）下沉中若局部范围有大孤石顶住,应立即停止下沉,及时进行处理,以免应力集中,拉裂刃脚,或使井筒偏斜。处理可用风镐破除的方式,但应注意不要过于靠近刃脚。

（2）下沉中若局部范围遇到流砂,可用麻袋装混凝土堵塞。待井内挖渣只留支承点时,将麻袋破除,最后挖除支承点下沉。

（3）当沉井刃脚接触到软硬不同地层时,应立即停止对软基面开挖,先挖硬质地层,待硬质地层开挖底面低于软基层面后,再挖软基层,以防止沉井偏斜和局部承重。开挖时由边长的中间向两头切层掘进。

（4）水利水电工程中,沉井往往位于河岸边或山坡脚下,施工过程可能渗水较大,井内除配备足够的水泵和正常供电(包括配置备用电源)外,还可采取其他相应降水措施。

①井群间辅助排水。井群平行交叉施工中,在一个沉井开挖时,可利用相邻井内开挖高差,把邻井当作一个降水井,进行辅助排水,以减少开挖井渗水量,保证开挖面施工。

②黏土铺盖防渗。用麻袋装黏土加少量砾石(或开挖出的渣料)填堵渗水带,减小渗水量。必要时,可用黏土土与帆布铺盖联合防渗,此法用来解决浅层防渗较好。

（5）水下机械开挖法。对渗水量大,加大排水能力和采取堵漏措施后,仍不能有效施工时,若再加大排水能力,井内外渗水压力加大,可能导致井外土砂等细颗粒随渗水大量涌入井内,严重时将出现井外地表下沉。这时,井筒不但不能下沉,还可能产生倾斜等严重后果。在这种情况下应考虑其他特殊措施,如采用水下机械挖渣和潜水作业,或在井外钻孔灌浆堵水措施等。

五、沉井下沉的纠偏措施

1. 沉井产生偏斜的原因

(1) 沉井构筑质量不合格,尺寸不合适。比如刃脚水平面与沉井中心线不垂直,刃脚与井壁不垂直,井壁不光滑等;

(2) 垫木抽除不对称,未及时回填卵砾石或砂;

(3) 地基未有效处理;

(4) 挖渣不均匀,井底出现高程差;

(5) 刃脚一角或一侧被障碍物顶住,未及时发现和处理;

(6) 井内涌砂;

(7) 地下水和雨水侵入井内,井壁四周土方因地下水浸泡而坍塌,导致井身倾斜或变形断裂,产生位移。

2. 纠偏措施

预防沉井倾斜和纠偏工作应提前编制预案,如出现倾斜首先分析倾斜原因,再确定纠偏方法。在下沉过程中要经常测量及时纠偏,措施有以下几种:

(1) 严格控制井筒施工的外形尺寸,要求井筒外壁垂直、光滑,免除由其引起的阻力增加。

(2) 严格按照程序抽除垫木,并及时回填卵砾石或砂,确保沉井正位下沉。

(3) 在井壁高的一侧施加偏压,直至井壁端正。

(4) 井外单侧挖土,将偏移部位压向正确位置。此法在首节沉井下沉时使用效果较好。

(5) 井内均匀开挖,每层开挖在 0.3～0.5m 范围内,先中间,后四周。

(6) 井外壁单侧注水或泥浆以减小井壁与土层的摩擦力。

(7) 及时封堵涌砂。

(8) 使用风镐等,排除障碍物和局部卡塞点。

（9）基底出现软硬岩层时，应先挖除硬岩层，后挖软土，最后挖除支撑点。

六、井底地基处理

沉井下沉至设计标高，经 2～3d 下沉稳定后，8h 内累计沉降量不大于 10mm 时即可进行井底地基处理。

（1）按设计要求打好插筋，清除浮渣杂物，浇筑封底混凝土。打插筋、清基、封底各工序必须紧密衔接，缩短工期。如果井内长时间排水，会淘空四周地层中的砂及小粒径卵砾石，对沉井安全不利。

（2）沉井下至设计高程后，如设有深挖齿槽，为保证齿槽的顺利施工，应将井周刃脚部位封堵。齿槽可沿长度方向分段跳块开挖，分二个阶段开挖。第一阶段先开挖一至二块，立模先浇混凝土。第二阶段开挖其余部分，该阶段齿槽混凝土可与封底混凝土一起施工。齿槽开挖前槽口边沿应打插筋，齿槽开挖的边坡可采用喷射混凝土进行支护，若遇破碎层可用锚喷支护。

（3）井间齿槽可采用平洞法开挖，并回填混凝土至刃脚底面。

七、封底混凝土施工

（1）作为一般基础沉井，可用普通混凝土封底。

（2）若渗水量不大，封底可采用分期施工方法。第一期可采用预留集水坑，一边排水一边从一端向另一端封堵，最后撤出水泵封堵集水坑。

（3）若渗水量较大，无法采用排水法封堵，也可采用导管法浇筑水下混凝土封堵，将积水排出后采用普通混凝土浇筑。用导管法浇筑水下混凝土时，应按照 SL 677—2014 的有关规定执行。水下浇筑混凝土的强度等级应较混凝土设计强度提高一级。

（4）井底封堵后若要进行防渗处理，则井底可作为防渗处理的工作面。井底混凝土封堵后，应根据设计需要进行浇筑。

八、沉井井间接缝处理

沉井井间接缝的处理应根据沉井的用途由设计确定。

九、沉井施工新技术

随着现代工程技术的发展,传统沉井完全依靠井筒自重克服井壁与土层之间的摩阻力和刃脚下方土体抗力而下沉的施工方法,已不能满足工程高效可靠的时代要求。主要问题是前期准备时间长,对地层要求较高,下沉过程易倾斜,纠偏困难等。通过工程实践,近些年已产生诸多沉井新工艺,本手册做简略介绍。

1. SS 沉井工法

SS沉井(Space System Caisson)工法即刃脚改形卵砾填缝的自沉沉井工法。与纯自沉工法不同,SS沉井刃脚钢靴呈八字形,其刃尖伸出井筒外壁面约20cm。井筒下沉时井壁与地层之间留下一道间隙,卵砾石不断填入其中。通过卵砾石之间的滚动下沉,下沉过程较顺利。待下沉至设计高程后,通过向卵间隙内注入水泥砂浆,使井筒和地层紧密固结在一起。SS沉井工法多应用于较小型的沉井施工当中。

2. 压沉沉井工法

压沉沉井工法是借助于地锚反力装置强行将沉井压入地基的施工方法。该工法具有下沉速度快、井筒状态易控制、对地基和邻近建筑物影响小的优点,前提是施工现场应具备为地锚提供有效反力的条件。

3. 自动化沉井工法

自动化沉井工法又称 SOCS(Super Open Caisson System)工法。该法采用预制管片拼接井筒,自动挖土、排土,自动压沉,自动调整井筒姿态,是一种自动化、合理化及高技术化的较为先进的沉井施工方法。

4. 其他沉井施工工法

通过工程实践,根据工程特性催生了很多新型工法,如自由扩缩系统自动化沉井工法、地表遥控无人挖掘工法、充气沉井工法、预制拼接沉井工法等诸多工法,这些工法的产生使沉井工法在更广阔的工程领域得到了应用,也为工程项目的顺利施工提供了较为有利的条件。

十、施工质量与安全

1. 沉井施工的质量检查和竣工资料

（1）沉井施工的质量检查。在沉井的施工过程中应对下列工序或分项工程进行中间过程验收：

1）沉井始沉平台的设置；

2）每节沉井质量情况；

3）每节沉井下沉高程。

沉井下沉过程中的位置、偏差和基底的验收。各项检查验收工作应及时整理资料。

（2）竣工资料。沉井竣工时应提供下列资料：

1）工程竣工图；

2）测量记录；

3）中间验收记录；

4）设计变更及材料代用通知单；

5）混凝土试件试验报告；

6）钢筋焊接接头试验报告；

7）工程质量事故的处理资料等。

2. 沉井的质量要求

对沉井的质量要求应视沉井的作用和重要性而定，具体参数可参考《水电水利工程沉井施工技术规程》（DL/T 5702—2014）。

3. 沉井施工的安全措施

沉井施工除应遵循土石方开挖、混凝土浇筑的安全操作规程外，还应采取以下措施：

（1）沉井施工场地应进行充分碾压，对形成的边坡应作相应的保护。施工机械尤其是大型吊运设备应建在坚实（或经过处理）的基础上。沉井下沉到一定深度后，井外邻近的地面可能出现下陷、开裂，应注意经常检查基础变形情况，及时调整加固起重机的道床。

（2）施工区内的地表水应排到施工场地以外，井内排出的渗水严禁返流到井下。

（3）井顶四周应设临时钢筋栏杆和挡板，以防坠物伤人。

（4）起重机械进行吊运作业时，施工人员应躲避到安全部位，指挥人员与司机应密切联系，井内井外指挥和联系信号要明确，严防事故发生。

（5）石方爆破时，起爆前应切断照明及动力电源，并妥善保护水泵。爆破后加强通风，排除粉尘和有害气体。

（6）施工电源（包括备用电源）应能保证沉井连续施工。水泵和照明电源尤应可靠，严防淹没事故发生。

（7）井内吊出的石渣应及时运到渣场，以免对沉井产生偏压，造成沉井下沉过程中的倾斜。

（8）装运石渣的容器及其吊具要经常检查其安全性，渣斗升降时井下人员应回避。

第五章

深层搅拌法

第一节 概　述

深层搅拌法是利用水泥、石灰等材料作为固化剂的主剂,通过专用的深层搅拌机械,在地基土中边钻进、边喷射固化剂、边旋转搅拌,使固化剂与土体充分拌和,形成具有整体性和抗水性的水泥土或灰土桩柱体,以达到加固地基或防止渗漏目的的工程措施。

搅拌桩柱体和桩周围土体可构成复合地基,也可相割搭接排成一列形成连续墙体,还可相割搭接成多排墙。在水利水电工程中,深层搅拌法主要用于在水工建筑物地基中形成复合地基、在堤坝及其地基中形成连续的防渗墙等。

一、起源和发展

深层搅拌法分为石灰系搅拌法和水泥系搅拌法。石灰系搅拌法于 1967 年由瑞典人提出,1974 年将石灰粉体喷射搅拌桩用于路基和深基坑边坡支护。同期,日本于 1967 年开始研制石灰搅拌施工机械,1974 年开始在软土地基加固工程中应用。我国于 1983 年初开始进行粉体喷射搅拌法加固软土的试验研究,并于 1984 年 7 月在广东省用于加固软土地基。水泥系深层搅拌法于 20 世纪 50 年代初始于美国,1974 年日本开发研制成功水泥搅拌固化法(CMC 工法),用于加固堆场地基,深度达 32m。近年来研制出各种深层搅拌机械,用于防波堤、码头岸壁及高速公路高填方下的深厚软土地基加固工程。我国于 1977 年 10 月开始进行水泥系搅拌法的室内试验和机械研制工作,于 1978 年末制造出第一台深层搅拌桩机及其配套设备,1980 年首次在上海应用并获得成功。水利工程中的应用始于 1995 年,最初主要是闸基、泵站地基采用深层搅拌桩构成复合地基,1996 年用于沂沭河拦河坝坝基防渗,效果较好,当时为单头深层搅拌桩。为了降低造价,提高工效,水利部淮委基础公司于 1997 年发明了多头小直径深层搅拌截渗技术,而后由北京振冲江河截渗公司研制出不同规格的多头深层搅拌施工设备。这一技术进步推动了深层搅拌法在水利工程中的应用。目前深层搅拌法已广泛应用于我国大江大河和湖泊的堤坝防渗工程。

二、分类

(1) 按使用水泥的不同物理状态,分为浆液和粉体深层搅拌桩两类。我国以水泥浆体深层搅拌桩应用较广,粉体深层搅拌桩宜用于含水量大于 30%的土体。

(2) 按深层搅拌机械具有的搅拌头数,分为单头、双头和多头深层搅拌桩。

(3) 根据桩体内是否有加筋材料,分为加筋桩和非加筋桩。加筋材料一般采用毛竹、钢筋或轻型角钢等,以增强其抗弯强度。

本章主要叙述以水泥浆为固化剂的非加筋深层搅拌桩和防渗墙的施工。

三、水泥土

1. 水泥土的固化机理

土体中喷入水泥浆再经搅拌拌和后,水泥和土有以下物理化学反应:

(1) 水泥的水解和水化反应;

(2) 离子交换与团粒化反应;

(3) 硬凝反应;

(4) 碳酸化反应。

水化反应减少了软土中的含水量,增加颗粒之间的黏结力;离子交换与团粒化作用可以形成坚固的联合体;硬凝反应又能增加水泥土的强度和足够的水稳定性;碳酸化反应还能进一步提高水泥土的强度。

在水泥土浆被搅拌达到流态的情况下，若保持孔口微微翻浆，则可形成密实的水泥土桩，而且水泥土浆在自重作用下可渗透填充被加固土体周围一定范围土层中的裂隙，在土层中形成大于搅拌桩径的影响区。

2. 水泥土的物理力学特性

（1）无侧限抗压强度。水泥土的无侧限抗压强度在 0.3～4MPa 之间，在砂层可高达 5MPa 以上，比天然软土强度提高许多倍。水泥土的抗压强度受下列因素的影响。

1）土质。一般地说，初始性质较好的土，加固后强度增量较大，初始性质较差的土，加固后强度增量较小。水泥土的强度与土的含砂量有关，当含砂量为 40%～60% 时，加固土强度达最大值。在加固软黏土时，若在固化剂中掺加适量的细砂，既可提高加固土的强度，又可节约水泥用量。

2）龄期。水泥土的抗压强度随其加固龄期而增长。我国 JGJ 79—2012 规定，对竖向承载的水泥土强度宜取 90d 龄期试块的立方体抗压强度平均值；对承受水平荷载的水泥土强度宜取 28d 龄期试块立方体抗压强度平均值（本章凡提到水泥土抗压强度未注明者均指 28d 强度）。一般情况下，7d、28d、90d 的水泥土强度之间有如下近似关系：

$$q_{u(28d)} \approx (1.6 \sim 2.1)q_{u(7d)};$$
$$q_{u(90d)} \approx (2.4 \sim 3.7)q_{u(7d)};$$
$$q_{u(90d)} \approx (1.4 \sim 1.8)q_{u(28d)}.$$

3）水泥掺入比。我国 JGJ 79—2012 规定水泥的掺入量不宜小于 12%。对含水率大于 10% 的土、孔隙率较大的杂填土或重要工程，常采用较高的水泥掺入比。

（2）抗剪强度。水泥土的抗剪强度随抗压强度提高而增大。一般地说，当无侧限抗压强度 $q_u = 0.5 \sim 4$MPa 时，其黏聚力 $c = 0.1 \sim 1.1$MPa，内摩擦角在 $\varphi 20° \sim 30°$ 之间，抗剪强度相当于 $(0.2 \sim 0.3)q_u$。

（3）变形特性。水泥土的变形模量与无侧限抗压强度 q_u 有关。国内的研究认为：当 $q_u = 0.5 \sim 4$MPa 时，$E_{28} = (100 \sim 150)q_u$。

（4）渗透系数。水泥土的渗透系数 k 随着加固龄期的增加和水泥掺入比的增加而减小，对于 $k>10^{-5}$ cm/s 的软土用 10%的水泥加固一个月之后，一般地说，k 值可减小到 10^{-6} cm/s 以下，当水泥掺入比由 10%增加至 20%时，k 值可进一步减小至 10^{-7} cm/s 以下。

四、深层搅拌法的适用范围

（1）适用土质。深层搅拌法适合于加固淤泥、淤泥质土和含水量较高而地基承载力小于 140kPa 的黏性土、粉质黏土、粉土、砂土等软土地基。当土中含高岭石、多水高岭石、蒙脱石等矿物时，可取得最佳加固效果；土中含伊里石、氯化物和水铝英石等矿物时，或土的原始抗剪强度小于 20～30kPa 时，加固效果较差。当用于泥炭土或土中有机质含量较高，酸碱度较低（pH 值＜7）及地下水有侵蚀性时，宜通过试验确定其适用性。当地表杂填土厚度大且含直径大于 100mm 的石块或其他障碍物时，应将其清除后，再进行深层搅拌。

（2）适用工程。深层搅拌法由于对地基具有加固、支承、止水等多种功能，用途十分广泛，如加固软土地基，以形成复合地基而支承水工建筑物、结构物基础；作为泵站、水闸等的深基坑和地下管道沟槽开挖的围护结构，同时还可作为止水帷幕；当在搅拌桩中插入型钢作为围护结构时，基坑开挖深度可加大；稳定边坡、河岸、桥台或高填方路堤，以及作为堤坝防渗墙等。

此外，由于搅拌桩施工时无震动、无噪声、无污染，一般不引起土体隆起或侧面挤出，故对环境的适应性强。

第二节　施工机具

目前国内常用的深层搅拌桩机分动力头式及转盘式两大类。动力头式深层搅拌桩机可采用液压马达或机械式电动机减速器。这类搅拌桩机主电机悬吊在架子上，重心高，必须配有足够重量的底盘。另外，由于主电机与搅拌钻具连成一体,重量较大,因此可以不必配置加压装置。转盘式深层搅拌桩机多采用大口径转盘,配置步履式底盘,主机安装在底盘上,安有链轮、链条加压装置。其主要优点是:重心低、比较稳定,钻进及提升速度易于控制。

一、动力头式深层搅拌桩机

动力头深层搅拌桩机主要用于施工复合地基中的水泥土桩。

1. 单头深层搅拌桩机

单头深层搅拌桩机由以下部件构成:

(1)动力头。由电动机、减速器组成,主要为搅拌提供动力。

(2)滑轮组。主要由卷扬机、顶部滑轮组组成,使搅拌装置下沉或上提。

(3)搅拌轴。由法兰及优质无缝钢管制成,其上端与减速器输出轴相连,下端与搅拌头相接,以传递扭矩。

(4)搅拌钻头。采用带硬质合金齿的二叶片式搅拌头,搅拌叶片直径 500～700mm。为防止施工时软土涌入输浆管,在输浆口设置单向球阀:当搅拌下沉时,球受水或土的上托力作用而堵住输浆管口;提管时,它被水泥浆推开,起到单向阀门的作用。

(5)钻架。由钻塔、付腿、起落挑杆组成,起支承和起落搅拌装置的作用。

(6)底车架。由底盘、轨道、枕木组成,起行走的作用。

(7)操作系统。由操作台、配电箱组成,是主机的操作系统。

(8)制浆系统。由挤压泵、集料斗、灰浆搅拌机、输浆管组成,主要作用是为主机提供水泥浆。

深层搅拌桩机配套机械见图 5-1,动力头式单头深层搅拌装置见图 5-2。

2. 双头深层搅拌桩机

双头深层搅拌桩机是在动力头式单头深层搅拌桩机基础上改进而成,其搅拌装置比单头搅拌桩机多了一个搅拌

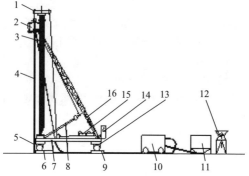

图 5-1　单头深层搅拌桩机配套机械示意图

1—顶部滑轮组；2—动力头；3—钻塔；4—搅拌轴；5—搅拌钻头；
6—枕木；7—底盘；8—起落挑杆；9—轨道；10—挤压泵；11—集料斗；
12—灰浆搅拌机；13—操作台；14—配电箱；15—卷扬机；16—付腿

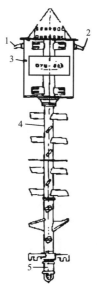

图 5-2　动力头式单头深层搅拌装置示意图

1—电缆接头；2—进浆口；3—电动机；4—搅拌轴；5—搅拌头

轴,可以一次施工两根桩。其他组成和作用同动力头式单头深层搅拌桩机。深层搅拌桩机的搅拌装置见图5-3。

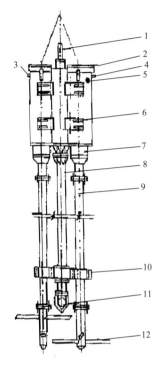

图 5-3　双轴深层搅拌桩机搅拌装置图

1—输浆管;2—外壳;3—出水口;4—进水口;5—电动机;6—导向滑块;

7—减速器;8—中心管;9—搅拌轴;10—横向系板;11—球形阀;12—搅拌头

二、转盘式深层搅拌桩机

国内已经开发出转盘式单头和多头(三头、四头、五头和六头)深层搅拌桩机。单头深层搅拌桩机主要用于施工复合地基中的水泥土桩,多头深层搅拌桩机主要用于施工水泥土防渗墙。

1. 转盘式单头深层搅拌桩机

转盘式单头深层搅拌桩机由步履机构、动力机构、传动机构、操作机构、机架和钻进机构等部件组成。一般成孔直径为500mm。

2. 转盘式多头深层搅拌桩机多头小直径深层搅拌桩机

多头深层搅拌桩机为三钻头小直径深层搅拌桩机(图5-4),钻头直径为200～450mm。主要用于江河、湖泊及水库堤坝截渗工程。

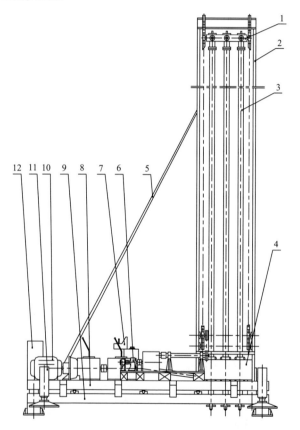

图5-4　多头小直径深层搅拌桩机示意图

1—水龙头;2—立架;3—钻杆;4—主变速箱;5—稳定杆;6—离合操纵;
7—操作台;8—上车架;9—下车架;10—电动机;11—支腿;12—电控柜

三、SMW深层搅拌施工机械

该工法是利用装有三轴搅拌钻头的SMW钻机(见图5-5),在地层中连续建造水泥土墙,并在墙内插入芯材(通常为H型钢),形成抗弯能力强、刚性大、防渗性能好的挡土墙的工法。SMW深层搅拌机钻头直径为550~850mm,最大施工深度可达65m,配有先进的质量监测系统,设备造价及成墙造价均很高。

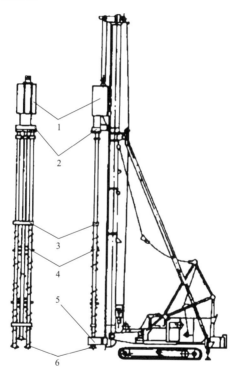

图5-5　SMW三轴深层搅拌桩机

1—减速机;2—多轴装置;3—连接装置;4—搅拌轴;
5—限位装置;6—螺旋钻头

第三节　施工准备

一、施工技术资料

1. 施工前应收集的资料

（1）地质资料。地基土分层、土的物理力学指标、软土分布范围和厚度变化情况、地下障碍物等。从土的主要成分和有机质含量，判断水泥加固地基土效果。可在加固的土样中加入氢氧化钠溶液，抽出浸后液体观察土样，其颜色越深，则加固效果越差。

（2）水质。对拟加固场地地下水的酸碱度（pH 值）、硫酸盐含量、侵蚀性二氧化碳等指标进行分析，以判断对水泥侵蚀性影响。

（3）其他资料。工程建设项目文件、设计文件、施工平面布置图、相关的结构设计图等。

2. 水泥土配合比室内试验

（1）试验项目。水泥浆液性能试验的项目为：密度、黏度、稳定性、初凝时间。水泥土凝固体的力学性能试验项目为：抗压强度、渗透系数、渗透破坏比降。

浆液性能试验按常规的方法进行。目前我国尚无水泥土性能的规范性的试验方法，所以对水泥土的力学性能试验常借助混凝土的试验方法进行。

（2）水泥掺入量。

水泥掺入量可按式（5-1）计算：

$$\bar{\omega} = \alpha_w \times \gamma \qquad (5\text{-}1)$$

式中：$\bar{\omega}$——平均加固（搅拌）1m³ 土所需要的水泥掺入量，t；

　　　α_w——水泥掺入比；

　　　γ——天然土体的湿容重，t/m³。

水泥掺入量决定了水泥土的破坏比降、抗压强度、变形模量，对渗透系数也有较大影响。土层中水泥掺入量取决于天然土体性质（孔隙率、土层类别、含水量等）和施工机械的性能。工程实践经验表明：在黏性土中可取 8%～12%（土层中有孔洞或极松散的土体除外）；砂性土中可取 10%～18%，最大可达 20%。

（3）水泥浆的水灰比。水泥浆的水灰比与被加固土体的含水量、性能、机械的搅拌能力和输浆情况等有关。试验表明，水泥土的性能不但取决于水泥掺入量，还取决于被加固土体的可搅拌性，即使水泥掺入量大，但未搅拌均匀，水泥土力学指标也不理想。因此水泥土搅拌均匀十分重要，而水灰比对水泥土的均匀性起着重要作用。在水利水电工程复合地基加固中，一般取水灰比 0.5～1.2，防渗工程中一般取 1～2。室内试验时可参考以往工程经验确定，实际施工时可根据设计要求的水泥掺入比，经现场试桩确定。

（4）外加剂。一般情况下不需要外加剂。若设计要求掺入，施工单位应根据规定的外加剂品种和掺入比掺入。或由施工单位根据土的颗粒组成、pH 值、有机质含量、液限和塑限、现场施工条件（如水泥浆制备后送至灰浆泵的距离远近等）以及气温高低等情况适当选择。

（5）试块制备。在工程场地内选定若干钻孔，连续取原状土样，封装于双层厚塑料袋内，以供拌制试块。试块制作方法：先按预定配合比称量土、水泥、外加剂和水，用手工拌和 10min 至均匀，将拌和物（即加固土）装入试模（尺寸 70.7mm×70.7mm×70.7mm）一半体积，放在振动台上振动 1min，再装满另一半振动 1min，将表面刮平，用塑料布覆盖即成。试块经 1～2d 可拆模，然后将其置于温度为 20℃±2℃、湿度大于 90% 的养护室养护。试块的数量由所需养护龄期和固化剂（水泥）的掺入比决定。养护龄期通常分为 7d、28d 和 90d 三期，固化剂的掺入比可根据土的天然含水量和以往工程经验，确定几个档次。然后，按不同的养护期和不同掺入比进行排列组合，确定试块数量。

（6）资料分析及配合比的确定。不同龄期的试块分别进行力学性能试验后，将试验结果绘成图表，再经分析对比选定最佳的水泥土配合比，作为工艺试验和施工的主要依据。

二、施工现场准备

1. 场地平整与布置

在机械设备进场前应平整场地。当场地表层较硬需注水预搅施工时,应在四周开挖排水沟,并设集水井,其位置以不影响深层搅拌桩机施工为原则。排水沟和集水井应经常清除沉淀杂物,保持水流畅通。

当场地过软不利于深层搅拌桩机行走或移动时,应铺设粗砂或碎石垫层。灰浆制备工作棚位置宜使灰浆的水平输送距离在50m以内。

2. 施工备料

深层搅拌施工主要材料为水泥,应按设计要求选用水泥品种和强度等级。水利水电工程常用42.5级普通硅酸盐水泥。

搅拌水泥浆液的水应符合水工混凝土拌和用水的标准。

3. 机械安装及调试

(1)机具组装。包括深层搅拌桩机等机械的组装和就位;水泥浆液制备系统安装;管线连接,用压力胶管连接灰浆泵出口与深层搅拌桩机的输浆管进口。

(2)试运转。机械在试运转时应注意下列事项:

1)电压应保持在额定工作电压范围内,电机工作电流不得超过额定值;

2)调整搅拌轴旋转速度;

3)输送浆液管路和供水水路应通畅;

4)各种仪表应能正确显示,检测数据准确。

4. 施工放样

(1)准确定出各搅拌桩桩位中心,打木桩做出标记。

(2)水泥土搅拌桩施工时,从零点桩号开始,沿施工轴线放样,并标定桩位。

三、工艺试验

在工程大面积施工开始前,应进行深层搅拌工艺试验。工艺试验的目的是验证并确定设计提出的施工技术参数和要求。它们包括:

（1）搅拌桩机钻进深度，桩底标高，桩顶水泥浆停浆面标高；

（2）水泥浆液的水灰比，外加剂的种类；

（3）搅拌桩机的转速和提升速度；

（4）浆泵的压力；

（5）输浆量及每米输浆量变化，水泥浆经浆管到达喷浆口的时间；

（6）是否需要冲水或注水下沉，是否需要复搅复喷及其部位、深度等。

第四节　深层搅拌施工

一、复合地基深层搅拌桩

深层搅拌桩主要用于建筑物的地基加固，在水工建筑物中，如泵站、水闸、坝基等。一般来说，桩径为 500～800mm，加固深度为 5～18m，复合地基承载力可提高 1～2 倍。可根据需要把桩排列成梅花形、正方形、条形等多种形式，可不受置换率的限制。

1. 工艺流程

深层搅拌工艺流程如图 5-6 所示。

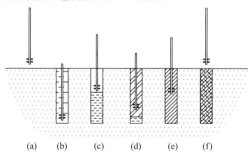

图 5-6　用动力头式深层搅拌桩机施工搅拌桩流程图

(a) 桩机就位；(b) 喷浆钻进搅拌；(c) 喷浆提升搅拌；

(d) 重复喷浆钻进搅拌；(e) 重复喷浆提升搅拌；(f) 成桩完毕

（1）桩机就位。搅拌桩机及配套设备安装就位，移动调平主机，钻头对准孔位。

（2）喷浆钻进搅拌。启动搅拌桩机，钻头正向旋转，实施钻进作业。为了防止堵塞钻头上的喷射口，钻进过程中适当喷浆，同时可减小负载扭矩，确保顺利钻进。钻进速度、旋转速度、喷浆压力、喷浆量应根据工艺试验时确定的参数操作。钻进喷浆成桩到设计桩长或层位后，原地喷浆半分钟，再反转匀速提升。

（3）喷浆提升搅拌。搅拌头自桩底反转匀速搅拌提升直到地面，并喷浆。

（4）重复喷浆钻进搅拌。若设计要求复搅，则按上述步骤（2）操作要求进行。

（5）重复喷浆提升搅拌。若设计要求复搅，按上述步骤（3）操作步骤进行。

（6）成桩完毕。当钻头提升至高出设计桩顶 30cm 时，停止喷浆，将钻头提出地面。至此制桩完成。开动注浆泵，清洗管路中残存的水泥浆，移机至另一桩位施工。

2. 施工参数

施工参数见表 5-1。

表 5-1　　　　　　复合地基施工参数参考表

项目	参数	备注
水灰比	0.5～1.2	土层天然含水量多取小值，否则取大值
供浆压力/MPa	0.3～1.0	根据供浆量及施工深度确定
供浆量/(L/min)	20～50	与提升搅拌速度协调
钻进速度/(m/min)	0.3～0.8	根据地层情况确定
提升速度/(m/min)	0.6～1.0	与搅拌速度及供浆量协调
搅拌轴转速/(r/min)	30～60	与提升速度协调
垂直度偏差	<1.0%	指施工时机架垂直度偏差
桩位对中偏差/m	<0.01	指施工时桩机对中的偏差

3. 施工中注意的事项

在复合地基深层搅拌施工中应注意以下事项：

（1）拌制好的水泥浆液不得发生离析，存放时间不应过长。当气温在 10℃ 以下时，不宜超过 5h；当气温在 10℃ 以上时，不宜超过 3h；浆液存放时间超过有效时间时，应按废浆处理；存放时应控制浆体温度在 5～40℃ 范围内。

（2）搅拌中遇有硬土层，搅拌钻进困难时，应启动加压装置加压，或边输入浆液边搅拌钻进成桩，也可采用冲水下沉搅拌。采用后者钻进时，喷浆前应将输浆管内的水排尽。

（3）搅拌桩机喷浆时应连续供浆，上提喷浆时因故停浆，须立即通知操作者。此时为防止断桩，应将搅拌桩机下沉至停浆位置以下 0.5m（如采用下沉搅拌送浆工艺时则应提升 0.5m），待恢复供浆时再喷浆施工。因故停机超过 3h，应拆卸输浆管，彻底清洗管路。

（4）当喷浆口被提升到桩顶设计标高时，停止提升，搅拌数秒，以保证桩头均匀密实。

（5）施工时，停浆面应高出桩顶设计标高 0.3m，开挖时再将超出桩顶标高部分凿除。

（6）桩与桩搭接时，相邻桩施工的间隔时间不应大于 24h。如间隔时间太长，搭接质量无保证时，应采取局部补桩或注浆措施。

（7）应做好每一根桩的施工记录。

4. 施工中常见的问题和处理方法

施工中常见的问题和处理方法见表 5-2。

表 5-2　　　　　　　施工中常见问题和处理方法

常见问题	发生原因	处理方法
预搅下沉困难，电流值大，开关跳闸	电压偏低	调高电压
	土质硬，阻力太大	适量冲水或加稀浆下沉
	遇大石块、树根等障碍物	挖除障碍物，或移桩位
搅拌桩机下不到预定深度，但电流不大	土质黏性大或遇密实砂砾石等地层，搅拌机自重不够	增加搅拌机自重或开动加压装置

常见问题	发生原因	处理方法
喷浆未到设计桩顶面（或底部桩端）标高，储浆罐浆液已排空	投料不准确	新标定输浆量
	灰浆泵磨损漏浆	检修灰浆泵使其不漏浆
	灰浆泵输浆量偏大	调整灰浆泵输浆量
喷浆到设计位置储浆罐剩浆液过多	拌浆加水过量	调整拌浆用水量
	输浆管路部分阻塞	清洗输浆管路
输浆管堵塞爆裂	输浆管内有水泥结块	拆洗输浆管
	喷浆口球阀间隙太大	调整喷浆口球阀间隙
搅拌钻头和混合土同步旋转	灰浆浓度过大	调整浆液水灰比
	搅拌叶片角度不适宜	调整叶片角度或更换钻头

二、深层搅拌防渗墙

深层搅拌防渗墙主要用于江河、湖泊、堤防及病险水库的防渗加固中。其特点是墙体连续性要求较高，而且墙体较长，少则几百米，多则达数公里。一般来说，深层搅拌防渗墙渗透系数小于 $i \times 10^{-6}$ cm/s（$1 < i < 10$）、抗压强度大于 500kPa、渗透破坏比降可达 200 以上、变形模量小于 1000MPa。

（一）成墙工艺

1. 工艺流程

深层搅拌防渗墙的工艺流程是：桩机就位、调平；启动主机，通过主机的传动装置，带动主机上的钻杆转动，钻头搅拌，并以一定的推动力把钻头向土层推进至设计深度；提升搅拌到孔口。在钻进和提升的同时，用水泥浆泵将水泥浆由高压输浆管输进钻杆，经钻头喷入土体，使水泥浆和原土充分拌和完成一个流程的施工。纵向移动搅拌桩机，重复上述过程，最后形成一道水泥土防渗墙。施工工艺流程图见图5-7。

2. 成墙施工方法

根据施工机械的不同，有以下成墙施工方法：

（1）深层搅拌桩机施工方法 深层搅拌桩机按设计要求的桩直径不同，在施工过程可分三次成墙和两次成墙。图 5-

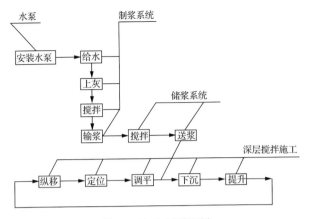

图 5-7　施工工艺流程图

8 是三次成墙施工顺序示意图。其施工方法是:先完成 A 序三根桩的施工,然后完成 B 序,最后完成 C 序,即完成一个单元墙段的施工。这种施工方法适用于施工钻头直径 200～300mm,桩深不超过 15m 的防渗墙。图 5-9 是二次成墙施工顺序示意图。其施工方法是先后完成 A、B 两序,即完成一个单元墙的施工。该成墙方法适用于施工钻头直径 320～450mm,桩深不超过 18m 的防渗墙。

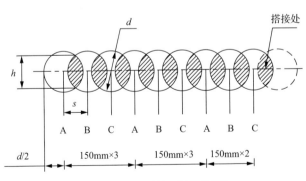

图 5-8　三次成墙施工顺序示意图

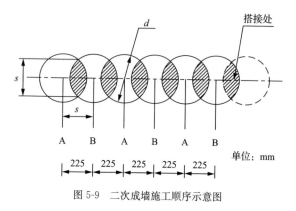

图 5-9　二次成墙施工顺序示意图

（2）多头深层搅拌桩机施工方法。多头深层搅拌桩机，一机具有 3～6 个钻头，可根据钻进阻力的大小选择钻头数，钻头中心距 32cm，钻头间带有刚性连锁装置，一个工艺流程可形成一个单元墙段。多头深层搅拌桩机成墙方法见图 5-10。该施工方法适用于钻头直径 350～450mm，最大施工深度可达 25m。搭接方法为套孔。

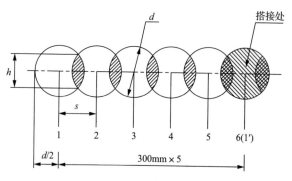

图 5-10　一次成墙施工顺序示意图

最小成墙厚度可按式（5-2）计算：

$$h = 2\sqrt{\left(\frac{d}{2}\right)^2 - \left(\frac{s}{2}\right)^2} \qquad (5\text{-}2)$$

式中：h——最小成墙墙厚，mm；

d——钻头直径,mm;

s——桩间距,mm。

图 5-8 三次成墙施工顺序示意图中 A、B、C 分别表示三次成墙钻头的位置,间距是由单头桩机三轴间距决定,三轴间距为 450mm,三次成墙即 150mm;图 5-9 二次成墙施工顺序示意图中 A、B 分别表示二次成墙钻头的位置,间距是由单头深层搅拌桩机三轴间距离决定,三轴间距离为 450mm,二次成墙即 225mm;图 5-10 一次成墙施工顺序示意图中 1、2、3、4、5、6 为多头钻钻头位置,其间距由多头深层搅拌桩机钻头中心距决定,钻头中心距为 320mm。

3. 施工参数(见表 5-3)

表 5-3   **深层搅拌防渗墙施工参数参考表**

项目	参数	备注
水灰比	1.0～2.0	土层天然含水量多取小值,否则取大值
供浆压力/MPa	0.3～1.0	根据供浆量及施工深度确定
供浆量/(L/min)	10～60	与提升搅拌速度及每米需要浆量协调
钻进速度/(m/min)	0.3～0.8	根据地层情况确定
提升速度/(m/min)	0.6～1.2	与搅拌速度及供浆量协调
搅拌轴转速/(r/min)	30～60	与提升速度协调
垂直度偏差	<0.3%	指施工时机架垂直度偏差
桩位对中偏差/m	<0.02	指施工时桩机对中的偏差

(二)施工要点

1. 主机调平

(1)施工前应检查主机上的水平测控装置,确保主机机架处于铅垂状态。

(2)通过四个支腿油缸调平。应重点检查施工过程中支腿是否存在下陷或油缸泄压现象,若有此现象应及时调平。

2. 输浆

(1)尽量保证输浆均匀,应根据地层吃浆变化调整输浆量,总输浆量应不少于设计要求;

(2)输浆量应有专门的装置计量,如流量仪等;

（3）输浆应有一定的压力，但也不宜过大，一般输浆压力为 0.3～1MPa。

3. 提升和钻进速度

（1）为保证桩孔不偏斜，开始入土时不宜用高速钻进，一般钻进速度不应大于 0.8m/min；土层较硬时，速度不大于 0.6m/min。

（2）提升速度和输浆量应密切配合。提升速度快，输浆量应大。二者关系可按设计水泥掺入量来确定。

4. 桩的定位精度

定位是影响桩与桩之间的搭接尺寸的因素之一。主机调平后，在施工中也可能因振动产生整机滑移，造成桩位偏差。为了减少累计误差，每施工十个单元段应校核一次，并及时调整。

5. 施工深度

（1）防渗墙的轴线往往较长，高程变化大。因此，应按水准点确定施工场地地面高程，并计算出各施工段（一般 100m 为一个施工段）的施工深度。

（2）施工前核定深度盘读数，读数允许误差应小于 5cm。

（三）防渗墙施工的注意事项

1. 影响垂直度的因素

（1）主机本身的误差。施工前检查桩架垂直度，若垂直度误差超过 1‰时，应对主机进行调整。

（2）操作过程的调平误差、支腿下陷误差。设备应安设测斜装置，若机架倾斜大于 0.3‰时应及时调平。

（3）地层中障碍物阻碍钻进，造成钻杆钻头移位。施工前开挖约 0.5m 深的导向沟，若有障碍物可挖除。当障碍物埋深大于 2m 时，可避开障碍物成墙。

2. 输浆量和提升下降速度的协调

（1）施工前应先做试验了解地层软硬，适宜的下钻和提升速度，地层吸浆情况和浆量多少等。同一个施工段吸浆情况变化不会太大，但若遇到孔洞或松散土层，吸浆会大大增加，应即时补浆，直至孔口微微泛浆。

（2）主机操控和输浆作业应密切配合，在操作时要有约定的信号。

3. 水灰比的影响

（1）减小水灰比可提高土层中的水泥掺入量，提高水泥土的抗渗能力。

（2）对水泥土搅拌均匀程度的影响：在堤顶施工防渗墙时，由于堤身土含水量低，若水灰比过小，使得水泥浆和原土搅拌不均匀，甚至水泥浆和土分离，导致无法成墙，达不到截渗效果。

（3）多头小直径深层搅拌桩机，输浆管管径小，过稠的浆液容易堵塞管道。

（四）防渗墙接头

施工过程中因故停机时间超过 24h，墙体出现接头时，接头处理可采取图 5-11 中的任一形式。先施工防渗墙，待墙体凝固一段时间后，用工程钻机钻孔至设计墙深，向钻孔中灌注水泥砂浆。

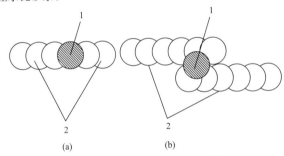

(a) (b)

图 5-11 防渗墙的接头处理示意图
1—接头；2—防渗墙

第五节 工程质量检查及验收

一、工程质量检查

（一）施工过程检查

检查内容包括水泥规格及用量、外加剂用量、水泥浆液密度、搅拌轴的提升速度及转速、成桩时间、成桩速度、钻头直径、桩架的垂直偏差、断桩处理情况及施工记录等。至少应做到每日一查，发现问题应及时处理。

（二）桩体质量检测

1. 允许偏差

工程完工后应对所施工的深层搅拌桩进行抽样检测，检测结果应满足允许偏差标准。深层搅拌施工目前尚无行业标准。复合地基深层搅拌桩可依据我国现行 JGJ 79—2012，见表 5-4；防渗墙中的深层搅拌桩可根据长江、黄河、淮河等流域防渗工程实践经验提供的参考标准见表 5-5。

表 5-4　　　复合地基施工允许偏差标准表

项目	标准	备注
桩径/%	±4.0	桩径的大小
桩位偏差/m	<0.05	与设计桩位的差值
垂直度偏差/%	<1.5	成桩后桩的倾斜
桩顶标高/m	>0.3	大于设计墙顶标高
桩底标高/m	>设计深度	墙底应超过设计深度
供浆量/%	±8.0	每米供浆量与设计需要量的差值
抗压强度/MPa	>设计要求	90d 龄期

表 5-5　　　防渗墙施工允许偏差及技术标准表

项目	标准	备注
桩径/%	±4.0	桩径的大小
桩位偏差/m	<0.05	与设计桩位的差值
垂直度偏差/%	<0.5	成桩后桩的倾斜
墙顶标高/m	>0.3	大于设计墙顶标高
墙底标高/m	<0.1	墙底应超过设计深度
供浆量/%	±8.0	每米供浆量与设计需要量的差值
渗透系数/(cm/s)	$<i \times 10^{-6}$	1<i<10,28d 龄期
抗压强度/MPa	>0.5	28d 龄期
允许渗透比降	>50	28d 龄期

2. 检测方法

(1) 深层搅拌复合地基的检测方法参照我国现行 JGJ 79—2012，并结合水利水电工程特点提供如下参考方法：

1) 成桩 3d 内，采用轻型动力触探(N_{10})检查上部桩身的均匀性，检验数量为施工总桩数的 1%，且不少于 3 根。

2) 成桩 7d 后，采用浅部开挖桩头进行检查，开挖深度宜超过停浆(灰)面下 0.5m，检查搅拌桩的均匀性，量测成桩直径，检查数量不少于总桩数的 5%。

3) 静载荷试验宜在成桩 28d 后进行。水泥土搅拌桩复合地基承载力检验应采用复合地基静载荷试验和单桩静荷载试验，验收检验数量不少于总桩数的 1%，复合地基静荷载试验数量不少于 3 台(多轴搅拌为 3 组)。

4) 对变形有严格要求的工程，应在成桩 28d 后，采用双管单动取样器钻取芯样做水泥土抗压强度检验，检验数量为施工总桩数的 0.5%，且不少于 6 点。

(2) 深层搅拌防渗墙检测方法依据我国水利水电防渗工程实践，常用的方法归纳如下：

1) 开挖检验。于成桩 15d 后，每 200m 开挖一处，开挖深度不小于 2m，长度不小于 2m，测量墙体中桩的垂直度偏差、桩位偏差、桩顶标高，观察桩与桩之间的搭接状态、搅拌的均匀度、渗透水情况、裂缝、缺损等情况。

2) 取芯试验。成桩 15d 后，开挖或钻孔(墙厚大于 400mm 时)在防渗墙中取得水泥土芯样，室内养护到 28d，做无侧限抗压强度和渗透试验，取得抗压强度、渗透系数和渗透破坏比降等指标。

3) 注水试验。在水泥土凝固前，于指定的防渗墙位置贴接加厚一个单元墙，待凝固 28d 后，在两墙中间钻孔，进行现场注水试验，试验孔布置方法见图 5-12。试验点数不少于两点。本试验可直观地测得设计防渗墙最小厚度处的渗透系数。需要指出的是：由于防渗墙厚度较小，因此不宜直接在防渗墙上钻孔做注水试验。

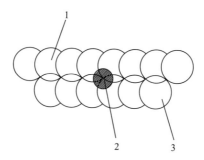

图 5-12 注水试验孔布置示意图

1—工程防渗墙;2—注水试验孔;3—试验贴接防渗墙段

4)无损检测。为探测桩体完整性、连续性以及判别是否存在墙体缺陷,可采用地质雷达检测等方法,沿中心线布测线,全程检测,并垂直墙体在地面每 200m 检测一横断面。由于该法检测深层搅拌墙精度不高,因此只适用于深度不大于10m 的墙。

在实际工作中,上述试验方法可根据实际情况选取 2～3 种。

二、工程验收

工程施工完成后,施工单位应及时提供以下资料,进行验收:

(1)水泥等原材料检验资料;

(2)工艺试验报告,主要包括水泥掺入比、浆液水灰比等施工参数的确定及施工工艺流程等资料;

(3)施工记录,主要包括桩深、喷浆量、垂直度及施工过程的重大事故处理记录;

(4)竣工图纸;

(5)单元工程质量评定资料;

(6)施工质量检验报告;

(7)施工管理工作报告。

第六节 新工艺介绍

一、施工设备

HCSCMW 型液压铣削深搅水泥土地连墙机,其技术参数见表 5-6。

表 5-6　　　　　　　　技术参数表

参数 \ 机型		HCSCMW
铣削装置	铣削头/个	1
	下降时单位扭矩/(N·m/bar)	0~120
	转速/(r/min)	34
	最大压力/bar	360
	提升时单位扭矩/(N·m/bar)	0~120
	转速/(r/min)	34
	最大压力/bar	350
	额定功率/kW	334.4
生产能力	成墙厚度/mm	600~800
	加固一次成墙长度/mm	2800
	最大加固深度/m	40
	效率/(m³/h)	10~30

注:1bar=100kPa。

二、水泥掺入比

1. 水泥掺入比的确定

通过测试土体天然容重,以确定单位体积土体的水泥掺入量。

在选定试验部位(与实际施工条件相近或相似)进行原状土的取样,并进行容重测试。

2. 水泥土室内配合比试验

通过水泥土室内配合比试验,确定水泥土抗压强度与水泥掺入量及水灰比的关系。

试验目的:水泥浆液性能试验项目为密度、黏度、稳定性、初凝时间;水泥土凝固体的力学性能试验项目为抗压强度、渗透系数、渗透破坏比降。浆液性能试验按常规的方法进行。

3. 试块制备

在试验场地内取原状土样,封装于双层厚塑料袋内,以供拌制试块。

试块制作方法:先按预定配合比称量土、水泥和水,用手工拌和 10min 至均匀,将拌和物装入试模(尺寸 70.7mm× 70.7mm×70.7mm)一半体积,放在振动台上振动 1min,再装满另一半振动 1min,将表面刮平,用塑料布覆盖即成。试块 1d 后拆除,标准养护。试块数量按养护龄期(分 7d、28d)、按水泥掺入比(15%、18%、20%)和水灰比(1.8、2.0、2.2)确定。

4. 资料分析及配合比的确定

不同龄期的试块分别进行力学性能试验后,将试验结果汇总,分析对比选定最优水泥土配合比,作为工艺试验的主要依据。

室内试验应在施工前进行,为保证合同工期及主体工程按时施工,拟根据试样 7d 抗压强度推断确定水泥掺入比,以简化现场试验程序。

三、施工方案

(一)施工准备

(1)现场踏勘,熟悉场地条件和周围环境,收集有关勘测资料。参加图纸会审和技术交底。

(2)平整场地、清除地面、地下障碍。当场地低洼时,应回填满足回填土技术要求的土料;当地表过软时,应采取防止机械失稳的措施。

(3)布置排水沟和集水井,井内经常清除沉积物,保持排水沟畅通。

(4)现场搭设临建设施。

(5)进行现场测量放线,定出每一个桩位,并作出明显标志;基线、水准点等应复核测量并妥善保护。

(6) 根据工作量和施工工期要求,确定机械设备的数量,对全部施工机具进行维修、调配与试车。

(7) 现场施工人员的调配,以"作业班"为单位配齐各岗人员,并进行质量技术和安全交底,并做好记录存档。

(8) 按施工规范及有关施工规程要求,填报开工申请手续,包括开工报告、开工报告审报表、施工组织设计报审表、施工进度计划报审表等。

(二) 工艺原理

由液压双轮铣槽机和传统深层搅拌的技术特点相结合起来,在掘进注浆、供气、铣、削和搅拌的过程中,两个铣轮相对相向旋转,铣削地层;同时通过凯氏方形导杆施加向下的推进力,向下掘进切削。在此过程中,通过供气、注浆系统同时向槽内分别注入高压气体、固化剂和添加剂(一般为水泥和膨润土),其注浆量为总注浆量的70%～80%,直至要求的设计深度。此后,两个铣轮作相反方向相向旋转,通过凯氏方形导杆向上慢慢提起铣轮,并通过供气、注浆管路系统再向槽内分别注入气体和固化液,其注浆量为总注浆量的20%～30%,并与槽内的基土相混合,从而形成由基土、固化剂、水、添加剂等形成的混合物。

(三) 施工工艺流程

施工工艺流程包括清场备料、放样接高、安装调试、开沟铺板、移机定位、喷气注浆铣削搅拌下沉、喷气搅拌提升、安装芯材、成墙移机等,见图5-13。

(四) 施工操作要点

1. 施工准备

(1) 清场备料。平整压实施工场地,清除地面地下障碍,作业面不小于7m,当地表过软时,应采取防止机械失稳的措施,备足水泥量和外加剂。

(2) 测量放线。按设计要求定好墙体施工轴线,每50m布设一高程控制桩,并做出明显标志。

(3) 安装调试。支撑移动机和主机就位;架设桩架;安装

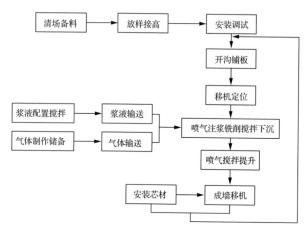

图 5-13　工艺流程

制浆、注浆和制气设备;接通水路、电路和气路;运转试车。

（4）开沟铺板。开挖横断面为深 1m、宽 1.2m 的储留沟以解决钻进过程中的余浆储放和回浆补给,长度超前主机作业 10m,铺设箱型钢板,以均衡主机对地基的压力。

2. 挖掘规格与造墙方式

（1）挖掘规格见表 5-7。

表 5-7　　　　　　　挖掘规格表

型号	HCSCMW
支撑方式	凯氏方杆
挖掘深度/m	30
轴间距离 L/mm	1404
标准壁厚 D/mm	600

（2）挖掘顺序见图 5-14。

（3）造墙管理:

1）铣头定位。将 HCSCMW 机的铣头定位于墙体中心线和每幅标线上。偏差控制在±3cm 以内,见图 5-15。

2）垂直的精度。采用经纬仪作三支点桩架垂直度的初

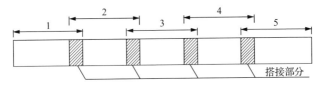

图 5-14　往复式双孔全套打复搅式标准形

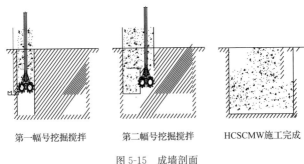

图 5-15　成墙剖面

始零点校准,由支撑凯氏杆的三支点辅机的垂直度来控制,其墙体垂直度可控制在 1% 以内。

3) 铣削深度。控制铣削深度为设计深度的 ±0.2m。为详细掌握地层性状及墙体底线高程,应沿墙体轴线每间隔 50m 布设一个先导孔,局部地质条件变化严重的部位,应适当加密钻进导孔,取芯样进行鉴定,并描述给出地质剖面图指导施工。

4) 铣削速度。开动 HCSCMW 主机掘进搅拌,并徐徐下降铣头与基土接触,按规定要求注浆、供气。控制铣轮的旋转速度为 34r/min 左右,一般铣进控速为 0.5～1.0m/min。掘进达到设计深度时,延续 10s 左右对墙底深度以上 2～3m 范围,重复提升 1～2 次。此后,根据搅拌均匀程度控制铣轮速度在 34r/min 左右,慢速提升动力头,提升速度不应太快,一般为 1～1.5m/min;以避免形成真空负压,孔壁塌陷,造成墙体空隙。即时电子监测系统和成槽记录。

5) 注浆。制浆桶制备的浆液放入到储浆桶,经送浆泵和管道送入移动车尾部的储浆桶,再由注浆泵经管路送至挖掘头。注浆量的大小由装在操作台的无级电机调速器和自动瞬时流速计及累计流量计监控;一般根据钻进速度与掘削量在 80~320L/min 内调整。在掘进过程中按规定一次注浆完毕。注浆压力一般为 2~3MPa。若中途出现堵管、断浆等现象,应立即停泵,查找原因进行修理,待故障排除后再掘进搅拌。当因故停机超过半小时时,应对泵体和输浆管路妥善清洗。

6) 供气。由装在移动车尾部的空气压缩机制成的气体经管路压至钻头,其量大小由手动阀和气压表配给;全程气体不得间断;控制气体压力为 0.3~0.6MPa 左右。

7) 成墙厚度。为保证成墙厚度,应根据铣头刀片磨损情况定期测量刀片外径,当磨损达到 2cm 时必须对刀片进行修复。

8) 墙体均匀度。为确保墙体质量,应严格控制掘进过程中的注浆均匀性以及由气体升扬置换墙体混合物的沸腾状态。

9) 墙体连接。每幅间墙体的连接是地下连续墙施工最关键的一道工序,必须保证充分搭接。面对单头或多头钻成墙时,存在接头多,浪费严重,并且在接头处易渗水,防渗效果欠佳。而液压铣削深搅施工工艺形成矩形槽段,接头少,浪费小。(详见图液压铣削与传统螺旋深搅对比图)在施工时严格控制桩位并做出标识,确保搭接在 10cm 以上,以达到墙体整体连续作业。

(4) 浆液控制:

1) 水泥掺入比。水泥掺入比视工程情况而定,一般为 16%或按设计要求。

2) 水灰比。一般控制在 2 左右,或根据地层情况经试验确定分层水灰比。

3) 浆液配制。浆液不能发生离析,水泥浆液严格按预定配合比制作,用比重计或其他检测手法量测控制浆液的质量。为防止浆液离析,放浆前必须搅拌 30s 再倒入存浆桶。

浆液性能试验的内容为：密度、黏度、稳定性、初凝、终凝时间。凝固体的物理性能试验为：抗压、抗折强度。现场质检员对水泥浆液进行比重检验，监督浆液质量存放时间，水泥浆液随配随用，搅拌机和料斗中的水泥浆液应不断搅动。施工水泥浆液严格过滤，在灰浆搅拌机与集料斗之间设置过滤网。浆液存放的有效时间符合下列规定：

①当气温在10℃以下时，不宜超过5h。

②当气温在10℃以上时，不宜超过3h。

③浆液温度应控制在5～40℃以内，超出规定应予以废弃。浆液存放时间超过以上规定的有效时间，作废浆处理。

3. 特殊情况处理

当遇地下构筑物时，用采取高喷灌浆对构筑物周边及上下地层进行封闭处理。

发生泥量的管理。当提升铣削刀具离基面4～5m时，将置存于储留沟中的水泥土混合物导回，以补充填墙料之不足。若仍有多余混合物时，待混合物干硬后外运至指定地点堆放。

4. 施工记录与要求

及时填写现场施工记录，每掘进1幅位记录一次在该时刻的浆液比重、下沉时间、供浆量、供气压力、垂直度及桩位偏差。

四、质保措施

按设计和规范要求制定科学合理的施工方案和安全操作规程、安全文明管理措施及岗位职责。

严格控制主要大宗材料水泥的质量，坚持材料验收合格证制。

单元工程的质量评定执行初检、复检、终检的三级质量检查制。

施工质量检查内容：墙顶、墙底高程，墙体垂直度，墙体水泥掺入比，浆液水灰比等墙体施工作业全过程进行检测。

采用标准试模采集试样、钻孔取芯、开挖检查、围井、注、抽水试验及无损伤探测检验进行墙体质量检查。作为防渗墙时检测 28d 试样无侧限抗压强度是否大于 2.5MPa、渗透系数小于 5×10^{-7} 量级或达到设计要求。

第六章

强 夯 法

强夯法,又称动力固结法,是用起重机械(起重机或起重机配三脚架、龙门架)将大吨位(一般 8～30t)夯锤起吊到 6～30m 高度后,自由落下,给地基土以强大的冲击能量,使土中出现冲击波和很大的冲击力,迫使土体空隙压缩,土体局部液化,在夯击点周围产生裂隙,形成良好的排水通道,孔隙水和气体逸出,使土粒重新排列,经时效压密达到固结,从而提高地基承载力,降低其压缩性的一种有效地基加固方法,也是我国目前最为常用和最经济的深层地基处理方法之一。

第一节　加固机理特点

一、加固特点

强夯法是在极短的时间内对地基土体施加一个巨大的冲击能量,使得土体发生一系列的物理变化,如土体结构的破坏或液化、排水固结压密以及触变恢复等。其作用结果使得一定范围内地基强度提高,孔隙挤密并消除湿陷性。强夯过程对地基状态的影响如图 6-1 所示,强度提高明显的区段是Ⅱ区,压密区的深度即为加固深度。

强夯法加固特点是:

(1)操作简单,适用土质范围广。

(2)加固效果显著,可取得较高的承载力,一般地基强度可提高 2～5 倍;变形沉降量小,压缩性可降低 2～10 倍;加固影响深度可达 6～10m。

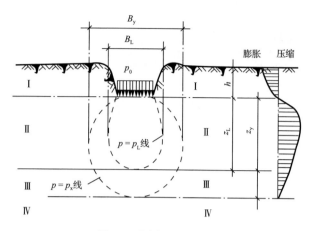

图 6-1　强夯加固地基模式

Ⅰ—膨胀区；Ⅱ—加固区；Ⅲ—影响区；Ⅳ—无影响区

p_L—地基极限强度；p_x—地基屈服强度；B_y—加固可影响宽度；

B_L—有效加固宽度；z_y—加固可影响深度；z_L—有效加固深度

（3）土粒结合紧密，有较高的结构强度。

（4）工效高，施工速度快（一套设备每月可加固 5000～10000m² 地基），较换土回填和桩基缩短工期一半。

（5）节省加固原材料，施工费用低，省投资，比换土回填节省 60% 费用。与预制桩加固地基相比可节省投资 50%～70%，与砂桩相比可节省投资 40%～50%，同时减少工程中施工人员的劳动力等。

二、适用范围

适于加固碎石土、砂土、低饱和度粉土、黏性土、湿陷性黄土、高填土、杂填土，以及"围海造地"地基、工业废渣、垃圾地基等的处理；也可用于防止粉土及粉砂的液化，消除或降低大孔土的湿陷性等级。对于高饱和度淤泥、软黏土、泥炭、沼泽土，如采取一定技术措施也可采用，还可用于水下夯实。强夯不得用于不允许对工程周围建筑物和设备有一定振动影响的地基加固，必需时应采取防振、隔振措施。

三、机具设备

1. 夯锤

用钢板作外壳,内部焊接钢筋骨架后浇筑 C30 混凝土(图 6-2),或用钢板作成组合成的夯锤(图 6-3),以便于使用和运输。夯锤底面有圆形和方形两种。圆形不易旋转,定位方便,稳定性和重合性好,采用较广。锤底面积宜按土的性质和锤重确定,锤底静压力值可取 25~40kPa。对于粗颗粒土(砂质土和碎石类土)选用较大值,一般锤底面积为 3~4m²;对于细颗粒土(黏性土或淤泥质土)宜取较小值,锤底面

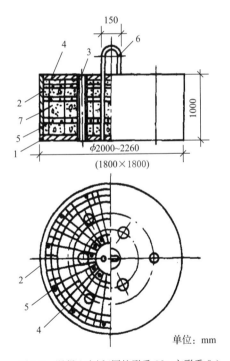

单位:mm

图 6-2 混凝土夯锤(圆柱形重 12t;方形重 8t)

1—30mm 厚钢板底板;2—18mm 厚钢板外壳;3—6×φ159mm 钢管;
4—水平钢筋网片 φ16@200mm;5—钢筋骨架 φ14@400mm;6—φ50mm 吊环;
7—C30 混凝土

积不宜小于 $6m^2$。一般 10t 夯锤底面积用 $4.5m^2$，15t 夯锤用 $6m^2$ 较适宜。锤重一般为 8t、10t、12t、16t、25t。夯锤中宜设 1~4 个直径 250~300mm 上下贯通的排气孔，以利于空气迅速排走，减小起锤时锤底与土面间形成真空产生的强吸附力和夯锤下落时的空气阻力，保证夯击能的有效性。

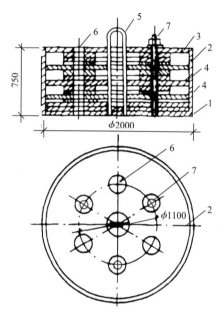

图 6-3　装配式钢夯锤(可组合成 6t、8t、10t、12t)

1—50mm 厚钢板底盘；2—15mm 厚钢板外壳；3—30mm 厚钢板顶板；

4—中间块(50mm 厚钢板)；5—ϕ50mm 吊环；6—ϕ200mm 排气孔；

7—M48mm 螺栓

2. 起重设备

由于履带式起重机重心低，稳定性好，行走方便，多使用起重量为 15t、20t、25t、30t、50t 的履带式起重机(带摩擦离合器)(图 6-4)。

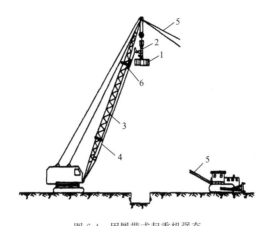

图 6-4　用履带式起重机强夯

1—夯锤；2—自动脱钩装置；3—起重臂杆；4—拉绳；5—锚绳；6—废轮胎

3. 脱钩装置

采用履带式起重机作强夯起重设备，国内目前使用较多的是通过动滑轮组用脱钩装置来起落夯锤。脱钩装置要求有足够的强度，使用灵活，脱钩快速、安全。常用的工地自制自动脱钩器由吊环、耳板、销环、吊钩等组成(图 6-5)，系由钢板焊接制成。拉绳一端固定在销柄上，另一端穿过转向滑轮，固定在悬臂杆底部横轴上，当夯锤起吊到要求高度，升钩拉绳随即拉开销柄，脱钩装置开启，夯锤便自动脱钩下落，同时可控制每次夯击落距一致，可自动复位，使用灵活方便，也较安全可靠。

4. 锚系设备

当用起重机起吊夯锤时，为防止夯锤突然脱钩使起重臂后倾和减小对臂杆的振动，应用 D85 型推土机一台设在起重机的前方作地锚(图 6-4)，在起重机臂杆的顶部与推土机之间用两根钢丝绳连系锚旋。钢丝绳与地面的夹角不大于30°，推土机还可用于夯完后作表土推平、压实等辅助性工作。

当用起重三脚架、龙门架或起重机加辅助桅杆起吊夯锤时，则不用设锚系设备。

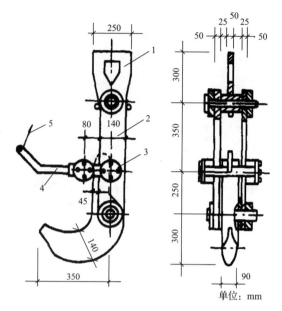

图 6-5　强夯自动脱钩器

1—吊环；2—耳板；3—销环轴辊；4—销柄；5—拉绳

四、施工技术参数

1. 锤重与落距

锤重 $M(t)$ 与落距 $h(m)$ 是影响夯击能和加固深度的重要因素，它直接决定每一击的夯击能量。锤重一般不宜小于 8t，常用的为 10t、12t、17t、18t、25t。落距一般不小于 6m，多采用 8m、10m、12m、13m、15m、17m、18m、20m、25m 等几种落距。

2. 单位夯击能

锤重 M 与落距 h 的乘积称为夯击能 $E(M \times h)$。强夯的单位夯击能(指单位面积上所施加的总夯击能)，应根据地基土类别、结构类型、载荷大小和要求处理的深度等综合考虑，并通过现场试夯确定。在一般情况下，对于粗颗粒土可取 1000～3000kN·m/m²；细颗粒土可取 1500～4000kN·m/m²。夯击能过小，加固效果差；夯击能过大，不仅浪费能源，相应也增加费用(图 6-6),而且,对饱和黏性土还会破坏土体,形成橡皮土,降低强度。从国内强夯施工现状来看,选用单击夯击能以不超过 3000kN·m 较为经济。

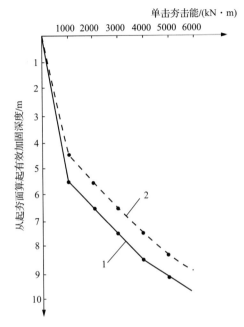

图 6-6 单击夯击能与有效加固深度的关系
1—碎石土、砂土等;2—粉土、黏性土、湿陷性黄土

3. 夯击点布置及间距

夯击点布置应根据基础的形式和加固要求而定。对大面积地基,一般采用等边三角形、等腰三角形或正方形(图 6-7);对条形基础,夯点可成行布置;对独立柱基础,可按柱网设置采取单点或成组布置,在基础下面必须布置夯点。

夯击点间距取决于基础布置,加固土层厚度和土质等条件。加固土层厚、土质差、透水性弱、含水率高的黏性土,夯点间距宜大,如果夯击点太密,相邻夯击点的加固效应将在浅处叠加而形成硬壳层,影响夯击能向深部传递;加固土层

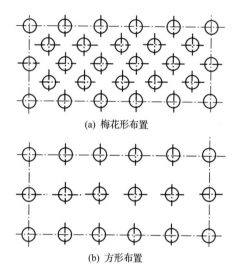

(a) 梅花形布置

(b) 方形布置

图 6-7 夯点布置

薄、透水性强、含水量低的砂质土，间距宜小些，通常夯击点间距取夯锤直径的 3 倍，一般第一遍夯击点间距为 5～9m，以便夯击能向深部传递，以后各遍夯击点可与第一遍相同，也可适当减小。对处理深度较深或单击夯击能较大的工程，第一遍夯击点间距宜适当增大。

4. 单点的夯击数与夯击遍数

单点夯击数指单个夯点一次连续夯击次数。夯击遍数指以一定的连续击数，对整个场地的一批点，完成一个夯击过程叫一遍，单点的夯击遍数加满夯的夯击遍数为整个场地的夯击遍数。

单点夯击数应按现场试夯得到的夯击次数和夯沉量关系曲线确定，且应同时满足以下条件：①最后两击的平均夯沉量不大于 50mm，当单击夯击能量较大时不大于 100mm；②夯坑周围地面不应发生过大的隆起；③不因夯坑过深而发生起锤困难。每夯击点之夯击数一般为 3～10 击。

夯击遍数应根据地基土的性质确定，一般情况下，可采用 2～3 遍,最后再以低能量满夯一遍,以加固前几遍之间的松土和被振松的表土层。

为达到减少夯击遍数的目的,应根据地基土的性质适当加大每遍的夯击能,亦即增加每夯点的夯击次数或适当缩小夯点间距,以便在减少夯击遍数的情况下能获得相同的夯击效果。

5. 两遍间隔时间

两遍夯击之间应有一定的时间间隔,以利于土中超静孔隙水压力的消散,待地基土稳定后再夯下遍,一般两遍之间间隔 1～4 周。对渗透性较差的黏性土不少于 3～4 周;若无地下水或地下水在 −5m 以下,或为含水量较低的碎石类土,或透水性强的砂性土,可采取只间隔 1～2d,或在前一遍夯完后,将土推平,接着随即连续夯击,而不需要间歇。

6. 处理范围

强夯处理范围应大于建筑物基础范围,每边超出基础外缘的宽度宜为设计处理深度的 1/2～2/3,并且不小于 3m。

7. 加固影响深度

强夯法的有效加固深度 H(m)与强夯工艺有密切关系,法国梅那(Menard)氏曾提出公式(6-1)估算:

$$H \approx \sqrt{M \cdot h} \tag{6-1}$$

式中: M——夯锤重,t;

h——落距,m。

经国内外大量试验研究和工程实测资料表明,采用梅那公式估算有效加固深度将会得到偏大的结果。实际影响有效加固深度的因素很多,除锤重和落距外,与地基土性质、不同土层的厚度和埋藏顺序、地下水位以及强夯工艺参数(如夯击次数、锤底单位压力等)都有着密切关系。

因此国内经大量实测统计分析,建议采用修正公式(6-2)估算,比较接近实际情况:

$$H = K \sqrt{\frac{M \cdot h}{10}} \tag{6-2}$$

式中: M——夯锤重力,kN;

h——落距(锤底至起夯面距离),m;

K——折减系数。

第二节　施工工艺

一、准备工作

(1) 熟悉施工图纸,理解设计意图,掌握各项参数,现场实地考察,定位放线。

(2) 制定施工方案和确定强夯参数。

(3) 选择检验区做强夯试验。

(4) 场地整平,修筑机械设备进出场道路,使有足够的净空高度、宽度、路面强度和转弯半径。填土区应清除表层腐殖土、草根等。场地整平挖方时,应在强夯范围预留夯沉量需要的土厚。

二、施工程序

强夯施工程序为:清理、平整场地→标出第一遍夯点位置、测量场地高程→起重机就位、夯锤对准夯点位置→测量夯前锤顶高程→将夯锤吊到预定高度脱钩自由下落进行夯击,测量锤顶高程→往复夯击,按规定夯击次数及控制标准,完成一个夯点的夯击→重复以上工序,完成第一遍全部夯点的夯击→用推土机将夯坑填平,测量场地高程→在规定的间隔时间后,按上述程序逐次完成全部夯击遍数→用低能量满夯,将场地表层松土夯实,并测量夯后场地高程。

三、施工工艺要点

(1) 做好强夯地基的地质勘察,对不均匀土层适当增多钻孔和原位测试工作,掌握土质情况,作为制定强夯方案和对比夯前、夯后加固效果之用。须进行现场试验性强夯,确定强夯施工的各项参数。同时应查明强夯范围内的地下构筑物和各种地下管线的位置及标高,并采取必要的防护措施,以免因强夯施工而造成损坏。

(2) 强夯前应平整场地,周围做好排水沟,按夯点布置测量放线确定夯位。地下水位较高时,应在表面铺 0.5～2.0m

中(粗)砂或砂砾石、碎石垫层,以防设备下陷和便于消散强夯产生的孔隙水压,或采取降低地下水位后再强夯。

(3)强夯应分段进行,顺序从边缘夯向中央(图6-8)。对厂房柱基亦可一排一排夯,起重机直线行驶,从一边向另一边进行,每夯完一遍,用推土机整平场地,放线定位即可接着进行下一遍夯击。强夯法的加固顺序是:先深后浅,即先加固深层土,再加固中层土,最后加固表层土。最后一遍夯完后,再以低能量满夯一遍,如有条件以采用小夯锤夯击为佳。

16	13	10	7	4	1
17	14	11	8	5	2
18	15	12	9	6	3
18′	15′	12′	9′	6′	3′
17′	14′	11′	8′	5′	2′
16′	13′	10′	7′	4′	1′

图 6-8　强夯顺序

(4)回填土应控制含水量在最优含水量范围内,如低于最优含水量,可钻孔灌水或洒水浸渗。

(5)夯击时应按试验和设计确定的强夯参数进行,落锤应保持平稳,夯位应准确,夯击坑内积水应及时排除。坑底上含水量过大时,可铺砂石后再进行夯击。在每一遍夯击之后,要用新土或周围的土将夯击坑填平,再进行下一遍夯击。强夯后,基坑应及时修整,浇筑混凝土垫层封闭。

(6)对于高饱和度的粉土、黏性土和新饱和填土进行强夯时,很难控制最后两击的平均夯沉量在规定的范围内,可采取如下措施:

1)适当将夯击能量降低。

2）将夯沉量差适当加大。

3）填土采取将原土上的淤泥清除，挖纵横盲沟排除土内的水分，同时在原土上铺 50cm 的砂石混合料以保证强夯时土内的水分排除，在夯坑内回填块石、碎石或矿渣等粗颗粒材料进行强夯置换等措施。通过强夯将坑底软土向四周挤出，使在夯点下形成块（碎）石墩，并与四周软土构成复合地基，一般可取得明显的加固效果。

（7）雨季填土区强夯，应在场地四周设排水沟、截洪沟，防止雨水流入场内；填土应使中间稍高；土料含水率应符合要求；认真分层回填，分层推平、碾压，并使表面保持 $1\%\sim2\%$ 的排水坡度；当班填土当班推平压实；雨后抓紧排除积水，推掉表面稀泥和软土，再碾压；夯后夯坑立即推平、压实，使高于四周。

（8）冬期施工应清除地表的冻土层再强夯，夯击次数要适当增加，如有硬壳层，要适当增加夯次或提高夯击功能。

（9）做好施工过程中的监测和记录工作，包括检查夯锤重和落距，对夯点放线进行复核，检查夯坑位置，按要求检查每个夯点的夯击次数和每击的夯沉量等，并对各项参数及施工情况进行详细记录，作为质量控制的根据。

四、质量检查

强夯施工结束后应间隔一定时间方能对地基加固质量进行检验。对碎石土和砂土地基，其间隔时间可取 $1\sim2$ 周；对粉土和黏性土地基可取 $2\sim4$ 周。强夯置换地基间隔时间可取 4 周。

质量检验方法可采用：

（1）室内试验；

（2）十字板试验；

（3）动力触探试验（包括标准贯入试验）；

（4）静力触探试验；

（5）旁压仪试验；

（6）载荷试验；

（7）波速试验。

强夯法检测点位置可分别布置在夯坑内、夯坑外和夯击区边缘。其数量应根据场地复杂程度和建筑物的重要性确定。对简单场地上的一般建筑物，每个建筑物地基的检验点不应少于 3 处；对复杂场地或重要建筑物地基应增加检验点数。检验深度应不小于设计处理的深度。强夯置换施工中可采用超重型或重型圆锥动力触探检查置换墩着底情况。强夯置换地基载荷试验检验和置换墩着底情况检验数量均不应少于墩点数的 1%，且不应少于 3 点。

强夯处理后的地基竣工验收时，承载力检验应采用原位测试和室内土工试验。强夯置换后的地基竣工验收时，承载力检验除应采用单墩载荷试验检验外，尚应采用动力触探等有效手段查明置换墩着底情况及承载力与密度随深度的变化，对饱和粉土地基允许采用单墩复合地基载荷试验代替单墩载荷试验。

五、安全措施

（1）当强夯施工所产生的振动对邻近建筑物或设备产生有害影响时，应设置监测点，并采取挖隔振沟或防振措施。

（2）强夯前应对起重设备、所用索具、卡环、插销等进行全面检查，并进行试吊、试夯，检查各部位受力情况，一切正常，方可进行强夯。每天开机前，应检查起重机械各部位是否运转正常及钢丝绳有无磨损等情况，发现问题，应及时处理。

（3）对桅杆等强夯机具应经常检查是否平稳和地面有无沉陷，桅杆底部应垫 80～100mm 木板。

（4）起重机械停放应平稳，并对好夯点，方可进行强夯作业。起吊夯锤，吊索要保持垂直；起吊夯锤或挂钩不得碰撞吊臂，应在适当位置捆绑废汽车轮胎加以保护。

（5）夯锤起吊后，臂杆和夯锤下 25m 范围内严禁站人，且不得在起重臂旋转半径范围内通过。非工作人员应远离夯点 50m 以外，现场操作人员应戴安全帽。

（6）起吊夯锤速度不应太快，不能在高空停留过久，严禁猛升猛降，以防夯锤脱落；停止作业时，不得将夯锤挂在空中。

（7）夯击过程中应随时检查坑壁有无坍塌现象，必要时采取防护措施。

（8）为减少吊臂在夯锤下落时的晃动和反弹，应在起重机的前方用推土机或打桩拉缆风绳作地锚。

（9）强夯时应由专人统一指挥，起重机司机应熟悉信号。

（10）干燥天气进行强夯作业，在夯击点附近应洒水降尘。起重机应设钢丝网防护罩，操作司机应戴防护眼镜，以防落锤时践起飞石、土块击碎驾驶室玻璃伤人。

六、施工注意事项

（1）强夯前应做好夯区地质勘察，对不均匀土层适当增多钻孔和原位测试工作，掌握土质情况，作为制定强夯方案和对比夯前、夯后的加固效果之用，必要时进行现场试验性强夯，确定强夯施工的各项参数。

（2）夯击前后应对地基土进行原位测试，包括室内土分析试验、野外标准动力（轻便或重型）触探、旁压仪（或野外荷载试验），测定有关数据，以检验地基的实际承载力和加固深度。

（3）检测强夯的测试工作，不得在强夯后立即进行，必须间歇1～4周，以避免测得的土体强度偏低而出现较大误差，影响测试的准确性。

第七章

排 水 固 结 法

第一节　砂井堆载预压地基

砂井堆载预压地基系在软弱地基中用钢管打孔,灌砂设置砂井作为竖向排水通道,并在砂井顶部设置砂垫层作为水平排水通道,在砂垫层上部压载以增加土中附加应力,使土体中孔隙水较快地通过砂井和砂垫层排出,从而加速土体固结,使地基得到加固。

一、砂井的直径和间距

根据黏性土层的固结特性和施工期限要求。制作砂井的直径为 300~400mm;砂井的间距一般按经验由井径比 $n = d_e/d_w = 6$~10 确定(d_e 为每个砂井的有效影响范围的直径;d_w 为砂井直径),井距为砂井直径的 6~9 倍,不小于 1.5m。

二、砂井深度

根据土层分布、地基中附加应力的大小、施工期限和条件等因素。制定砂井的深度:当软土层不厚、底部有透水层时,砂井穿透软土层;如软土层较厚,但间有砂层或砂透镜体,砂井应尽可能打至砂层或透镜体;当黏土层很厚,其中又无透水层时,按地基的稳定性及建筑物变形要求处理的深度来决定。按稳定性控制的工程,如路堤、土坝、岸坡、堆料场等,砂井深度将通过稳定分析确定,砂井深度应超过最危险滑弧面的深度 2m。从沉降考虑,砂井深度应穿过主要的压缩层。砂井深度一般为 10~20m。

三、砂井的布置和范围

砂井按等边三角形和正方形布置(图 7-1)。

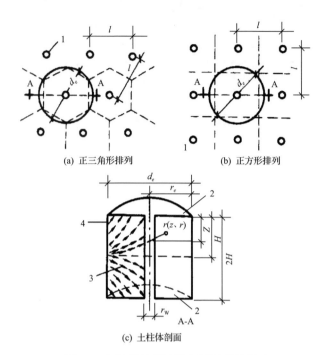

(a) 正三角形排列　　　　(b) 正方形排列

(c) 土柱体剖面

图 7-1　砂井平面布置及影响范围土柱体剖面
1—砂井；2—排水面；3—水流途径；4—无水流经过此界线

四、锤击沉桩

采用锤击法沉桩管，管内砂子用吊锤击实。

五、砂井施工

打砂井顺序从外围或两侧向中间进行，当砂井间距较大时，将逐排进行。打砂井后基坑表层产生松动隆起，将立即进行压实。

第二节　袋装砂井堆载预压地基

一、特点

袋装砂井堆载预压地基的特点是能保证砂井的连续性，不易混入泥砂或使透水性减弱；打设砂井设备实现了轻型化,比较适应于在软弱地基上施工;采用小截面砂井,用砂量大为减少;施工速度快;工程造价低,每 1m² 地基的袋装砂井费用仅为普通砂井的 50% 左右。

二、构造及布置

1. 砂井直径和间距

根据所承担的排水量和施工工艺要求采用直径 7～12cm,间距 0.5～2m,井径比为 15～25。

袋装砂井长度比砂井孔长度长 50cm,使能放入井孔内后可露出地面,以使埋入排水砂垫层中。

2. 砂井布置

按三角形或正方形布置。

三、材料要求

1. 装砂袋

选择具有良好的透水、透气性,一定的耐腐蚀、抗老化性能,装砂不易漏失,并有足够的抗拉强度,能承受袋内装砂自重和弯曲所产生的拉力的装砂袋。一般多采用聚丙烯编织布或玻璃丝纤维布、黄麻片、再生布等。其技术性能见表 7-1。

表 7-1 **砂袋材料技术性能**

砂袋材料	渗透性 /(cm/s)	抗拉试验			弯曲 180°试验		
		标距 /cm	伸长率	抗拉强度 /kPa	弯心直径 /cm	伸长率	破坏情况
聚丙烯编织布	>1× 10^{-2}	20	25.0%	1700	7.5	23%	完整
玻璃丝纤维布		20	3.1%	940	7.5	—	未到 180° 折断
黄麻片	>1× 10^{-2}	20	5.5%	1920	7.5	4%	完整
再生布		20	15.5%	450	7.5	10%	完整

2. 砂

用中、细砂,含泥量不大于 3%。

四、工艺及机具设备

袋装砂井施工工艺是先用振动、锤击或静压方式把井管沉入地下,然后向井管中放入预先装好砂料的圆柱形砂袋,最后拔起井管将砂袋充填在孔中形成砂井。亦可先将管沉入土中放入袋子(下部装少量砂或吊重),然后依靠振动锤的振动灌满砂,最后拔出套管。

五、施工工艺方法要点

(1)袋装砂井的施工程序是:定位、整理桩尖(活瓣桩尖或预制混凝土桩尖)→沉入导管、将砂袋放入导管→往管内灌水(减少砂袋与管壁的摩擦力)、拔管。

(2)袋装砂井在施工过程中需要注意以下几点:

1)定位要准确,砂井要有较好的垂直度,以确保排水距离与理论计算一致。

2)袋中装砂宜用风干砂,不宜采用湿砂,避免干燥后,体积减小,造成袋装砂井缩短与排水垫层不搭接等质量事故。

3)聚丙烯编织袋,在施工时应避免太阳暴晒老化。砂袋入口处的导管口应装设滚轮,下放砂袋要仔细,防止砂袋破损漏砂。

4)施工中要经常检查桩尖与导管口的密封情况,避免管内进泥过多,造成井阻,影响加固深度。

5)确定袋装砂井施工长度时,应考虑袋内砂体积减小、袋装砂井在井内的弯曲、超深以及伸入水平排水垫层内的长度等因素,防止砂井全部沉入孔内,造成顶部与排水垫层不连接,影响排水效果。

第三节 塑料排水体堆载预压地基

塑料排水体堆载预压地基是将带状塑料排水体用插板机将其插入软弱土层中,组成垂直和水平排水体系,然后在地基表面堆载预压(或真空预压),土中孔隙水沿塑料带的沟槽上升溢出地面,从而加速了软弱地基的沉降过程,使地基得到压密加固(图7-2)。

一、特点

(1)板单孔过水面积大,排水畅通。

图 7-2　塑料排水体堆载预压法
1—塑料排水体；2—土工织物；3—堆载

（2）质量轻，强度高，耐久性好；其排水沟槽截面不易因受土压力作用而压缩变形。

（3）用机械埋设，效率高，运输省，管理简单；特别用于大面积超软弱地基土上进行机械化施工，可缩短地基加固周期。

（4）加固效果与袋装砂井相同，承载力可提高 70%～100%，经过 100d，固结度可达到 80%；加固费用比袋装砂井节省 10%左右。

二、性能和规格

塑料排水体由芯带和滤膜组成。芯带是由聚丙烯和聚乙烯塑料加工而成两面有间隔沟槽的带体，土层中的固结渗流水通过滤膜渗入到沟槽内，并通过沟槽从排水垫层中排出。根据塑料排水体的结构，要求滤网膜渗透性好，与黏土接触后，其渗透系数不低于中粗砂，排水沟槽输水畅通，不因受土压力作用而减小。塑料排水体的结构因所用材料不同，结构型式也各异，主要有图 7-3 所示几种。

带芯材料。沟槽型排水体如图 7-3(a)(b)(c)，多采用聚丙烯或聚乙烯塑料带芯。聚氯乙烯制作的材质较软，延伸率大，在土压作用下易变形，使过水截面减小。多孔型带芯如图 7-3(d)(e)(f)，一般用耐腐蚀的涤纶丝无纺布。

滤膜材料。一般用耐腐蚀的涤纶衬布，涤纶布不低于 60号，含胶量不小于 35%，既保证涤纶布泡水后的强度满足要求，又有较好的透水性。

排水体的厚度应符合表 7-2 要求，排水体的性能应符合表 7-3 要求，国内常用塑料排水体的类型及性能见表 7-4。

表 7-2　　　　　不同型号塑料排水体的厚度

型号	A	B	C	D
厚度/mm	≥3.5	≥4.0	≥4.5	≥6

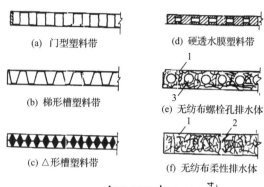

(a) 门型塑料带

(d) 硬透水膜塑料带

(b) 梯形槽塑料带

(e) 无纺布螺栓孔排水体

(c) △形槽塑料带

(f) 无纺布柔性排水体

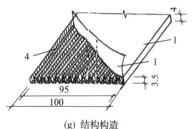

(g) 结构构造

图 7-3　塑料排水体结构型式、构造

1—滤膜;2—无纺布;3—螺栓排水孔;4—芯板

表 7-3　　　　　塑料排水体的性能

项　目	单位	A 型	B 型	C 型	条件
纵向通水量	cm³/s	≥15	≥25	≥40	侧压力
滤膜渗透系数	cm/s	≥15×10⁻⁴	≥15×10⁻⁴	≥15×10⁻⁴	试件在水中浸泡 24h
滤膜等效孔径	μm	<75	<75	<75	以 D_{98} 计,D 为孔径
复合体抗拉强度(干态)	kN/10cm	≥1.0	≥1.3	≥1.5	延伸率 10% 时

项 目		单位	A 型	B 型	C 型	条件
滤膜抗拉强度	干态	N/cm	≥15	≥25	≥30	延伸率 15% 时试件在水中浸泡 24h
	湿态	N/cm	≥10	≥20	≥25	
滤膜重度		N/m²		0.8		

注：A 型排水体适用于插入深度小于 15m；B 型排水体适用于插入深度小于 25m；C 型排水体适用于插入深度小于 35m。

表 7-4　　国内常用塑料排水体性能

项目 指标 类型			TJ-1	SPB-1	Mebra	日本大林式	Alidrain
截面尺寸/mm			100×4	100×4	100×3.5	100×1.6	100×7
材料	带芯		聚乙烯、聚丙烯	聚乙烯	聚乙烯	聚乙烯	聚乙烯或聚丙烯
	滤膜		纯涤纶	混合涤纶	合成纤维质	—	—
带芯	纵向沟槽数		38	38	38	10	无固定通道
	沟槽面积/mm²		152	152	207	112	180
	抗拉强度/(N/cm)		210	170	—	270	
	180°弯曲		不脆不断	不脆不断	—	—	—
滤膜	抗拉强度/(N/cm)	干	>30	经 42，纬 27.2	107	—	—
		饱和	25～30	经 22.7，纬 14.5	—	—	57
	耐破度/(N/cm)	饱和	87.7	52.5	—	—	54.9
		干	71.7	51.0	—	—	—
	渗透系数/(cm/s)		1×10⁻²	4.2×10⁻⁴	—	1.2×10⁻²	3×10⁻⁴

塑料排水体的排水性能主要取决于截面周长,而很少受其截面积的影响。塑料排水设计时,把塑料排水体换算成相当直径的砂井,根据两种排水体与周围土接触面积相等的原理,换算直径 D。可按公式(7-1)计算:

$$D_p = \alpha \cdot 2(b + \delta)/\pi \tag{7-1}$$

式中:b——塑料排水体宽度,mm;

　　　δ——塑料排水体厚度,mm;

　　　α——换算系数,考虑到塑料排水体截面并非圆形,其渗透系数和砂井也有所不同而采取的换算系数,取 $\alpha = 0.75 \sim 1.0$。

三、机具设备

主要设备为插带机,基本上可与袋装砂井打设机械共用,只需将圆形导管改为矩形导管。插带机构造如图 7-4 所示。

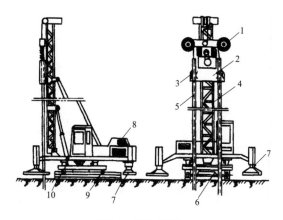

图 7-4　步履式插带机

1—塑料带及其卷盘;2—振动锤;3—卡盘;4—导架;5—套杆;

6—履靴;7—液压支腿;8—动力设备;9—转盘;10—回转轮

亦可用国内常用打设机械,其振动打设工艺、锤击振动力大小,可根据每次打设根数、导管截面大小、入土长度及地基均匀程度确定。对一般均匀软黏土地基,振动锤击振力可参见表7-5选用。

表 7-5 振动锤击振力参考值

长度/m	导管直径/cm	振动锤击振力/kN	
		单管	双管
>10	130～146	40	80
10～20	130～146	80	120～160
>20	—	120	160～220

四、施工工艺方法要点

(1) 打设塑料排水体的导管有圆形和矩形两种,其管靴也各异,一般采用桩尖与导管分离设置。桩尖主要作用是防止打设塑料带时淤泥进入管内,并对塑料带起锚固作用,避免拔出。桩尖常用形式有圆形、倒梯形和倒梯楔形三种,如图 7-5 所示。

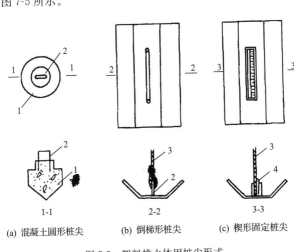

1-1 (a) 混凝土圆形桩尖

2-2 (b) 倒梯形桩尖

3-3 (c) 楔形固定桩尖

图 7-5 塑料排水体用桩尖形式

1—混凝土桩尖;2—塑料带固定架;3—塑料带;4—塑料楔

(2) 塑料排水体打设程序是:定位→将塑料排水体通过

导管从管下端穿出→将塑料带与桩尖连接贴紧管下端并对准桩位→打设桩管插入塑料排水体→拔管、剪断塑料排水体。工艺流程见图7-6。

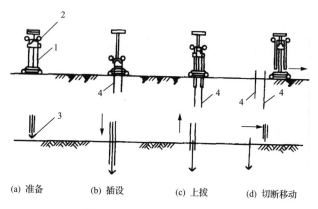

(a) 准备   (b) 插设   (c) 上拔   (d) 切断移动

图 7-6　塑料排水体插带工艺流程

1—套杆；2—塑料带卷筒；3—钢靴；4—塑料带

（3）塑料带在施工过程中需要注意以下几点：

1）塑料带滤水膜在转盘和打设过程中应避免损坏，防止淤泥进入带芯堵塞输水孔，影响塑料带的排水效果。

2）塑料带与桩尖锚旋要牢固，防止拔管时脱离，将塑料带拔出。打设时严格控制间距和深度，如塑料带拔起超过2m 以上，应进行补打。

3）桩尖平端与导管下端要连接紧密，防止错缝，以免在打设过程中淤泥进入导管，增加对塑料带的阻力，或将塑料带拔出。

4）塑料带需接长时，为减小带与导管的阻力，应采用在滤水膜内平搭接的连接方法，搭接长度应在 20mm 以上，以保证输水畅通和有足够的搭接强度。

五、质量验收

砂井堆载预压地基质量标准如表 7-6 所示。

表 7-6　　　　预压地基和塑料排水体质量检验标准

项	序	检查项目	允许偏差或允许值		检查方法
			单位	数值	
主控项目	1	预压载荷		≤2%	水准仪
	2	固结度(与设计要求比)		≤2%	根据设计要求采用不同方法
	3	承载力或其他性能指标	设计要求		按规定方法
一般项目	1	沉降速率(与控制值比)		±10%	水准仪
	2	砂井或塑料排水体位置	mm	±100	用钢尺量
	3	砂井或塑料排水体插入深度	mm	±200	插入时用经纬仪检查
	4	插入塑料排水体时的回带长度	mm	≤500	用钢尺量
	5	塑料排水体或砂井高出砂垫层距离	mm	≥200	用钢尺量
	6	插入塑料排水体的回带根数		<5%	目测

注：1. 本表适用于砂井堆载、袋装砂井堆载、塑料排水体堆载预压地基及真空预压地基的质量检验；

2. 砂井堆载、袋装砂井堆载预压地基无一般项中的4、5、6；

3. 如真空预压，主控中预压载荷的检查为真空度降低值<2%。

第四节　真空预压地基

一、工艺流程

真空预压法为保证在较短的时间内达到加固效果，一般与竖向排水井联合使用，其工艺流程及设备布置如图7-7和图7-8所示。

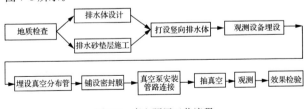

图 7-7　真空预压工艺流程

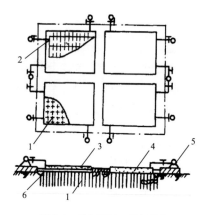

图 7-8　真空预压工艺与设备

1—袋装砂井；2—膜下管道；3—封闭膜；4—砂垫层；
5—真空装置；6—回填沟槽

二、施工工艺方法要点

(1) 真空预压法竖向排水系统设置同砂井(或袋装砂井、塑料排水体)堆载预压法。应先整平场地,设置排水通道,在软基表面铺设砂垫层或在土层中再加设砂井(或埋设袋装砂井、塑料排水体),再设置抽真空装置及膜内外管道。

(2) 砂垫层中水平分布滤管的埋设,一般宜采用条形或鱼刺形(图 7-9),铺设距离要适当,使真空度分布均匀,管上部应覆盖 100～200mm 厚的砂层。

(3) 砂垫层上密封薄膜,一般采用 2～3 层聚氯乙烯薄膜,应按先后顺序同时铺设,并在加固区四周,离基坑线外缘 2m 开挖深 0.8～0.9m 的沟槽,将薄膜的周边放入沟槽内,用黏土或粉质黏土回填压实,要求气密性好,密封不漏气,或采用板桩覆水封闭(图 7-10),而以膜上全面覆水较好,既密封好又减缓薄膜的老化。

(4) 当面积较大,宜分区预压,区与区间隔距离以 2～6m 为佳。

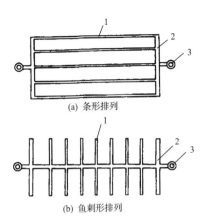

(a) 条形排列

(b) 鱼刺形排列

图 7-9　真空分布管排列示意图

1—真空压力分布管；2—集水管；3—出膜口

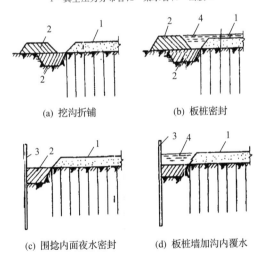

(a) 挖沟折铺

(b) 板桩密封

(c) 围捻内面夜水密封

(d) 板桩墙加沟内覆水

图 7-10　薄膜周边密封方法

1—密封膜；2—填土压实；3—钢板桩；4—覆水

（5）做好真空度、地面沉降量、深层沉降、水平位移、孔隙水压力和地下水位的现场测试工作，掌握变化情况，作为检验和评价预压效果的依据。并随时分析,如发现异常,应及时采取措施,以免影响最终加固效果。

（6）真空预压结束后,应清除砂槽和腐殖土层,避免在地基内形成水平渗水暗道。

第八章

基 坑 支 护

基坑支护工程为水利水电工程中的重要分部分项工程，基坑支护工程施工对整体工程的质量、安全和工期都有很大的影响，特别是开挖深度不小于 5m 或周边环境复杂的基坑支护工程属危险性较大的分部分项工程，需经过专家安全专项论证并通过后才能实施。近年来，基坑支护工程在建筑、公路、桥梁、地铁等各方面均取得了长足的发展，在水利水电工程中，基坑支护的应用也越来越广泛，对基坑支护的要求也越来越高。本章主要介绍的基坑支护内容有排桩、止水帷幕、降排水、土钉墙及复合土钉墙、锚杆等分部分项工程。

第一节 排 桩

排桩是利用常规的各种桩体，如钻孔灌注桩、挖孔桩、预制桩及混合式桩等并排连续起来形成的地下挡土结构，一般有独立的悬臂桩支护和桩锚结合等支护形式。但无论哪种垂直开挖支护体系，都要保证排桩的施工质量，才能保证整个支护体系的安全性和适用性。

一、种类与特点

按照单个桩体成桩工艺的不同，排桩桩型大致有以下几种：钻孔灌注桩、预制混凝土桩、挖孔桩、SMW 工法（型钢水泥土搅拌桩）等。这些单个桩体可在平面布置上采取不同的排列形式形成挡土结构，来支挡不同地质和施工条件下基坑开挖时的侧向水土压力。图 8-1 中列举了几种常用排桩形式。

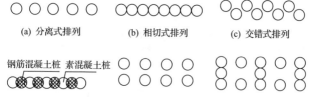

图 8-1　排桩的常见形式

分离式排列适用于无地下水或水位较深，土质较好的情况。在地下水位较高时应与其他防水措施结合使用，如在排桩后面另行设置止水帷幕。一字形相切或搭接排列式，往往因在施工中桩的垂直度不能保证及桩体扩颈等原因影响桩体搭接施工，从而达不到防水要求。当为了增大排桩围护体的整体抗弯刚度时，可把桩体交错排列，见图 8-1(c)所示。

有时因场地狭窄等原因，无法同时设置排桩和止水帷幕时，可采用桩与桩之间咬合的形式，形成可起到止水作用的排桩围护体，图 8-1(d)所示。相对于交错式排列，当需要进一步增大排桩的整体抗弯刚度和抗侧移能力时，可将桩设置成为前后双排，将前后排桩桩顶的帽梁用横向连梁连接，就形成了双排门架式挡土结构，图 8-1(e)所示。有时还将双排桩式排桩进一步发展为格栅式排列，在前后排桩之间每隔一定的距离设置横隔式的桩墙，以寻求进一步增大排桩的整体抗弯刚度和抗侧移能力。

除具有自身防水的 SMW 桩型挡墙外，常采用间隔排列与防水措施结合，具有施工方便，防水可靠，成为地下水位较高软土地层中最常用的排桩支护形式。

二、排桩的施工

（一）钻孔灌注桩

基坑支护中的排桩一般指混凝土灌注桩，其成孔一般有干成孔作业和湿成孔作业，具体的施工工艺及操作要求详见本书第二章"灌注桩"。

在施工止水帷幕与桩咬合式排桩时,若止水帷幕为水泥土搅拌桩,则先施工水泥土搅拌桩后施工排桩;若止水帷幕采用高压旋喷桩,则先施工排桩后施工水泥土搅拌桩,止水帷幕施工工艺及要求详见本章第二节"止水帷幕"。

排桩成孔后,检测孔底沉淤厚度,经检测合格,及时放入钢筋笼。当钢筋笼长度较大、一次起吊重量过大,且易造成钢筋笼发生变形时,宜分段制作。对非均匀配筋排桩的钢筋笼,在绑扎、吊装和埋设时,应保证钢筋笼的安放方向与设计方向一致。钢筋笼在起吊、运输和安装中应采取措施防止变形。具体操作详见本书第二章"灌注桩"。

钢筋笼置入孔中后,应及时进行混凝土灌注,并保证混凝土灌注连续紧凑的进行,防止断桩。

（二）人孔挖孔桩

详见第二章第四节"人工挖孔桩施工"。

（三）SMW 工法

SMW 工法是在水泥土桩中插入大型 H 型钢,由 H 型钢承受土侧压力,而水泥土则具有良好的抗渗性能,因此 SMW 墙具有挡土与止水双重作用。除了插入 H 型钢外,还可插入钢管、拉森板桩等。由于插入了型钢,故也可设置支撑。

1. 施工机械

（1）水泥土搅拌桩机。加筋水泥土桩法施工用搅拌桩机与一般水泥土搅拌桩机无大区别,主要是功率大,使成桩直径与长度更大,以适应大型型钢的压入。

（2）压桩（拔桩）机。大型 H 型钢压入与拔出一般采用液压压桩（拔桩）机,H 型钢的拔出阻力较大,比压入力大好几倍,主要是由于水泥结硬后与 H 型钢黏结力大大增加,此外,H 型钢在基坑开挖后受侧土压力的作用往往有较大变形,使拔出受阻。水泥土与型钢的黏结力可通过在型钢表面涂刷减摩剂来解决,而型钢变形就难以解决,因此设计时应考虑型钢受力后的变形不能过大。

2. 施工工艺

（1）施工工艺流程。SMW工法施工流程如图8-2所示。

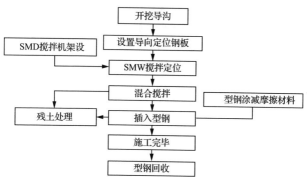

图8-2 SMW工法工艺流程图

（2）施工要点：

1）开挖导沟、设置围檩导向架。在沿SMW墙体位置需开挖导沟，并设置围檩导向架。导沟可使搅拌机施工时的涌土不致冒出地面，围檩导向则是确保搅拌桩及H型钢插入位置的准确，这对设置支撑的SMW墙尤为重要。围檩导向架应采用型钢做成，导向围檩间距比型钢宽度增加20～30mm。围檩导向架施工时应控制好轴线与标高。

2）搅拌桩施工。搅拌桩施工工艺与水泥土墙施工法相同，但应注意水泥浆液中宜适当增加木质素磺酸钙的掺量，也可掺入一定量的膨润土，利用其吸水性提高水泥土的变形能力，不致引起墙体开裂，对提高SMW墙的抗渗性能很有效果。

3）型钢的压入与拔出。型钢的压入采用压桩机并辅以起重设备。自行加工的H型钢应保证其平直光滑，无弯曲、无扭曲，焊缝质量应达到要求。扎制型钢或工厂定型型钢在插入前应校正其平直度。

拔出时，当拔出力作用于型钢端部时，首先是型钢与水泥土之间的黏结发生破坏，这种破坏由端部逐渐向下部扩展,接触面间微量滑移,减摩材料剪切破坏,拔出阻力转变为静止摩擦阻力为主。在拔出力到达总静止摩擦阻力之前,拔出位移很小;拔出力大于总静止阻力后,型钢拔出位移加快,拔出力迅速下降。此后摩擦阻力由静止摩擦力转化滑动摩擦力和滚动摩擦力,水泥土接触面破碎,产生小颗粒,充填于破裂面中,这有利于减小摩阻力。当拔出力降至一定程度,摩擦阻力转变以滚动摩擦为主。

针对不同工程,在施工前应做好拔出试验,以确保型钢顺利回收。涂刷减摩材料是减少拔出阻力的有效方法,国外有不少适用的减摩剂,国内也研制出一些,但仍有待进一步提高。

加筋水泥土桩的质量检验标准如表 8-1 所示。

表 8-1   质量检验标准

序号	检查项目	允许偏差		检查方法
		单位	数值	
1	型钢长度	mm	±10	钢尺量
2	型钢垂直度		<1‰	经纬仪测量
3	型钢插入标高	mm	±30	水准仪测量
4	型钢插入平面位置	mm	10	钢尺量

第二节　止 水 帷 幕

对有地下水的基坑工程,在施工前一般需采取降低地下水位的措施,保证主体施工的顺利进行。为了减少或避免地下水位降低而对周边建筑物的影响,一般采取做止水帷幕的隔水措施。在基坑四周的止水帷幕一般采用水泥搅拌桩、高压旋喷(摆喷)桩。水泥搅拌桩可采用常规的单轴、双轴、三轴水泥搅拌桩机施工。

一、水泥土搅拌桩

(一)施工工艺

水泥土搅拌桩施工顺序如图 8-3 所示。

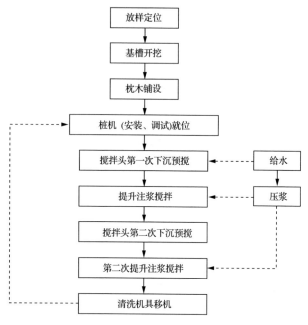

图 8-3　水泥土搅拌桩施工顺序

具体步骤叙述如下：

（1）桩机（安装、调试）就位。

（2）预搅下沉。待搅拌机及相关设备运行正常后，启动搅拌机电机，放松桩机钢丝绳，使搅拌机旋转切土下沉，钻进速度≤1.0m/min。

（3）制备水泥浆。当桩机下降到一定深度时，即开始按设计及实验确定的配合比拌制水泥浆。水泥浆采用普通硅酸盐水泥，标号 P·O42.5 级，严禁使用快硬型水泥。制浆时，水泥浆拌和时间不得少于 5～10min，制备好的水泥浆不得离析、沉淀，每个存浆池必须配备专门的搅拌机具进行搅拌，以防水泥浆离析、沉淀，已配制好的水泥浆在倒入存浆池时，应加滤网过滤，以免浆内结块。水泥浆存放时间不得超过 2h，否则应予以废弃。注浆压力控制在 0.5～1MPa，流量控制在 30～50L/min,单桩水泥用量严格按设计计算量,浆液配比为水泥:清水=1:0.45～1:0.55,制好水泥浆,通过控制注浆压力和泵量,使水泥浆均匀地喷洒在桩体中。

（4）提升喷浆搅拌。当搅拌机下降到设计标高,打开送浆阀门,喷送水泥浆。确认水泥浆已到桩底后,边提升边搅拌,确保喷浆均匀性,同时严格按照设计确定的提升速度提升搅拌机。平均提升速度≤0.5m/min,确保喷浆量,以满足桩身强度达到设计要求。在水泥土搅拌桩成桩过程中,如遇到故障停止喷浆时,应在 12h 内采取补喷措施,补喷重叠长度不小于 1m。

（5）重复搅拌下沉和喷浆提升。当搅拌头提升至设计桩顶标高后,再次重复搅拌至桩底,第二次喷浆搅拌提升至地面停机,复搅时下钻速度≤1m/min,提升速度≤0.5m/min。

（6）移位。钻机移位,重复以上步骤,进行下一根桩的施工。相邻桩施工时间间隔保持在 16h 内,若超过 16h,在搭接部位采取加桩防渗措施。

（7）清洗。当施工告一段落后,向集料斗中注入适量清水,开启灰浆泵,清洗全部管路中的残存的水泥浆,并将黏附在搅拌头上的软土清洗干净。

（二）水泥土搅拌墙施工要点

1. 工艺试成桩

试成桩的目的是确定各项施工技术参数,其中包括:

（1）搅拌机钻进深度、桩底、桩顶或喷、停浆面标高;

（2）搅拌机提升速度与浆泵流量的匹配;

（3）每米桩长或每根桩的送浆量、浆液到达喷浆口的时间;

（4）双轴搅拌机单位时间（min）内,固化剂浆液的喷出量 q,取决于搅拌头叶片直径、固化剂掺入比及搅拌机钻头提升速度。

2. 施工参数与质量标准

水泥土搅拌桩一般采用 P·O42.5 级普通硅酸盐水泥,单幅桩断面、水泥掺入比按设计要求,水灰比一般 0.45～

0.55。搅拌桩垂直度偏差不得大于1‰,桩位偏差不得大于50mm,桩径偏差不得大于4%。

3. 施工浆液拌制及管理

水泥浆液应按预定配合比拌制,每根桩所需水泥浆液一次单独拌制完成;制备好的泥浆不得离析,停置时间不得超过2h,否则予以废弃,浆液倒入时应加筛过滤,以免浆内结块,损坏泵体。供浆必须连续,搅拌均匀。一旦因故停浆,为防止断桩和缺桩,应使搅拌机钻头下沉至停浆面以下1m,待恢复供浆后再喷浆提升。如因故停机超过3h,应先拆卸输浆管路,清洗后备用,以防止浆液结硬堵管。泵送水泥浆前管路应保持湿润,以便输浆。应定期拆卸清洗浆泵,注意保持齿轮减速箱内润滑油的清洗。

4. 施工技术

(1)搅拌桩施工必须坚持两喷三搅的操作顺序,最后一次提升搅拌宜采用慢速提升,当喷浆口达桩顶标高时,宜停止提升,搅拌数秒,以保证桩头均匀密实。水泥搅拌桩预搅下沉时不宜冲水,当遇到较硬黏土层下沉太慢时,可适当冲水,但应考虑冲水成桩对桩身质量的影响。水泥土搅拌桩应连续搭接施工,相邻桩施工间隙不得超过12h,如因特殊原因造成搭接时间超过12h,应对最后一根桩先进行空钻留出榫头,以待下一批桩搭接,如间隙时间太长,超过24h与下一根桩无法搭接时,须采取局部补桩或注浆措施。

(2)水泥土搅拌桩成桩后7d,采用轻便触探器,连续钻取桩身加固土样,检查墙体的均匀性和桩身强度,若不符合设计要求应及时调整施工工艺。水泥土搅拌桩须达到28d龄期或达到设计强度,基坑方可进行开挖。

5. 施工安全

当发现搅拌机的入土切削和提升搅拌负荷太大及电机工作电流超过额定值时,应减慢升降速度或补给清水;发生卡钻、憋车等现象时,应切断电源,并将搅拌机强制提升出地面,然后再重新启动电机;当电网电压低于350V时,应暂停施工,以保护电机。

6. 施工环境保护

（1）水泥土搅拌桩重力式围护墙施工时，应预先了解下列周边环境资料：

1）邻近建（构）筑物的结构、基础形式及现状；

2）被保护建（构）筑物的保护要求；

3）邻近管线的位置、类型、材质、使用状况及保护要求。

（2）坚持信息化施工管理。在施工过程中，应对周边环境及围护体系进行全过程监测控制，根据监测数据对施工工艺、施工参数、施工顺序、施工速度进行及时的调整，尽量减少挤土效应对周边环境的影响。可采取以下措施：

1）适当的降低注浆压力和减少流量，控制下沉（提升）速度；

2）在靠近需保护建筑物和管线一侧，先施工单排水泥土搅拌桩封隔墙，再由近向远逐步步向反向施工；

3）限制每日水泥土搅拌桩墙体的施工总量，必要时采取跳打的方式；

4）在被保护建筑物与水泥土搅拌桩墙体之间，设置应力释放孔或防护沟；

5）将浅部的重要管线开挖暴露并使其处于悬吊自由状态；

6）三轴水泥土搅拌机通过螺旋叶片连续提升，因此挤土量较小，建议在环境保护要求高、有条件的地区，优先选择三轴搅拌桩施工。

（3）施工中产生的水泥土浆，可集积在导向沟内或现场临时设置的沟槽内，待自然固结后，运至指定地点。

7. 质量检验

水泥土围护墙质量检验包括机械性能、材料质量、掺和比试验等材料的验证，以及逐根检查桩位、桩长、桩顶高程、桩架垂直度、桩身水泥掺量、上提喷浆速度、外掺剂掺量、水灰比、搅拌和喷浆起止时间、喷浆量的均匀、搭接桩施工间歇时间等。

成桩质量检验标准应符合表 8-2 的规定。

表 8-2　　　　　　　水泥土搅拌桩质量检验标准

检查项目	质量标准
水泥及外掺剂	设计要求
水泥用量	参数指标
水灰比	设计及施工工艺要求
桩底标高	±100mm
桩顶标高	+100mm、-50mm
桩位偏差	<50mm
垂直度偏差	<1%
搭接	≥200mm
搭接桩施工间歇时间	<16h

二、高压旋喷(摆喷)桩

高喷截渗帷幕施工工艺可分为单管法、二管法、三管法。除此之外,又在此基础上发展为多重管法和与搅拌法相结合的方法,但其加固原理是一致的。本书以三管旋喷桩为例介绍高压旋喷桩的施工工艺。

(一)施工设备选型

一般采用地质钻机钻孔,高喷台车在孔内高压注浆的方式施工。高喷施工工艺详见图8-4。

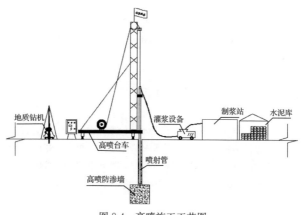

图 8-4　高喷施工工艺图

（二）施工技术参数

先根据设计要求选取试喷参数，然后按照试喷效果确定施工技术参数。

（三）施工方法说明及质量控制要点

（1）施工前场地需平整、稳固。

（2）高喷孔定位。在施工轴线上按设计要求进行放线定位，各孔采用统一编号，孔位中心允许偏差≤50mm。孔位桩打入地面下，并妥善保护。

（3）造孔。钻孔钻进一般采用地质钻机泥浆循环护壁。钻孔保证垂直度偏斜不大于孔深的1%。

（4）下喷射管。将台车移至孔位，将喷头各部位做检查后妥善保护（如个别部位无法确认，可孔口试喷），将喷射管下至设计深度，同时将井口摆动装置调整好方向，并与其他工序互相配合，做好灌浆前的准备工作。

（5）制浆。灌浆用水泥必须符合质量标准，并按批量收集出厂合格证和抽样检验，不得使用受潮结块的水泥，应严格防潮和缩短存放时间。制浆材料必须称量，误差小于5%。水泥等固相材料采用重量称量法。浆液必须搅拌均匀并测定浆液密度。施工中随时对现场水泥进行计量，严格按配合比制浆。

（6）灌浆。同时启动空压机、搅拌机、泥浆泵等配套设备，将各项工艺参数调整到设计要求，开始喷射，待孔口返浆后按设计要求速度开始提升，这样就自下而上形成了高压喷射灌浆防渗板墙。在灌浆过程中，随时检查浆液比重，注意孔口冒浆现象，如孔口出现不返浆，说明地基中有大空隙或集中漏水通道，此时应立即停止提升，采取充砂或掺加速凝剂等措施使其返浆，以确保止水帷幕的连续性。

喷射过程中应随时检查设备运行状况。做好各环节配合，避免中断。因停电、机械故障造成停喷时间达24h以上，继续喷射时，则应将喷头下插50cm再开喷，确保板墙在高度上的连续性。分序孔灌浆间隔时间不小于1d。

（7）回灌。待喷射管提到设计高程后，喷射灌浆结束，然后向孔内不断灌入回浆，直到浆液不再下沉为止，以避免因浆液排水固结引起顶部出现塌陷。

（四）检验

旋喷固结体系在地层下直接形成，属于隐蔽工程，因而不能直接观察到旋喷桩体的质量。必须用比较切合实际的各种检查方法来鉴定其加固效果。限于目前我国技术条件喷射质量的检查有开挖检查、室内试验、钻孔检查。

1. 开挖检查

旋喷完毕，待凝固具有一定强度后，即可开挖。这种检查方法因开挖工作量很大，一般限于浅层。由于固结体完全暴露出来，因此能比较全面地检查喷射固结体质量，也是检查固结体垂直度和固结形状的良好方法，这是当前较好的一种检查质量的方法。

2. 室内试验

在设计过程中，先进行现场地质调查，并取得现场地基土，以标准稠度求得理论旋喷固结体的配合比，在室内制作标准试件，进行各种力学物理性的试验，以求得设计所需的理论配合比。施工时可依此作为浆液配方，先做现场旋喷试验，开挖观察并制作标准试件进行各种力学物理性试验，与理论配合比较，是否符合一致，它是现场实验的一种补充试验。

3. 钻孔检查

（1）钻取旋喷加固体的岩芯。可在已旋喷好的加固体中钻取岩芯来观察判断其固结整体性，并将所取岩芯做成标准试件进行室内力学物理性试验，以求得其强度特性，鉴定其是否符合设计要求。取芯时的龄期根据具体情况确定，有时采用在未凝固的状态下"软取芯"。

（2）渗透试验。现场渗透试验，测定其抗渗能力一般有钻孔压力注水和抽水观测两种。

（五）安全管理

喷射注浆法是在高压下进行的，存在一定的危险性。因此,高压液体和压缩空气管道的耐久性以及管道连接的可靠性都是不可忽视的。否则,接头断开,软管破裂,将会导致浆液飞散、软管甩出等安全事故。

喷射浆自喷嘴喷出时,具有很高的能量,因此,人体与喷嘴之间的距离不应小于 60cm。另外,在地基中喷射一般不会对喷嘴附近的管道产生破坏观象,但钻孔时应事先做好调查,以免地下埋设物受到损坏。

喷射注浆法的浆液,目前一般以采用水泥浆为主,但有时也采用其他化学添加剂。一般来说,浆液硬化后对人畜均无害,但如果硬化前的液体进到眼睛里时,就必须进行充分清洗,并及时到医院治疗。

喷射注浆法施工中必须配置合格的配电装置,合适的电缆等。由于施工场地常有泥泞,所有的电缆线必须予以保护,根据需要将电缆架空或埋于地下等。通过上述措施确保施工过程用电安全。

喷射注浆法施工需要使用各种泵、钻机等多种施工机械。有时需要操作人员登高。因此,必须由有经验的工人严格按操作规程操作,避免在施工过程中造成安全事故。

第三节　降　排　水

当基坑开挖深度内存在饱和软土层和含水层及坑底以下存在承压含水层时,为避免产生流砂、管涌、坑底突涌,防止坑壁土体坍塌,保证施工安全和减少基坑开挖对周围环境的影响,需要进行降排水施工。水利水电工程基坑降排水一般采用管井降水、集水明排或两者相结合的方式进行。

一、管井施工及降水

管井成孔施工一般有反循环成孔、冲击钻机成孔等方法,以反循环成井为例。冲击钻成孔施工可见第二章"灌注桩"。

施工流程见图 8-5。

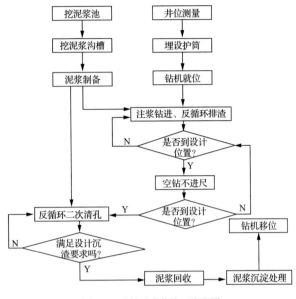

图 8-5 反循环成井施工流程图

1. 挖(围)泥浆池

根据场地条件在距降水井 3m 左右处挖(围)泥浆池,一般每 2～3 口井可共用一个泥浆池。循环导流槽宽不小于 1m。池底及内周边铺一层塑料布。沉淀池与循环导流槽连接处砌筑高 0.7m 围埂。

2. 钻机安装

先将钻头悬吊于孔内,然后安装钻机,转盘中心要严格对准钻孔中心,可采用十字标线铅锤对正的方法。

3. 钻孔

钻机转速一般应保持在 10～20r/min,钻进速度 10m/h 左右。钻孔产生的渣土和泥浆应及时进行处理。

4. 下管

井管采用无砂滤水管,在预制混凝土管鞋或木质托盘上放置井管缓缓下放,当管口与井口相差 200mm 时,接上节井管,接头处用多层尼龙网裹严,竖向用 3～4 条 30mm 宽、2～3m 长的竹条用 3 道铅丝固定井管。为防止上下节错位,在下管前将井管依井方向立直。吊放井管要垂直,并保持在井孔中心,为防止雨污水、泥砂或异物落入井中,井管要高出地面不小于 200mm,并加盖或捆绑防水雨布临时保护。

5. 填砾料

井管下入后立即填入砾料。砾料应保持连续沿井管外四周均匀填入。填砾料时,应随填随测砾料填入高度。当填入量与理论计算量不一致时,及时查找原因。不得用装载机或手推车直接填料,应用铁锹人工填料,以防不均匀或冲击井壁。如遇蓬堵可用水冲。填砾完成后在洗井过程中,如砾料下沉量过大,应补填至井口下 1m 处,1m 以上部分在洗井完成后砌人井时处理。

6. 洗井

用空压机由上而下分段洗井,重点在上段潜水层的中、下部,直至上下含水层串通(形成混合水位)且水清砂净。洗井装备要用同心式或并列式的钢管洗井,禁止使用软管洗井。洗井过程中应观测水位及出水量变化情况。

7. 水泵安装

安装吊放潜水泵及泵管,置于距井底以上 1～1.5m 处。安装并接通电源,并检查水位继电制动抽水装置和漏电保护系统。

8. 排水管铺设

降水井施工完成后,据现场情况进行量测、放线,沿降水井口架设 φ168 的钢管作为集水管。集水管以法兰或卡口联接牢固,之间加设止水片,防止渗漏。通过集水管上的排水管道,将降水井中抽出的水排出降水影响范围或施工场区以外。

降水井中,选用适当排量的潜水泵进行抽水,每井一泵,并备用潜水泵以防止潜水泵意外损坏而造成的抽水不及时。

9. 抽降

连网统一抽降后应连续抽水,不应中途间断,需要维修更换水泵时,应逐一进行。开始抽降时要间隔的逐一启动水泵。抽水开始后,应逐一检查排水管道是否畅通、有无渗漏现象,如接头处或排水管渗漏应返工或维修。当含砂量过大,可将水泵上提,如含砂量仍然较大,应重新洗井。

为防止降水引起周边地面不均匀沉降,水泵应逐级下放,逐渐降低地下水位,严禁一次将泵置入井底。

10. 设备拆除及降水井回填

降水工程为水利水电工程施工的辅助工程,属临时工程范畴,因此降水工程结束(竣工)后,应予以拆除或采取适当处理措施。施工围挡、集水管、排水管线、临时供电线路、临时建筑设施等,应在工程竣工或完成其使用目的后立即拆除。降水井和其他地下临时工程应按有关规定进行处理,所有降水井进行回填,其目的是使原有井身空间与地层连成一体,保证井室与地面、井身与周围地层的整体性和稳定性。

(1)降水设备拆除方案。

1)拆除时,要把同一种部件集中捆扎(小部件可装中或木条板箱、铁皮箱中),可使用垂直运输设备运至地面。不得散乱搬运,以免部件变形和受损。

2)在搬运和堆放时不耐压的部件和小型零部件,应分别采用成组立放单独搁置。

3)在进库存放以前逐件检查,有变形和损伤的部件应剔出修理。漆皮脱落者应重新油漆。

4)工人进入施工现场必须佩戴安全帽,班组长必须将相关安全技术要求对作业人员交接清楚。

5)工人作业前必须对个人防护用品进行检查合格后,方可投入使用。检查使用的工具是否牢固,扳手等工具必须用绳子链系挂在身上,防止掉落伤人。

6)排水管及供电电缆拆除时应划分作业区,周围必须设围栏或竖立警戒标志,设有专人监护和指挥,严禁非作业人员入内。

7) 在拆除供电电缆的过程中,不得中途换人。如必须换人时,应将拆除情况交代清楚后方可离开。

(2)降水井回填方案。

1) 降水井回填施工工序:提泵→测井深→回填级配砂石→填黏性土→恢复地面。

2) 技术要求

①每眼井回填前需测量井深,了解井筒是否完整,井内有无卡堵或落物,如有卡堵需通井;如有落物,必要时要打捞。

②回填石屑时要人工均匀填入,防止蓬堵现象发生。如发生蓬堵,要用人工振捣或用水冲落。

③为保证井孔回填密实,回填石屑 3d 后方可回填黏性土。回填黏性土时,要人工振捣密实,需打到与地面基本平齐。

④降水井回填后,要求降水井周圈无沉陷,回填面与地面平齐。

二、导渗法

导渗法又称引渗法,即通过竖向排水通道——引渗井或导渗井,将基坑内的地面水、上层滞水、浅层孔隙潜水等,自行下渗到下部透水层中消纳或抽排出基坑。在地下水位较低地区,导渗后的混合水位通常低于基坑底面,导渗过程为浅层地下水自动下降过程,即"导渗自降"(见图 8-6);当导渗后的混合水位高于基坑底面或高于设计要求的疏干控制水位时,采用降水管井抽汲深层地下水降低导渗后的混合水位,即"导渗抽降"(见图 8-7)。通过导渗法排水,无须在基坑内另设集水明沟、集水井,可加速深基坑内地下水位下降、提高疏干降水效果,为基坑开挖创造快速干地施工条件,并可提高坑底地基土承载力和坑内被动区抗力。

1. 导渗法适用范围

(1)上层含水层(导渗层)的水量不大,却难以排出;下部含水层水位可通过自排或抽降使其低于基坑施工要求的控制水位。

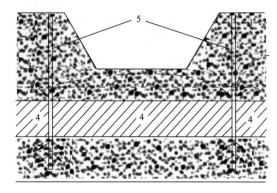

图 8-6 导渗自降

1—上部含水层初始水位；2—下部含水层初始水位；
3—导渗后的混合动水位；4—隔水层；5—导渗井

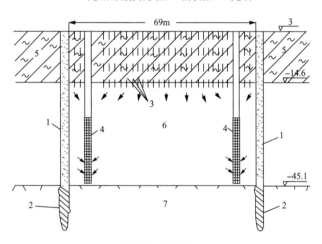

图 8-7 导渗抽降

1—厚 1.2m 的地下连续墙；2—墙下灌浆帷幕；3—ϕ325 导渗井（内
填砂，间距 1.5m）；4—ϕ600 降水井；5—淤泥质土；6—砂层；
7—基岩（基坑开挖至该岩层面）

（2）适用导渗层为低渗透性的粉质黏土、黏质粉土、砂质粉土、粉土、粉细砂等。

（3）当兼有疏干要求时，导渗井还需按排水固结要求加密导渗井距。

(4)导渗水质应符合下层含水层中的水质标准,并应预防有害水质污染下部含水层。

(5)由于导渗井较易淤塞,导渗法适用于排水时间不长的基坑工程降水。

(6)导渗法在上层滞水分布较普遍地区应用较多。

2. 导渗设施与布置

导渗设施一般包括钻孔、砂(砾)渗井、管井等,统称为导渗井。

导渗管井。宜采用不需要泥浆护壁的沉管桩机、长臂螺旋钻机等设备成孔或采用高压套管冲击成孔。成孔后,内置钢筋笼(外包土工布或透水滤网)、钢滤管或无砂混凝土滤管;滤管壁与孔壁之间回填滤料。本方法形成的导渗管井多用于永久性排水工程。导渗砂(砾)井:在预先形成的 $\phi300\sim\phi600$mm 的钻孔内,回填含泥量不大于 0.5% 的粗砂、砾砂、砂卵石或碎石等。本方法形成的导渗砂(砾)井又称之为导渗盲井。

导渗钻孔。对于成孔后基本无坍塌现象发生的导渗层,可直接采用导渗钻孔引渗排水。导渗井应穿越整个导渗层进入下部含水层中,其水平间距一般为 3~6m。当导渗层为需要疏干的低渗透性软黏土或淤泥质黏性土,导渗井距宜加密至 1.5~3m。

三、轻型井点施工

轻型井点系统降低地下水位的过程如图 8-8 所示,即沿基坑周围以一定的间距埋入井点管(下端为滤管),在地面上用水平铺设的集水总管将各井点管连接起来,在一定位置设置真空泵和离心泵。当开动真空泵和离心泵时,地下水在真空吸力的作用下经滤管进入管井,然后经集水总管排出,从而降低水位。

1. 井点成孔施工

(1) 水冲法成孔施工。利用高压水流冲开泥土,冲孔管依靠自重下沉。砂性土中冲孔所需水流压力为 0.4~

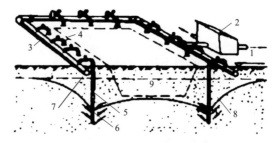

图 8-8 轻型井点降低地下水位全貌图

1—地面；2—水泵房；3—总管；4—弯联管；5—井点管；
6—滤井；7—初始地下水位；8—水位降落曲线；9—基坑

0.5MPa，黏性土中冲孔所需水流压力为 0.6～0.7MPa。

（2）钻孔法成孔施工。适用于坚硬地层或井点紧靠建筑物，一般可采用长螺旋钻机进行成孔施工。

（3）成孔孔径一般为 300mm，不宜小于 250mm。成孔深度宜比滤水管底端埋深大 0.5m 左右。

2. 井点管埋设

（1）水冲法成孔达到设计深度后，应尽快减低水压、拔出冲孔管，向孔内沉入井点管并在井点管外壁与孔壁之间快速回填滤料（粗砂、砾砂）。

（2）钻孔法成孔达到设计深度后，向孔内沉入井点管，在井点管外壁与孔壁之间回填滤料（粗砂、砾砂）。

（3）回填滤料施工完成后，在距地表约 1m 深度内，采用黏土封口捣实以防止漏气。

（4）井点管埋设完毕后，采用弯联管（通常为塑料软管）分别将井点管连接到集水总管上。

四、喷射井点施工

1. 井点管埋设与使用

（1）喷射井点管埋设方法与轻型井点相同，为保证埋设质量，宜用套管法冲孔加水及压缩空气排泥，当套管内含泥量经测定小于 5% 时下井管及灌砂，然后再拔套管。对于深度大于 10m 的喷射井点管，宜用吊车下管。下井管时，水泵应先开始运转,以便每下好一根井点管,立即与总管接通(暂不与回水总管连接),然后及时进行单根井点试抽排泥,井管内排出的泥浆从水沟排出,测定井管内真空度,待井管出水变清后地面测定真空度不宜小于93.3kPa。

(2) 全部井点管沉没完毕后,将井点管与回水总管连接并进行全面试抽,然后使工作水循环,进行正式工作。各套进水总管均应用阀门隔开,各套回水管应分开。

(3) 为防止喷射器损坏,安装前应对喷射井管逐根冲洗,开泵压力不宜大于0.3MPa,以后逐步加大开泵压力。如发现井点管周围有翻砂、冒水现象,应立即关闭井管后进行检修。

(4) 工作水应保持清洁,试抽2d后,应更换清水,此后视水质污浊程度定期更换清水,减轻对喷嘴及水泵叶轮的磨损。

2. 施工注意事项

(1) 利用喷射井点降低地下水位,扬水装置的质量十分重要。如果喷嘴的直径加工不精确,尺寸加大,则工作水流量需要增加,否则真空度将降低,影响抽水效果。如果喷嘴、混合室和扩散室的轴线不重合,不但降低真空度,而且由于水力冲刷导致磨损较快,需经常更换,影响降水运行的正常、顺利进行。

(2) 工作水要干净,不得含泥砂及其他杂物,尤其在工作初期更为重要,因为此时抽出的地下水可能较为混浊,如不经过很好的沉淀即用作工作水,会使喷嘴、混合室等部位很快地磨损。如果扬水装置已磨损应及时更换。

(3) 为防止产生工作水反灌现象,在滤管下端最好增设逆止球阀。当喷射井点正常工作时,芯管内产生真空,出现负压,钢球托起,地下水吸入真空室;当喷射井点发生故障时,真空消失,钢球被工作水推压,堵塞芯管端部小孔,使工作水在井管内部循环,不致涌出滤管产生倒涌现象。

3. 喷射井点的运转和保养

喷射井点比较复杂,在其运转期间常需进行监测以便了解装置性能,进而确定因某些缺陷或措施不当时而采取的必要措施。在喷射井点运转期间,需注意以下方面:

（1）及时观测地下水位变化。

（2）测定井点抽水量，通过地下水量的变化，分析降水效果及降水过程中出现的问题。

（3）测定井点管真空度，检查井点工作是否正常。出现故障的现象包括：

1）真空管内无真空，主要原因是井点蕊管被泥砂填住，其次是异物堵住喷嘴；

2）真空管内无真空，但井点抽水通畅，是由于真空管本身堵塞和地下水位高于喷射器；

3）真空出现正压（即工作水流出），或井管周围翻砂，这表明工作水倒灌，应立即关闭阀门，进行维修。

常见的故障及其检查方法包括：

（1）喷嘴磨损和喷嘴夹板焊缝裂开；

（2）滤管、蕊管堵塞；

（3）除测定真空度外，类同于轻型井点，可通过听、摸、看等方法来检查。

排除故障的方法包括：

（1）反冲法。遇有喷嘴堵塞、蕊管、过滤器淤积，可通过内管反冲水疏通，但水冲时间不宜过长。

（2）提起内管，上下左右转动、观测真空度变化，真空度恢复则正常。

（3）反浆法。关住回水阀门，工作水通过滤管冲土，破坏原有滤层，停冲后，悬浮的滤砂层重新沉淀，若反复多次无效，应停止井点工作。

（4）更换喷嘴。将内管拔出，重新组装。

五、集水明排

对基底表面汇水、基坑周边地表汇水及降水井抽出的地下水，可采用明沟排水；对坑底以下渗出的地下水，可采用盲沟排水；当地下室底板与支护结构间不能设置明沟时，基坑坡脚处也可采用盲沟排水；对降水井抽出的地下水，也可采用管道排水。

1. 集水明排的适用范围

(1) 地下水类型一般为上层滞水，含水土层渗透能力较弱；

(2) 一般为浅基坑，降水深度不大，基坑或涵洞地下水位超出基础底板或洞底标高不大于 2.0m；

(3) 排水场区附近没有地表水体直接补给；

(4) 含水层土质密实，坑壁稳定(细粒土边坡不易被冲刷而塌方)，不会产生流砂、管涌等不良影响的地基土，否则应采取支护和防潜蚀措施。

2. 集水明排方法

集水明排一般可以采用以下方法：

(1) 基坑外侧设置由集水井和排水沟组成的地表排水系统，避免坑外地表明水流入基坑内。排水沟宜布置在基坑边净距 0.5m 以外，有止水帷幕时，基坑边从止水帷幕外边缘起计算；无止水帷幕时，基坑边从坡顶边缘起计算。

(2) 多级放坡开挖时，可在分级平台上设置排水沟。

(3) 基坑内宜设置排水沟、集水井和盲沟等，以疏导基坑内明水。集水井中的水应采用抽水设备抽至地面。盲沟中宜回填级配砾石作为滤水层。

排水沟、集水井尺寸应根据排水量确定，抽水设备应根据排水量大小及基坑深度确定，可设置多级抽水系统。集水井尽可能设置在基坑阴角附近。

六、地下水回灌技术

1. 回灌井点

在降水井点和要保护的地区之间设置一排回灌井点，在利用降水井点降水的同时利用回灌井点向土层内灌入一定数量的水，形成一道水幕，从而减少降水以外区域的地下水流失，使其地下水位基本不变，达到保护环境的目的。

回灌井点的布置和管路设备等与抽水井点相似，仅增加回灌水箱、闸阀和水表等少量设备。抽水井点抽出的水通到贮水箱，用低压送到注水总管，多余的水用沟管排出。另外回灌井点的滤管长度应大于抽水井点的滤管，通常为 2～

2.5m,井管与井壁间回填中粗砂作为过滤层。

由于回灌水时会有 $Fe(OH)_2$ 沉淀物、活动性的锈蚀及不溶解的物质积聚在注水管内,在注水期内需不断增加注水压力才能保持稳定的注水量。对注水期较长的大型工程可以采用涂料加阴极防护的方法,在贮水箱进出口处设置滤网,以减轻注水管被堵塞的对象。回灌过程中应保持回灌水的清洁。

2. 回灌砂沟、砂井

在降水井点与被保护区域之间设置砂井、砂沟作为回灌通道。将井点抽出来的水适时适量地排入砂沟,再经砂井回灌到地下,从而保证被保护区域地下水位的基本稳定,达到保护环境的目的。实践证明其效果是良好的。

需要说明的是,回灌井点、回灌砂井或回灌砂沟与降水井点的距离一般不宜小于 6m,以防降水井点仅抽吸回灌井点的水,而使基坑内水位无法下降,失去降水的作用。砂井或回灌井点的深度应按降水水位曲线和土层渗透性来确定,一般应控制在降水曲线以下 1m。回灌砂沟应设在透水性较好的土层内。

3. 回灌管井

回灌管井的回灌方法主要有真空回灌和压力回灌两大类。后者又可分为常压回灌和高压回灌两种。不同的回灌方法其作用原理、适用条件、地表设施及操作方法均有所区别。

(1) 真空回灌法。真空回灌适用于地下水位较深(静水位埋深>10m)、渗透性良好的含水层。真空回灌对滤网的冲击力较小,适用于滤网结构耐压、耐冲击强度较差、使用年限较长的老井以及对回灌量要求不大的井。

(2) 压力回灌法。常压回灌利用自来水的管网压力(0.1～0.2MPa)产生水头差进行回灌。高压回灌在常压回灌装置的基础上,使用机械动力设备(如离心泵)加压,产生更大的水头差。常压回灌利用自来水管网压力进行回灌,压力较小。

高压回灌利用机械动力对回灌水源加压,压力可以自由控制,其大小可根据井的结构强度和回灌量而定。因此,压力回灌的适用范围很大,特别是对地下水位较高和透水较差的含水层来说,采用压力回灌的效果较好。由于压力回灌对滤水管网眼和含水层的冲击力较大,宜适用于滤网强度较大的深井。

如果回灌水量充足,但水质很差,回灌后使地下水遭受污染或使含水层发生堵塞。地下水回灌工作必须与环境保护工作密切结合,在选择回灌水源时必须慎重考虑水源的水质。

回灌水源对水质的基本要求为:

1)回灌水源的水质要比原地下水的水质略好,最好达到饮用水的标准;

2)回灌水源回灌后不会引起区域性地下水的水质变坏和受污染;

3)回灌水源中不含使井管和滤水管腐蚀的特殊离子和气体;

4)采用江河及工业排放水回灌,必须先进行净化和预处理,达到回灌水源水质标准后方可回灌。

第四节　土钉墙及复合土钉墙

土钉墙技术在我国已成为基坑支护主要技术之一。尽管起步较晚,但设计施工水平已经在世界上处于领先地位,部分理论研究成果也属于先进行列,其中有一些独特的成就,如:

(1)突出了复合土钉墙技术,可适用于绝大多数复杂的地质条件及周边环境,甚至在流塑状淤泥等极软弱土层中也有很多成功的实例;

(2)发明或改进了许多施工设备、施工技术、施工方法,如洛阳铲成孔、人工滑锤打入、潜孔锤打入等,大幅度降低了工程造价,使土钉墙技术得以迅速普及;

（3）应用的工程规模、工程量很大，深大基坑应用土钉墙及复合土钉墙的工程已屡见不鲜。

一、土钉墙的概念

土钉墙是近年发展起来的用于土体开挖时保持基坑侧壁或边坡稳定的一种挡土结构，主要由密布于原位土体中的细长杆件——土钉、黏附于土体表面的钢筋混凝土面层及土钉之间的被加固土体组成，是具有自稳能力的原位挡土墙，可抵抗水土压力及地面附加荷载等作用力，从而保持开挖面稳定。这是土钉墙的基本形式。复合土钉墙是近年来在土钉墙基础上发展起来的新型支护结构，土钉墙与各种止水帷幕、微型桩及预应力锚杆等构件结合起来，根据工程具体条件选择与其中一种或多种组合，形成了复合土钉墙。本书中"土钉墙"一词一般指基本型，在不会产生歧义的情况下有时也泛指复合型。

二、土钉墙的基本结构

除了被加固的原位土体外，土钉墙由土钉、面层及必要的防排水系统组成，其结构参数与土体特性、地下水状况、支护面角度、周边环境（建构筑物、市政管线等）、使用年限、使用要求等因素相关。

1. 土钉类型

土钉即置放于原位土体中的细长杆件，是土钉墙支护结构中的主要受力构件。常用的土钉有以下几种类型：

（1）钻孔注浆型。先用钻机等机械设备在土体中钻孔，成孔后置入杆体（一般采用 HRB400 带肋钢筋制作），然后沿全长注水泥浆。钻孔注浆钉几乎适用于各种土层，抗拔力较高，质量较可靠，造价较低，是最常用的土钉类型。

（2）直接打入型。在土体中直接打入钢管、角钢等型钢、钢筋、毛竹、圆木等，不再注浆。由于打入式土钉直径小，与土体间的黏结摩阻强度低，承载力低，钉长又受限制，所以布置较密，可用人力或振动冲击钻、液压锤等机具打入。直接打入土钉的优点是不需预先钻孔，对原位土的扰动较小，施工速度快，但在坚硬黏性土中很难打入，不适用于服务年限大于 2 年的永久支护工程,杆体采用金属材料时造价稍高,国内应用很少。

（3）打入注浆型。在钢管中部及尾部设置注浆孔成为钢花管,直接打入土中后压灌水泥浆形成土钉。钢花管注浆土钉具有直接打入钉的优点且抗拔力较高,特别适合于成孔困难的淤泥、淤泥质土等软弱土层、各种填土及砂土,应用较为广泛,缺点是造价比钻孔注浆土钉略高,防腐性能较差不适用于永久性工程。

2. 面层及连接件

（1）面层。土钉墙的面层不是主要受力构件。面层通常采用钢筋混凝土结构,混凝土一般采用喷射工艺而成,偶尔也采用现浇,或用水泥砂浆代替混凝土。

（2）连接件。连接件是面层的一部分,不仅要把面层与土钉可靠地连接在一起,也要使土钉之间相互连接。面层与土钉的连接方式大体有钉头筋连接及垫板连接两类,土钉之间的连接一般采用加强筋。

3. 防排水系统

地下水对土钉墙的施工及长期工作性能有着重要影响,土钉墙要设置防排水系统。一般由坡体泄水孔、坡脚排水沟、坡顶排水沟等组成。

三、复合土钉墙的类型及特点

1. 复合土钉墙类型

复合土钉墙早期称为"联合支护",如土钉与预应力锚杆联合支护、土钉与深层搅拌桩联合支护等,后来国内又陆续出现了"止水型土钉墙""结合型土钉墙""加强型土钉墙""新型土钉墙""超前支护喷锚网"等称呼,近几年来逐渐统称为"复合土钉墙"或"复合土钉"。与土钉墙复合的构件主要有预应力锚杆、止水帷幕及微型桩三类,或单独或组合与土钉墙复合,形成了七种形式,如图 8-9 所示。

（1）土钉墙＋预应力锚杆。土坡较高或对边坡的水平位移要求较严格时经常采用这种形式。土坡较高时预应力锚杆可增加边坡的稳定性,此时锚杆在竖向上分布较为均匀。

如需限制坡顶的位移,可将锚杆布置在边坡的上部。因锚杆造价较土钉高很多,为降低成本,锚杆可不整排布置,而是与土钉间隔布置,效果较好,如图 8-9(a)所示。这种复合形式在边坡支护工程中应用较为广泛。

(2) 土钉墙＋止水帷幕。降水容易引起基坑周围建筑、道路的沉降,造成环境破坏,引起纠纷,所以在地下水丰富的地层中开挖基坑时,目前普遍倾向于采用帷幕隔水,隔水后在坑内集中降水或明排降水。土钉墙与止水帷幕的复合形式如图 8-9(b)所示。学者们早期只是把止水帷幕作为施工措施,以解决软土、新近填土或含水量大的砂土开挖面临的自稳问题,认为止水帷幕具有隔水、预加固开挖面及开挖导向(沿着帷幕向下开挖容易形成规整的竖向平面)作用,后来逐渐发现,止水帷幕对提高基坑侧壁的稳定性、减少基坑变形、防止坑底隆起及渗流破坏等问题上也大有帮助。止水帷幕可采用深层搅拌法、高压喷射注浆法及压力注浆法等方法形成,其中搅拌桩止水帷幕效果好,造价便宜,通常情况下优先采用。在填石层、卵石层等搅拌桩难以施工的地层常使用旋喷桩或摆喷桩替代,压力注浆可控性较差、效果难以保证,一般不作为止水帷幕单独采用。这种复合形式在南方地区较为常见,多用于土质较差、基坑开挖不深时。

(3) 土钉墙＋微型桩。有时将第二种复合支护形式中两两相互搭接连续成墙的止水帷幕替换为断续的、不起挡水作用的微型桩,如图 8-9(c)所示。这么做的原因主要有:地层中没有砂层等强透水层或地下水位较低,止水帷幕效用不大;土体较软弱,如填土、软塑状黏性土等,需要竖向构件增强整体性、复合体强度及开挖面临时自立性能,但搅拌桩等水泥土桩施工困难、强度不足或对周边建筑物扰动较大等原因不宜采用;超前支护减少基坑变形。这种复合形式在地质条件较差时及北方地区较为常用。

(4) 土钉墙＋止水帷幕＋预应力锚杆。第二种复合支护形式中,有时需要采用预应力锚杆以提高搅拌桩复合土钉墙的稳定性及限制其位移,从而形成了这种复合形式,如图 8-9

(d)所示。这种复合形式在地下水丰富地区满足了大多数工程的实际需求,应用最为广泛。

(5)土钉墙+微型桩+预应力锚杆。第三种复合支护形式中,有时需要采用预应力锚杆以提高支护体系的稳定性及限制其位移,从而形成了这种复合形式,如图 8-9(e)所示。这种支护形式变形小、稳定性好,在不需要止水帷幕的地区能够满足大多数工程的实际需求,应用较为广泛,在北方地区应用较多。

(6)土钉墙+搅拌桩+微型桩。搅拌桩抗弯及抗剪强度较低,在淤泥类软土中强度更低,在软土较深厚时往往不能满足抗隆起要求,或者不能满足局部抗剪要求,于是在第二种支护形式中加入微型桩构成了这种形式,如图 8-9(f)所示。这种形式在软土地区应用较多,在土质较好时一般不会采用。

(7)土钉墙+止水帷幕+微型桩+预应力锚杆。这种支护形式如图 8-9(g)所示,构件较多,工序较复杂,工期较长,支护效果较好,多用于深大及条件复杂的基坑支护。

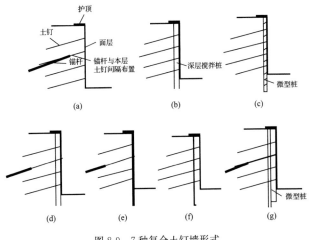

图 8-9　7 种复合土钉墙形式

2. 复合土钉墙特点

复合土钉墙机动灵活，可与多种技术并用，具有基本型土钉墙的全部优点，又克服了其大多缺陷，大大拓宽了土钉墙的应用范围，得到了广泛的工程应用。目前通常在基坑开挖不深、地质条件及周边环境较为简单的情况下使用土钉墙，更多时候采用的是复合土钉墙。

其主要特点有：

（1）与土钉墙相比，对土层的适用性更广、更强，几乎可适用于各种土层，如杂填土、新近填土、砂砾层、软土等；整体稳定性、抗隆起及抗渗流等各种稳定性大大提高，基坑风险相应降低；增加了支护深度；能够有效地控制基坑的水平位移等变形。

（2）与桩锚、桩撑等传统支护手段相比，保持了土钉墙造价低、工期快、施工方便、机械设备简单等优点。

四、土钉墙及复合土钉墙的适用条件

1. 土钉墙的适用条件

土钉墙适用于地下水位以上或经人工降水后的人工填土、黏性土和弱胶结砂土的基坑支护或边坡加固，不适合以下土层：

（1）含水丰富的粉细砂、中细砂及含水丰富且较为松散的中粗砂、砾砂及卵石层等。丰富的地下水易造成开挖面不稳定且与喷射混凝土面层黏结不牢固。

（2）缺少黏聚力的、过于干燥的砂层及相对密度较小的均匀度较好的砂层。这些砂层中易产生开挖面不稳定现象。

（3）淤泥质土、淤泥等软弱土层。这类土层的开挖面通常没有足够的自稳时间，易于流鼓破坏。

（4）膨胀土。水分渗入后会造成土钉的荷载加大，易产生超载破坏。

（5）强度过低的土，如新近填土等。新近填土往往无法为土钉提供足够的锚固力，且自重固结等原因增加了土钉的荷载，易使土钉墙结构产生破坏。

除了地质条件外，土钉墙不适于以下条件：

（1）对变形要求较为严格的场所。土钉墙属于轻型支护结构，土钉、面层的刚度较小，支护体系变形较大。土钉墙不适合用于一级基坑支护。

（2）较深的基坑。通常认为，土钉墙适用于深度不大于12m的基坑支护。

（3）建筑物地基为灵敏度较高的土层。土钉易引起水土流失，在施工过程中对土层有扰动，易引起地基沉降。

（4）对用地红线有严格要求的场地。土钉沿基坑四周几近水平布设，需占用基坑外的地下空间，一般都会超出红线。如果不允许超红线使用或红线外有地下室等结构物，土钉无法施工或长度太短很难满足安全要求。随着中华人民共和国物权法的实施，人们对地下空间的维权意识越来越强，这将影响土钉墙的使用。

（5）如果作为永久性结构，需进行专门的耐久性处理。

2. 复合土钉墙的适用条件

复合土钉墙需谨慎用于以下条件：

（1）淤泥质土、淤泥等软弱土层太过深厚时；

（2）超过20m的基坑；

（3）土钉墙上述第3、4款限制条件；

（4）对变形要求非常严格的场地。

五、施工工艺

1. 施工流程

土钉墙的施工流程一般为：开挖工作面→修整坡面→喷射第一层混凝土→土钉定位→钻孔→清孔→制作、安装土钉→浆液制备、注浆→加工钢筋、绑扎钢筋网→安装泄水管→喷射第二层混凝土→养护→开挖下一层工作面，重复以上工作直到完成。

打入钢管注浆型土钉没有钻孔清孔过程，直接用机械或人工打入。

复合土钉墙的施工流程一般为：止水帷幕或微型桩施工→开挖工作面→土钉及锚杆施工→安装钢筋网及绑扎腰梁钢筋笼→喷射面层及腰梁→面层及腰梁养护→锚杆张

拉→开挖下一层工作面,重复以上工作直到完成。

2. 土钉成孔

应根据地质条件、周边环境、设计参数、工期要求、工程造价等综合选用适合的成孔机械设备及方法。钻孔注浆土钉成孔方式可分为人工洛阳铲掏孔及机械成孔,机械成孔有回转钻进、螺旋钻进、冲击钻进等方式,打入式土钉可分为人工打入及机械打入。洛阳铲及滑锤为土钉施工专用工具,锚杆钻机及潜孔锤等多用于锚杆成孔,地质钻机及多功能钻探机等除用于锚杆成孔外,更多用于地质勘察。

(1)洛阳铲成孔。洛阳铲是一种传统的造孔工具,工具及工艺简单、工程成本低、环保、成孔迅速。一般 2 人操作,有时 3 人,成孔时人工用力将铲击入孔洞中,使土挤入铲头内,反复几次将土装满,然后旋转一定角度将铲内土与原状土分开,再把铲拉出洞外倒土。铲把一般采用镀锌铁管套丝后螺纹接长。因人工作业,一般适用于素填土、冲洪积黏性土及砂性土,在风化岩、砂土、软土及杂填土中成孔困难。

(2)打入式钢管土钉。最早靠人工用大锤打入,效率低,进尺短,后改进为简易滑锤,效率提高很多,一台滑锤每台班可施打钢管土钉 $100 \sim 150m$。滑锤制作简单:将两条轨道固定在支腿高度可调节的支架上,带有限位装置的铁块可以在两条轨道之间滑动,人工将铁块拉向支架尾端,再用力向前快速推进撞击钢管,将之打入土中。待打入钢管通过对中架限位及定位,击入至接近设计长度时,由于对中架阻碍,铁块不能直接击到钢管,中间要加入工具管。滑锤一般 $4 \sim 6$ 人操作。目前最常用的打入机具为气动潜孔锤,施工速度快,机具轻小,人工搬运方便。

(3)钻孔土钉。成孔方式分干法及湿法两类,需靠水力成孔或泥浆护壁的成孔方式为湿法,不需要时则为干法。湿法成孔或地下水丰富采用回转或冲击回转方式成孔时,不宜采用膨润土或其他悬浮泥浆做钻进护壁,宜采用套管跟进方式成孔。成孔时应做好成孔记录,当根据孔内出土性状判断土质与原勘察报告不符合时,应及时通知相关单位处理。因遇障碍物需调整孔位时,宜将废孔注浆处理。

湿法成孔或干法在水下成孔后孔壁上会附有泥浆、泥渣等,干法成孔后孔内会残留碎屑、土渣等,这些残留物会降低土钉的抗拔力,需分别采用水洗及气洗方式清除。水洗时仍需使用原成孔机械冲清水洗孔,但清水洗孔不能将孔壁泥皮洗净,如果洗孔时间长容易塌孔,且水洗会降低土层的力学性能及与土钉的黏结强度,应尽量少用;气洗孔也称扫孔,使用压缩空气,压力一般为 0.2～0.6MPa,压力不宜太大以防塌孔。水洗及气洗时需将水管或风管通至孔底后开始清孔,边清边拔管。

3. 浆液制备及注浆

拌和水中不应含有影响水泥正常凝结和硬化的物质,不得使用污水。一般情况下,适合饮用的水均可作为拌和水。如果拌制水泥砂浆,应采用细砂,最大粒径不大于 2mm,灰砂重量比为 1∶1～1∶0.5。砂中含泥量不应大于 5%,各种有害物质含量不宜大于 3%。水泥净浆及砂浆的水灰比宜为 0.4～0.6。水泥和砂子按重量计算。应避免人工拌浆,机械搅拌浆液时间一般不应小于 2min,要拌和均匀。水泥浆应随拌随用,一次拌和好的浆液应在初凝前用完,一般不超过 2h,在使用前应不断缓慢拌动。要防止石块、杂物混入注浆中。

开始注浆前或中途停止超过 30min 时,应用水或稀水泥浆润滑注浆泵及其管路。钻孔注浆土钉通常采用简便的重力式注浆。将金属管或 PVC 管注浆管插入孔内,管口离孔底 200～500mm 距离,启动注浆泵开始送浆,因孔洞倾斜,浆液可靠重力填满全孔,孔口快溢浆时拔管,边拔边送浆。水泥浆凝结硬化后会产生干缩,在孔口要二次甚至多次补浆。重力式注浆不可太快,防止喷浆及孔内残留气孔。钢管注浆土钉的注浆压力不宜小于 0.6MPa,且应增加稳压时间。若久注不满,在排除水泥浆渗入地下管道或冒出地表等情况后,可采用间歇注浆法,即暂停一段时间,待已注入浆液初凝后再次注浆。

为提高注浆效果,可采用稍为复杂一点的压力注浆法,用密封袋、橡胶圈、布袋、混凝土、水泥砂浆、黏土等材料堵住孔口，将注浆管插入至孔底 0.2～0.5m 处注浆，边注浆边向孔口方向拔管，直至注满。因为孔口被封闭，注浆时有一定的注浆压力，为 0.4～0.6MPa。

如果密封效果好，还应该安装一根小直径排气管把孔口内空气排出，防止压力过大。

4. 面层施工

因施工不便及造价较高等原因，基坑工程中不采用预制钢筋混凝土面层，基本上都采用喷射混凝土面层，坡面较缓、工程量不大等情况下有时也采用现浇方法，或水泥砂浆抹面。

一般要求喷射混凝土分两次完成，先喷射底层混凝土，再施打土钉，之后安装钢筋网，最后喷射表层混凝土。土质较好或喷射厚度较薄时，也可先铺设钢筋网，之后一次喷射而成。如果设置两层钢筋网，则要求分三次喷射，先喷射底层混凝土，施打土钉，设置底层钢筋网，再喷射中间层混凝土，将底层钢筋网完全埋入，最后敷设表层钢筋网，喷射表层混凝土。先喷射底层混凝土再施打土钉时，土钉成孔过程中会有泥浆或泥土从孔口淌出散落，附着在喷射混凝土表面，需要洗净，否则会影响与表层混凝土的黏结。

5. 安装钢筋网

当设计和配置的钢筋网对喷射混凝土工作干扰最小时，才能获得最致密的喷射混凝土。

应尽可能使用直径较小的钢筋。必须采用大直径钢筋时，应特别注意用混凝土把钢筋裹裹好。钢筋网一般现场绑扎接长，应当搭接一定长度，通常为 150～300mm。也可焊接，搭接长度应不小于 10 倍钢筋直径。钢筋网在坡顶向外延伸一段距离，用通长钢筋压顶固定，喷射混凝土后形成护顶。设置两层钢筋网时，如果混凝土只一次喷射不分三次，则两层网筋位置不应前后重叠，而应错开放置，以免影响混凝土密实。钢筋网与受喷面的距离不应小于两倍最大骨料粒径，一般为 20～40mm。通常用插入受喷面土体中的短钢筋固定钢筋网,如果采用一次喷射法,应该在钢筋网与受喷面之间设置垫块以形成保护层,短钢筋及限位垫块间距一般为0.5~2m。钢筋网片应与土钉、加强筋、固定短钢筋及限位垫块连接牢固,喷射混凝土时钢筋网在拌和料冲击下不应有较大晃动。

6. 安装连接件

连接件施工顺序一般为:土钉置放、注浆→敷设钢筋网片→安装加强钢筋→安装钉头筋→喷射混凝土。加强钢筋应压紧钢筋网片后与土钉头焊接,钉头筋应压紧加强筋后与钉头焊接。

7. 喷射混凝土工艺类别及特点

喷射混凝土是借助喷射机械,利用压缩空气作为动力,将按设计配合比制备好的拌和料,通过管道输送并以高速喷射到受喷面上凝结硬化而成的一种混凝土。喷射混凝土不是依靠振动来捣实混凝土,而是在高速喷射时,由水泥与骨料的反复连续撞击而使混凝土压密,同时又因水灰比较小(一般为0.4~0.45),所以具有较高的力学强度和良好的耐久性。喷射法施工时可在拌和料中方便地加入各种外加剂和外掺料,大大改善了混凝土的性能。

喷射混凝土按施工工艺分为干喷、湿喷及水泥裹砂三种形式。

(1) 干喷法。干喷法将水泥、砂、石在干燥状态下拌和均匀,然后装入喷射机,用压缩空气使干集料在软管内呈悬浮状态压送到喷嘴,并与压力水混合后进行喷射,其特点为:

1) 能进行远距离压送;

2) 机械设备较小、较轻,结构较简单,购置费用较低,易于维护;

3) 喷头操作容易、方便;

4) 保养容易;

5) 水灰比相对较小,强度相对较高;

6) 因混合料为干料,喷射速度又快,故粉尘污染及回弹较严重,效率较低,浪费材料较多,产生的粉尘危害工人健

康,通风状况不好时污染较严重;

7) 拌和水在喷嘴处加入,混凝土的水灰比是由喷射手根据经验及肉眼观察来进行调节的,控制较难,混凝土质量在一定程度上取决于喷射手等作业人员的技术熟练程度及敬业精神。

(2) 湿喷法。湿喷法将骨料、水泥和水按设计或试验比例拌和均匀,用湿式喷射机压送到喷头处,再在喷头上添加速凝剂后喷出,其特点为:

1) 能事先将包括水在内的各种材料准确计量,充分拌和,水灰比易于控制,混凝土水化程度高,故强度较为均匀,质量容易保证。

2) 混合料为湿料,喷射速度较低,回弹少,节省材料。干法喷射时,混凝土回弹度可达 15%～50%。采用湿喷技术,回弹率可降到 10%～20%以下。

3) 大大降低了机旁和喷嘴外的粉尘浓度,对环境污染少,对作业人员危害较小。

4) 生产率高。

5) 不适宜远距离压送。

6) 机械设备较复杂,购置费用较高。

7) 流料喷射时,常有脉冲现象,喷头操纵较困难。

(3) 工程中还有半湿式喷射及潮式喷射等形式,其本质上仍为干式喷射。为了将湿法喷射的优点引入干喷法中,有时采用在喷嘴前几米的管路处预先加水的喷射方法,此为半湿式喷射法。潮喷则是将骨料预加少量水,使之呈潮湿状,再加水泥拌和,从而降低上料、拌和喷射时的粉尘,但大量的水仍是在喷头处加入和喷出的,其喷射工艺流程和使用机械与干喷法相同。暗挖工程施工现场使用潮喷工艺较多。

8. 喷射混凝土材料要求

(1) 水泥。喷射混凝土应优先选用早强型硅酸盐及普通硅酸盐,因为这两种水泥的 C3S 和 C3A 含量较高,早期强度及后期强度均较高,且与速凝剂相容性好,能速凝。目前基坑喷射混凝土使用 P·O42.5 水泥较多。其余要求同一般混凝土用水泥。

（2）细骨料。喷射混凝土宜选用中粗砂，细度模数大于2.5。砂子过细，会使干缩增大；砂子过粗，则会增加回弹，且水泥用量增大。砂子中小于 0.075mm 的颗粒不应超过20%，否则由于骨料周围粘有灰尘，会妨碍骨料与水泥的良好黏结。

（3）粗骨料。卵石或碎石均可。混凝土的强度除了取决于骨料的强度外，还取决于水泥浆与骨料的黏结强度，同时骨料的表面越粗糙界面黏结强度越高，因此用碎石比用卵石好。但卵石对设备及管路的磨蚀小，也不像碎石那样因针片状含量多而易引起管路堵塞，便于施工。实验表明，在一定范围内骨料粒径越小，分布越均匀混凝土强度越高，骨料最大粒径减少不仅增加了骨料与水泥浆的黏结面积，而且骨料周围有害气体减少，水膜减薄，容易拌和均匀，从而提高了混凝土的强度。石子的最大粒径不应大于 20mm，工程中常常要求不大于 15mm，粒径小也可减少回弹量。骨料级配对喷射混凝土拌和料的可泵性、通过管道的流动性、在喷嘴处的水化、对受喷面的黏附以及最终产品的表观密度和经济性都有重大影响，为取得最大的表观密度，应避免使用间断级配的骨料。经过筛选后应将所有超过尺寸的骨料除掉，因为这些骨料常常会引起管路堵塞。

（4）外加剂。可用于喷射混凝土的外加剂有速凝剂、早强剂、引气剂、减水剂、增黏剂、防水剂等，国内基坑土钉墙工程中常加入速凝剂或早强剂，湿喷法有时加入引气剂。加入速凝剂的主要目的是使喷射混凝土速凝快硬，减少回弹损失，防止喷射混凝土因重力作用所引起的脱落，提高对潮湿或含水岩土层的适应性能，以及可适当加大一次喷射厚度和缩短喷射层间的间隔时间。喷射混凝土用的速凝剂一般含有碳酸钠、铝酸钠和氢氧化钙等可溶盐，呈粉末状，应符合下列要求：

1) 初凝在 3min 以内。

2) 终凝在 12min 以内。

3) 8h 后的强度不小于 0.3MPa。

4) 28d 强度不应低于不加速凝剂的试件强度的 70%。在要求快速凝结以便尽快喷射到设计厚度、对早期强度要求很高、仰喷作业、封闭渗漏水等情况下宜使用速凝剂。

速凝剂虽然加速了喷射混凝土的凝结速度,但也阻止了水在水泥中的均匀扩散,使部分水包裹在凝结的水泥中,硬化后形成气孔,另一部分水泥因得不到充足的水分进行水化反应而干缩,从而产生裂纹及在不同程度上降低了喷射混凝土的最终强度,故要谨慎使用,使用时掺量要严格控制,且掺入应均匀。喷射混凝土中掺入少量(一般为水泥重量的 0.5%~1%)减水剂后,由于减水剂的吸附和分散作用,可在保持流动性的条件下显著地降低水灰比,提高强度,减少回弹,并明显地改善不透水性及抗冻性。

(5)骨料含水量及含泥量。骨料含水量过大易引起水泥预水化,含水量过小则颗粒表面可能没有足够的水泥黏附,也没有足够的时间使水与干拌和料在喷嘴处拌和,这两种情况都会造成喷射混凝土早期强度和最终强度的降低。干法喷射时骨料的最佳平均含水量约为 5%,低于 3% 时骨料不能被水泥充分包裹,回弹较多,硬化后密实度低,高于 7% 时材料有成团结球的趋势,喷嘴处的料流不均,并容易引起堵管。含水量一般控制在 5%~7%,低于 3% 时应在拌和前加水,高于 7% 时应晾晒使之干燥或向过湿骨料掺入干料,不应通过增加水泥用量来降低拌和料的含水量。骨料中含泥量偏多会带来降低混凝土强度、加大混凝土的收缩变形等系列问题,含泥量过多时须冲洗干净后使用。骨料运输及使用过程中也要防止受到污染。一般允许石子的含泥量不超过 3%,砂的含泥量不超过 5%。

9. 拌和料制备

(1)胶骨比。喷射混凝土的胶骨比即水泥与骨料之比,常为 1:4~1:4.5。水泥过少,回弹量大,初期强度增长慢;

水泥过多,产生粉尘量增多、恶化施工条件,硬化后的混凝土收缩也增大,经济性也不好。水泥用量超过临界量后混凝土强度并不随水泥用量的增大而提高,且强度可能会下降。水泥用量过多,则混凝土中起结构骨架作用的骨料相对变少,且拌和料在喷嘴处瞬间混合时,水与水泥颗粒混合不均匀,水化不充分,这都会造成混凝土最终强度降低。

(2) 砂率。即砂子在粗细骨料中所占的重量比,对喷射混凝土施工性能及力学性能有较大影响,以 45% ~ 55% 为宜。

(3) 水灰比。水灰比是影响喷射混凝土强度的主要因素之一。干喷法施工时,预先不能准确地给定拌和料中的水灰比,水量全靠喷射手在喷嘴处调节,一般来说喷射混凝土表面出现流淌、滑移及拉裂时,表明水灰比过大;若表面出现干斑,作业中粉尘大、回弹多,则表明水灰比过小。水灰比适宜时,混凝土表面平整,呈水亮光泽,粉尘和回弹均较少。实践证明,适宜的水灰比值为 0.4~0.5,过大或过小不仅降低混凝土强度,也增加了回弹损失。

(4) 配合比。工程中常用的经验配合比(质量比)有 3 种,即水泥∶砂∶石=1∶2∶2.5,水泥∶砂∶石=1∶2∶2,水泥∶砂∶石=1∶2.5∶2,根据材料的具体情况选用。

(5) 制备作业。干拌法基本上采用现场搅拌方式,湿拌法在国内以现场搅拌居多,国外采用商品混凝土较为普遍。拌和料应搅拌均匀,搅拌机搅拌时间通常不少于 2min,有外加剂时搅拌时间要适当延长。运输、存放、使用过程中要防止拌和料离析,防止雨淋、滴水及杂物混入。为防止水泥预水化的不利影响,拌和料应随拌随用。不掺速凝剂时,拌和料存放时间不应超过 2h,掺速凝剂时,存放时间不应超过 20min。无论是干喷还是湿喷,配料时骨料、水泥及水的温度不应低于 5℃。

10. 喷射作业及养护

喷射前,应将坡面上残留的土块、岩屑等松散物质清扫干净。喷射机的工作风压要适中,过高则喷射速度快,动能大,回弹多,过低则喷射速度慢,压实力小,混凝土强度低。喷射时喷嘴应尽量与受喷面垂直,喷嘴距与受喷面在常规风压下最好距离 0.8～1.2m,以使回弹最少及密实度最大。一次喷射厚度要适中,太厚则降低混凝土压实度、易流淌,太薄易回弹,以混凝土不滑移、不坠落为标准,一般以 50～80mm 为宜,加速凝剂后可适当提高,厚度较大时应分层,在上一层终凝后即喷下一层,一般间隔 2～4h。分层施作一般不会影响混凝土强度。喷嘴不能在一个点上停留过久,应有节奏地、系统地移动或转动,使混凝土厚度均匀。

一般应采用从下到上的喷射次序,自上而下的次序易因回弹物在坡脚堆积而影响喷射质量。喷射 2～4h 后应洒水养护,一般养护 3～7d。

11. 质量检测要点

土钉墙和复合土钉墙的试验和检测内容包括:土钉(锚杆)的基本试验、土钉(锚杆)的验收检验、面层的抗压强度试验、面层厚度检查、止水帷幕的渗透性和强度检验等。

(1) 土钉的抗拔力试验。土钉的抗拔力试验包括基本试验和验收检验。基本试验的主要目的是为了确定土钉的极限抗拔力,从而估算不同土层中土钉的界面黏结强度,每一典型土层中均应做一组 3 条,最大测试荷载加至土钉被破坏。验收检验的目的是检验土钉的实际抗力能否达到设计要求,一般要求按土钉总数量的 1% 且不少于 3 条检验,最大测试荷载一般为抗拔力的 1.0～1.1 倍。

(2) 喷射混凝土的厚度及强度。混凝土的厚度及强度都是很重要的参数。需要检验时,厚度可用凿孔法检验,一般要求平均值应不小于设计值,最小厚度不应小于设计厚度的 50% 并不应小于 50mm,小于设计厚度的点数不应大于总点数的 30%。一般采用试块检验喷射混凝土抗压强度。

12. 岩质基坑土钉施工

对岩质基坑土钉施工来讲,其与一般基坑土钉施工的区别主要是指土钉的成孔方法。

岩质基坑土钉成孔应避免采用泥浆护壁工艺。岩质基坑土钉中的纯土层土钉施工与一般土钉施工工艺相同;纯岩石土钉施工目前常采用风动或液压潜孔锤钻进。

纯岩石土钉施工根据岩石坚硬程度不同和钻孔直径不同可灵活选用低风压钻车、中风压钻车和高风压钻车。其中,高风压钻车可在大直径的硬质岩石的钻进中取得理想效果。土岩组合土钉(即上段在土层中,下段在岩石中)的施工是岩质基坑锚土钉施工的难点之一。一方面,钻进至土岩界面时由于土岩强度差异较大会导致钻杆向土层方向跑偏;另一方面,土层中钻进效率较高,入岩后效率迅速降低,而常规潜孔锤无法在土层中钻进。目前已知的解决方案有以下两种:

(1) 采用刚度较大的套管钻进,一次性钻进至设计深度,遇硬质岩采用合金(或金刚石)钻进。

(2) 土层中采用套管钻进并护壁,至岩层后在护壁套管中进行岩石部分的风动或液压潜孔锤钻进。直接采用风动或液压潜孔锤在土层中回转钻进(适用于不宜塌孔的土层),岩层中冲击钻进。

第五节　预应力锚杆

锚杆是将受拉杆件的一端(锚固段)固定在稳定地层中,另一端与工程构筑物相联结,用以承受由于土压力、水压力等施加于构筑物的推力,从而利用地层的锚固力以维持构筑物(或岩土层)的稳定。

锚杆外露于地面的一端用锚头固定。一种情况是锚头直接附着结构上并满足结构的稳定;另一种情况通过梁板、格构或其他部件将锚头施加的应力传递于更为宽广的岩土体表面。锚杆主要分土层锚杆和岩层锚杆两种类型。

一、特点

岩土锚固通过埋设在地层中的锚杆,将结构物与地层紧紧地联系在一起,依赖锚杆与周围地层的黏结强度传递结构物的拉力或使地层自身得到加固,以保持结构物和岩土体稳定。

与其他支护形式相比,锚杆支护具有以下特点:

(1)提供开阔的施工空间,极大地方便土方开挖和主体结构施工。锚杆施工机械及设备的作业空间不大,适合各种地形及场地。

(2)对岩土体的扰动小;在地层开挖后,能立即提供抗力,且可施加预应力,控制变形发展。

(3)锚杆的作用部位、方向、间距、密度和施工时间可以根据需要灵活调整。

(4)用锚杆代替钢或钢筋混凝土支撑,可以节省大量钢材,减少土方开挖量,改善施工条件,尤其对于面积很大、支撑布置困难的基坑。

二、发展与现状

锚杆支护于 19 世纪末 20 世纪初初现雏形,50 年代以前,锚杆只是作为施工过程中的一种临时性措施。50 年代中期,在国外的隧道中开始广泛使用小型永久性的灌浆锚杆喷射混凝土代替以往的隧道衬砌结构。70 年代开始,国外许多大城市修建地下车站或地下建筑物时,大量采用锚杆与地下连续墙联合支护。锚杆支护技术于 60 年代引进我国,经过40 多年的研究与实践,我国锚固技术获得长足的进步,近年来发展尤快。

三、常用锚杆类型

1. 拉力型锚杆与压力型锚杆

锚杆受荷后,杆体总是处于受拉状态。拉力型与压力型锚杆的主要区别在于锚杆受荷后其固定段内的灌浆体分别处于受拉或者受压状态。

拉力型锚杆[见图 8-10(a)]荷载是依赖其固定段杆体与灌浆体接触的界面上的剪应力由顶端向底端传递。锚杆工作时,固定段的灌浆体容易出现张拉裂缝,防腐性能差。

压力型锚杆[见图 8-10(b)]则借助特制的承载体和无黏结钢绞线或带套管钢筋使之与灌浆体隔开,将荷载直接传至底部的承载体,从而由底端向固定段的顶端传递。由于其受荷时固定段的灌浆体受压,不宜开裂,防腐性能好,适用于永久性锚固工程。

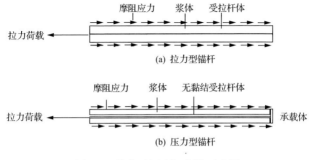

图 8-10 拉力型和压力型锚杆示意图

2. 单孔单一锚固与单孔复合锚固

传统的拉力型与压力型锚杆均属于单孔单一锚固体系。在一个钻孔中只安装一根独立的锚杆,尽管可由多根钢绞线或钢筋构成锚杆杆体,但只有一个统一的自由长段和锚固长度。

单孔复合锚固体系是在同一钻孔中安装几个单元锚杆,而每个单元锚杆均有自己的杆体、自由长度和锚固长度,而且承受的荷载也是通过各自的张拉千斤顶施加,并通过预先的补偿张拉(补偿每个单元在同等荷载下因自由长度不等而引起的位移差)而使所有单元锚杆始终承受相同的荷载。

3. 扩张锚根固定的锚杆

扩张锚根固定的锚杆主要有两种形式:一种是仅在锚根底端扩张成一个大的扩体,称为底端扩体型锚杆;另一种是在锚根(锚固体)上扩成多个扩体,称为多段扩体型锚杆。

底端扩体型锚杆主要用于黏性土中,因为黏性土中形成的孔穴不易坍塌。钻孔底端的孔穴,可用配有绞刀的专用钻机或在钻孔内放置少量炸药爆破形成。用钻机钻孔的主要问题是如何清除孔穴内的松散物料;而用爆破方法来扩张钻孔又只能适应埋置较深的锚杆,因为接近地面(深度小于5m)会加大周围土体的破坏区,影响锚杆的固定强度。

多段扩体型锚杆是采用特制的扩孔器在锚固段上扩成多个圆锥形扩体。

4. 可回收(可拆芯)锚杆

可回收锚杆是指用于临时性工程加固的锚杆,在工程完成后可回收预应力钢筋。可回收锚杆施工使用经过特殊加工的张拉材料、注浆材料和承载体,可分为以下三类:

(1) 机械式可回收锚杆。将锚杆体与机械的联结器联结起来,回收时施加与紧固方向相反力矩,使杆体与机械联结器脱离后取出。如采用全长带有螺纹的预应力钢筋作为拉杆,拆除时,先用空心千斤顶卸荷,然后再旋转钢筋,使其撤出,其构造见图8-11。

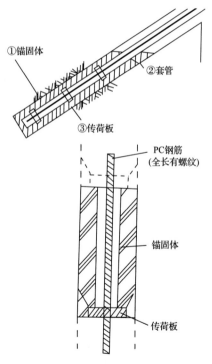

图 8-11　利用螺纹拆除拉杆构造图

（2）化学式可回收锚杆。如用高热燃烧剂将拉杆熔化切断法，在锚杆的锚固段与自由段的连接处先设置有高热燃烧剂的容器，拆除时，通过引燃导线点火，将锚杆在该处熔化切割拔出，见图8-12。

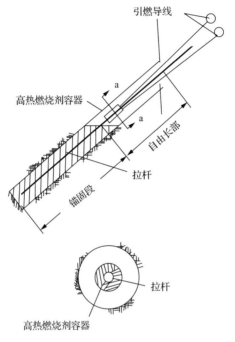

图8-12　燃烧剂设置

（3）力学式可回收锚杆。如使夹具滑落拆除锚杆法，采用预应力钢绞线作为拉杆，靠前在前端的夹具，将荷载传给锚固体。

U型承载体的压力分散型锚杆，采用无黏结钢绞线，使钢绞线与注浆体隔离，将无黏结钢绞线绕过U型承载体弯曲成U型固定在承载体上。回收时分别对每一承载体的钢绞线进行回收，先卸除锚具内同一钢绞线两端头的夹片，对钢绞线的一端用小型千斤顶施加拉力，在钢绞线一端被拉出的同时,另一端的钢绞线被拉入孔内、绕过 U 型承载体后再被拉出孔外。

另有一种装置是对锚杆施加超限应力使锚杆破损而清除,或在锚固体中心处设置一个用合成树脂制成的芯子,用专门拆除用的高速千斤顶可快速地抽芯并隔离 PC 钢筋的黏着力。

(4) 其他锚杆:

1) 自钻式(自进式)锚杆。自钻式锚杆由中空螺纹杆体、钻头、垫板螺母、连接套和定位套组成。钻杆即锚杆杆体,在强度很低和松散地层中钻进不需退出,并可利用中空杆体注浆,避免普通锚杆钻孔后坍塌卡钎及插不进杆体的缺点,先锚后注浆,可提高注浆效果。自钻式锚杆价格较高,限制了它的推广。

2) 中空注浆锚杆。中空注浆锚杆是自钻式锚杆的简化和改型,在钻孔完成后安设,取消了钻头,并将杆体材料由合金钢改为碳素钢,保留了杆体是全螺纹无缝钢管以及有连接套、金属垫板、止浆塞等特点,使其仍可先锚后注浆,继承了注浆压力高、加固效果好等优点,价格比自钻式锚杆低 1/2～2/3。

3) 土中打入式锚杆。土中打入式锚杆也是一种将钻孔、锚杆安装、注浆、锚固合而为一的锚杆,锚杆体使用等截面的钢管取代钢筋。该锚杆的锚固力主要由钢管表面与地层之间的摩擦力提供,钢管一定长度的范围内按一定的密度布置透浆孔,透浆孔的直径一般为 6～8mm,通过钢管杆体进行压力注浆可提高锚固力。该锚杆施工速度快、能及时提供锚固力,可用于各类土层,特别适用于如卵石层、砂砾层、杂填土和淤泥等难以成孔的地层。

四、锚杆的施工

1. 施工准备

为满足设计要求做成可靠的锚杆,必须综合对锚杆使用的目的、环境状况、施工条件等详细制订施工组织设计。锚杆是在复杂的条件下,而且又在不能直接观察的状况下进行,属隐蔽工程,应做好各方面的施工准备工作。主要有场地准备、人员机械材料准备、技术准备、供水供电准备等。

2. 钻孔

锚杆孔的钻凿是锚固工程质量控制的关键工序。应根据地层类型和钻孔直径、长度以及锚杆的类型来选择合适的钻机和钻孔方法。

在黏性土钻孔最合适的是带十字钻头和螺旋钻杆的回转钻机。在松散土和软弱岩层中,最适合的是带球形合金钻头的旋转钻机。在坚硬岩层中的直径较小钻孔,适合用空气冲洗的冲击钻机。钻直径较大钻孔,需使用带金刚石钻头和潜水冲击器的旋转钻机,并采用水洗。

在填土、砂砾层等塌孔的地层中,可采用套管护壁、跟管钻进。也可采用自钻式锚杆或打入式锚杆。

跟管钻进工艺主要用于钻孔穿越填土、砂卵石、碎石、粉砂等松散破碎地层。通常用锚杆钻机钻进,采用冲击器、钻头冲击回转全断面造孔钻进,在破碎地层、造孔的同时,冲击套管管靴使得套管与钻头同步进入地层,从而用套管隔离破碎、松散易坍塌的地层,使得造孔施工得以顺利进行。跟管钻具按结构型式分为两种类型:偏心式跟管钻具和同心跟管钻具。同心跟管钻具使用套管钻头,壁厚较厚,钻孔的终孔直径比偏心式跟管钻具的终孔直径小 10mm 左右。偏心式跟管钻具的终孔直径大(大于套管直径),结构简单、成本低、使用较方便。

3. 锚杆杆体的制作与安装

(1) 锚杆杆体的制作。钢筋锚杆(包括各种钢筋、精轧螺纹钢筋、中空螺纹钢管)的制作相对比较简单,按设计预应力筋长度切割钢筋,按有关规范要求进行对焊或绑条焊或用连接器接长钢筋和用于张拉的螺丝杆。预应力筋的前部常焊有导向帽以便于预应力筋的插入,在预应力筋长度方向每隔 1～2m 焊有对中支架,支架的高度不应小于 25mm,必须满足钢筋保护层厚度的要求。自由段需外套塑料管隔离,对防腐有特殊要求的锚固段钢筋提供双重防腐作用的波形管并注入灰浆或树脂。

钢绞线通常为一整盘方式包装,宜使用机械切割,不得使用电弧切割。杆体内的绑扎材料不宜采用镀锌材料。钢绞线分为有黏结钢绞线和无黏结钢绞线,有黏结钢绞线锚杆制作时应在锚杆自由段的每根钢绞线上施作防腐层和隔离层。

压力分散型锚杆采用无黏结钢绞线,锚固段采用特殊部件和工艺加工制作。也可采用挤压锚头作为承载体形成压力分散型锚杆。

可重复高压灌浆锚杆采用环轴管原理设置注浆套管和特殊的密封及注浆装置,可重复实现对锚固段的高压灌浆处理,大大提高锚杆的承载力。注浆套管是一根直径较大的塑料管,其侧壁每隔1m开有环向小孔,孔外用橡胶环圈盖住,使浆液只能从该管内流入钻孔,不能反向流动。一根小直径的注浆钢管插入注浆套管,注浆钢管前后装有限定注浆段的密封装置,当其位于一定位置的注浆套管的橡胶圈处,在压力作用下即可向钻孔内注入浆液。

(2)锚杆的安装。锚杆安装前应检查钻孔孔距及钻孔轴线是否符合规范及设计要求。

锚杆一般由人工安装,对于大型锚杆有时采用吊装。在进行锚杆安装前应对钻孔重新检查,发现塌孔、掉块时应进行清理。锚杆安装前应对锚杆体进行详细检查,对损坏的防护层、配件、螺纹应进行修复。在推送过程中用力要均匀,以免在推送时损坏锚杆配件和防护层。当锚杆设置有排气管、注浆管和注浆袋时,推送时不要使锚杆体转动,并不断检查排气管和注浆管,以免管子折死、压扁和磨坏,并确保锚杆在就位后排气管和注浆管畅通。在遇到锚索推送困难时,宜将锚索抽出查明原因后再推送。必要时应对钻孔重新进行清洗。

(3)锚头的施工。锚具、垫板应与锚杆体同轴安装,对于钢绞线或高强钢丝锚杆,锚杆体锁定后其偏差应不超过±5°。垫板应安装平整、牢固,垫板与垫墩接触面无空隙。

切割锚头多余的锚杆体宜采用冷切割的方法,锚具外保留长度不应小于 100mm。当需要补偿张拉时,应考虑保留张拉长度。

打筑垫墩用的混凝土标号一般大于 C30,有时锚头处地层不太规则,在这种情况下,为了保证垫墩混凝土的质量,应确保垫墩最薄处的厚度大于 10cm,对于锚固力较高的锚杆,垫墩内应配置环形钢筋。

4. 注浆体材料及注浆工艺

注浆是为了形成锚固段和为锚杆提供防腐蚀保护层,一定压力的注浆还可以使注浆体渗入地层的裂隙和缝隙中,从而起到固结地层、提高地基承载力的作用。水泥砂浆的成分及拌和和注入方法决定了灌浆体与周围岩土体的黏结强度和防腐效果。

(1)水泥浆的成分。灌注锚杆的水泥浆通常采用质量良好新鲜的普通硅酸盐水泥和干净水掺入细沙配制搅拌而成的,必要时可采用抗硫酸盐水泥。水泥龄期不应超过一个月,强度应大于 42.5MPa。

水中不应含有影响水泥正常凝结和硬化的有害物质,不得使用污水。砂的含泥量按重量计不得大于 3%,砂中云母、有机物、硫酸物和硫酸盐等有害物质的含量按重量计不得大于 1%。灰砂比宜为 0.8～1.5,水灰比宜为 0.38～0.5。也可采用水灰比 0.4～0.5 的纯水泥浆。水泥砂浆只能用于一次注浆。

水灰比对水泥浆的质量有着特别重要的作用,过量的水会使浆液产生泌水,降低强度并产生较大收缩,降低浆液硬化后的耐久性,灌注锚杆的水泥浆最适宜的水灰比为 0.4～0.45,采用这种水灰比的灰浆具有泵送所要求的流动度,收缩也小。为了加速或延缓凝固,防止在凝固过程中的收缩和诱发膨胀,当水灰比较小时增加浆液的流动度及预防浆液的泌水等,可在浆液中加入外加剂,如三乙醇胺(早强剂,掺量为水泥重量的 0.05%)、木质磺酸钙(缓凝剂,水泥重量的 0.2%～0.5%)、铝粉(膨胀剂,水泥重量的 0.005%～

0.02%)、UNF-5(减水剂,水泥重量的 0.6%)、纤维素醚(抗泌剂,水泥重量的 0.2%~0.3%)。因使用外加剂的经验有限,不要同时使用数种外加剂以获得水泥浆的综合效应。向搅拌机加入任何一种外加剂,均须在搅拌时间过半后送入;拌好的浆液存放时间不得超过 120min。浆液拌好后应存放于特制的容器内,并使其缓慢搅动。

浆体的强度一般 7d 不应低于 20MPa,28d 不应低于 30MPa;压力型锚杆浆体强度 7d 不应低于 25MPa,28d 不应低于 35MPa。

(2)注浆工艺。水泥浆采用注浆泵通过高压胶管和注浆管注入锚杆孔,注浆泵的操作压力范围为 0.1~12MPa,通常采用挤压式或活塞式两种注浆泵,挤压式注浆泵可注入水泥砂浆,但压力较小,仅适用于一次注浆或封闭自由段的注浆。注浆管一般是直径 12~25mm 的 PVC 软塑料管,管底离钻孔底部的距离通常为 100~250mm,并每隔 2m 左右就用胶带将注浆管与锚杆预应力筋相连。在插入预应力筋时,在注浆管端部临时包裹密封材料以免堵塞,注浆时浆液在压力作用下冲破密封材料注入孔内。

注浆常分为一次注浆和二次高压注浆两种注浆方式:

一次注浆是浆液通过插到孔底的注浆管、从孔底一次将钻孔注满直至从孔口流出的注浆方法。这种方法要求锚杆预应力筋的自由段预先进行处理,采取有效措施确保预应力筋不与浆液接触。

二次高压注浆是在一次注浆形成注浆体的基础上,对锚杆锚固段进行二次(或多次)高压劈裂注浆,使浆液向周围地层挤压渗透,形成直径较大的锚固体并提高锚杆周围地层的力学性能,大大提高锚杆承载能力。通常在一次注浆后 4~24h 进行,具体间隔时间由浆体强度达到 5MPa 左右而加以控制。该注浆方法需随预应力筋绑扎二次注浆管和密封袋或密封卷,注浆完成后不拔出二次注浆管。二次高压注浆非常适用于承载力低的软弱土层中的锚杆。

注浆压力取决于注浆的目的和方法、注浆部位的上覆地层厚度等因素,通常锚杆的注浆压力不超过 2MPa。

锚杆注浆的质量决定着锚杆的承载力,必须做好注浆记录。采用二次注浆时,尤其需做好二次注浆时的注浆压力、持续时间、二次注浆量等记录。

5. 张拉锁定

(1)锚具。锚杆的锚固力用锚具通过张拉锁定来实现,锚具的类型与预应力筋的品种相适应,主要有以下几种类型:用于锁定预应力钢丝的墩头锚具、锥形锚具,用于锁定预应力钢绞线的挤压锚具。锚具应满足分级张拉、补偿张拉等张拉工艺要求,并具有能放松预应力筋的性能。

(2)垫板。锚杆用垫板的材料一般为普通钢板,外形为方形,其尺寸大小和厚度应由锚固力的大小确定,为了确保垫板平面与锚杆的轴线垂直和提高锚墩的承载力,可使用与钻孔直径相匹配的钢管焊接成套筒垫板。

(3)张拉。当注浆体达到设计强度的 80% 后可进行张拉。一次性张拉较方便,但是这种张拉方法存在许多不可靠性。因为高应力锚杆有许多根钢绞线组成,要保证每一根钢绞线受力的一致性是不可能的,特别是很短的锚杆,其微小的变形可能会出现很大的应力变化,需逐根进行预张拉,再实施整体张拉以减小锚杆整体的受力不均匀性。

采用单根预张拉后再整体张拉的施工方法,可以大大减小应力不均匀现象。另外,使用小型千斤顶进行单根对称和分级循环的张拉方法同样有效,但这种方法在张拉某一根钢绞线时会对其他的钢绞线产生影响。分级循环次数越多,其相互影响和应力不均匀性越小。在实际工程中,根据锚杆承载力的大小一般分为 3~5 级。

考虑到张拉时应力向远端分布的时效性,以及施工的安全性,加载速率不宜太快,并且在达到每一级张拉应力的预定值后,应使张拉设备稳压一定时间,在张拉系统出力值不变时,确信油压表无压力向下漂移后再进行锁定。

张拉应力的大小应按设计要求进行,对于临时锚杆,预应力不宜超过锚杆材料强度标准值的 65%,由于锚具回缩等原因造成的预应力损失采用超张拉的方法克服,超张拉值一般为设计预应力的 5%～10%。

为了能安全地将锚杆张拉到设计应力,在张拉时应遵循以下要求:

1) 根据锚杆类型及要求,可采取整体张拉、先单根预张拉然后整体张拉或单根-对称-分级循环张拉方法。

2) 采用先单根预张拉然后整体张拉的方法时,锚杆各单元体的预应力值应当一致,预应力总值不宜大于设计预应力的 10%,也不宜小于 5%。

3) 采用单根-对称-分级循环张拉的方法时,不宜少于三个循环,当预应力较大时不宜少于四个循环。

4) 张拉千斤顶的轴线必须与锚杆轴线一致,锚环、夹片和锚杆张拉部分不得有泥沙、锈蚀层或其他污物。

5) 张拉时,加载速率要平缓,速率宜控制在设计预应力值的 0.1/min 左右,卸荷载速率宜控制在设计预应力值的 0.2/min。

6) 在张拉时,应采用张拉系统出力与锚杆体伸长值来综合控制锚杆应力,当实际伸长值与理论值差别较大时,应暂停张拉,待查明原因并采取相应措施后方可进行张拉。

7) 预应力筋锁定后 48h 内,若发现预应力损失大于锚杆拉力设定值的 10%,应进行补偿张拉。

8) 锚杆的张拉顺序应避免相近锚杆相互影响。

9) 单孔复合锚固型锚杆必须先对各单元锚杆分别张拉,当各单元锚杆在同等荷载条件下因自由长度不等引起的弹性伸长差得到补偿后,方可同时张拉各单元锚杆。先张拉最大自由长度的单元锚杆,最后张拉最小自由长度的单元锚杆,再同时张拉全部单元锚杆。

10) 为了确保张拉系统能可靠的进行张拉,张拉千斤顶的额定出力值一般不应小于锚杆设计预应力值的 1.5 倍。张拉系统应能在额定出力范围内以任一增量对锚杆进行张拉,且可在中间相对应荷载水平上进行可靠稳压。

6. 配件

锚杆配件主要为导向帽、隔离支架、对中支架和束线环。

导向帽主要用于钢绞线和高强钢丝制作的锚杆,其功能是便于锚杆推送。导向帽材料可使用一般的金属薄板或相应的钢管制作。

隔离支架作用是使锚固段各钢绞线相互分离,以保证使锚固段钢绞线周围均有一定厚度的注浆体覆盖。

对中支架用于张拉段,其作用是使张拉段锚杆体在孔中居中,以使锚杆体被一定厚度的注浆体覆盖。隔离支架和对中支架位于锚杆体上,均属锚杆的重要配件。

永久锚杆的隔离和对中装置应使用耐久性和耐腐性良好,且对锚杆体无腐蚀性的材料,一般宜选用硬质材料。

7. 锚杆的腐蚀与防护

锚杆防腐处理的可靠性及耐久性是影响锚杆使用寿命的重要因素之一。防腐处理应保证锚杆各段内不出现杆体材料局部腐蚀现象。

永久性锚杆的防腐处理应符合下列规定:

(1) 非预应力锚杆的自由段位于土层中时,可采用除锈、刷沥青船底漆、沥青玻纤布缠裹其层数不少于二层。

(2) 对采用钢绞线、精轧螺纹钢制作的预应力锚杆,其自由段可按上述第(1)条进行防腐处理后装入套管中;自由段套管两端 100~200mm 长度范围内用黄油填充,外绕扎工程胶布固定。

(3) 对于无腐蚀性岩土层的锚固段应除锈,砂浆保护层厚度不小于 25mm。

(4) 对位于腐蚀性岩层内的锚杆的锚固段和非锚固段,应采取特殊防腐蚀处理。

(5) 经过防腐蚀处理后,非预应力锚杆的自由段外端应埋入钢筋混凝土构件 50mm 以上;对预应力锚杆,其锚头的锚具经除锈、涂防腐漆后应采用钢筋网罩、现浇混凝土封闭,且混凝土强度等级不低于 C30,厚度不小于 100mm,混凝土保护层厚度不应小于 50mm。

临时性锚杆的防腐蚀可采取下列处理措施：

（1）非预应力锚杆的自由段，可采用除锈后刷沥青防锈漆处理；

（2）预应力锚杆的自由段，可采用除锈后刷沥青防锈漆或加套管处理；

（3）外锚头可采用外涂防腐材料或外包混凝土处理。

锚杆可自由拉伸部分的隔离防护层主要由塑料套管和油脂组成，油脂的作用是润滑和防腐。临时锚杆可以使用普通黄油，但用于永久性工程的锚杆，不宜使用黄油，因为黄油中还有水分和对金属腐蚀的有害元素，当油脂老化时将分离出水和皂状物质，使原来的油脂失去润滑作用，所以永久锚杆应选用无黏结预应力筋专用防腐润滑脂。

垫板下部的防腐处理不应影响锚杆的性能，对于自由段，防腐处理后的锚杆体应能自由收缩，对垫板下部注入油脂，且要求油脂充满空间。

8. 锚杆试验

对已施工的锚杆进行确认检验，本书指验收试验。

预应力锚杆的验收试验锚杆数量不少于锚杆总数的15%，且不得少于3根。

9. 锚杆预应力的变化

锚杆监测的目的是掌握锚杆预应力或位移变化规律，确认锚杆的长期工作性能。必要时，可根据监测结果，采取二次张拉锚杆或增设锚杆等措施，以确保锚固工程的可靠性。

永久性预应力锚杆及用于重要工程的临时性锚杆，应对其预应力变化进行长期监测。永久性预应力锚杆的监测数量不应少于锚杆数量10%，临时性预应力锚杆的检测数量不应少于锚杆数量的5%。预应力变化值不宜大于锚杆设计拉力值的10%，必要时可采取重复张拉或适当放松的措施以控制预应力值的变化。

一般锚杆预应力变化控制范围为锁定荷载的10%，超过这一范围应查找原因，必要时可重新张拉（增加或降低预应力）或增加锚杆数量。锚杆预应力变化的控制方法主要有：

（1）预应力筋采用低松弛钢绞线。

（2）确定适宜的锚杆锁定荷载。

（3）采用能缓减地层应力集中的措施。如对坚硬岩石，充满黏土的节理裂隙性岩体在荷载作用下的塑性压缩变形往往会引起明显的预应力损失，因而预先要用短锚杆加固与锚杆传力系统接触的破碎岩体；传力结构应具有足够的刚度并与地层有足够的接触面积；采用单孔复合锚固结构，使锚固体内剪应力得以均匀分布，都有助于减少地层的徐变变形及锚杆的预应力损失。

（4）实施二次张拉。在锚杆锁定 7～10d 后对锚杆实施二次张拉可有效降低预应力损失。还可对预应力增加较大的锚杆实施放松措施，以降低其预应力值。

（5）合适的施工工艺。对徐变变形明显的地层宜采用二次高压灌浆工艺；锚杆张拉时，先单根预张拉，再整体张拉，使各钢绞线的应力平均。

第六节　逆作（筑）法

一、原理

对于深度大的多层地下室结构，传统的方法是开敞式自下而上施工，即放坡开挖或支护结构围护后垂直开挖，挖土至设计标高后，浇筑混凝土底板，然后自下而上逐层施工各层地下室结构，出地面后再逐层进行地上结构施工。

逆作（筑）法的工艺原理是：在土方开挖之前，先沿建筑物地下室轴线（适用于两墙合一情况）或建筑物周围（地下连续墙只用作支护结构）浇筑地下连续墙，作为地下室的边墙或基坑支护结构的围护墙，同时在建筑物内部的有关位置（多为地下室结构的柱子或隔墙处，根据需要经计算确定）浇筑或打下中间支承柱（亦称中柱桩）。然后开挖土方至地下一层顶面底标高处，浇筑该层的楼盖结构（留有部分工作孔），这样已完成的地下一层顶面楼盖结构即用作周围地下连续墙刚度很大的支撑。然后人和设备通过工作孔下去逐层向下施工各层地下室结构。与此同时,由于地下一层的顶面楼盖结构已完成,为进行上部结构施工创造了条件,所以在向下施工各层地下室结构时可同时向上逐层施工地上结构,这样上、下同时进行施工,直至工程结束。但是在地下室浇筑混凝土底板之前,上部结构允许施工的层数要经计算确定。

逆作法施工,根据地下一层的顶板结构封闭还是敞开,分为封闭式逆作法和敞开式逆作法:前者在地下一层的顶板结构完成后,上部结构和地下结构可以同时进行施工,有利于缩短总工期;后者上部结构和地下结构不能同时进行施工,只是地下结构自上而下的逆向逐层施工。

还有一种方法称为半逆作法,又称局部逆作法。其施工特点是:开挖基坑时,先放坡开挖基坑中心部位的土体,靠近围护墙处留土以平衡坑外的土压力,待基坑中心部位开挖至坑底后,由下而上顺作施工基坑中心部位地下结构至地下一层顶,然后同时浇筑留土处和基坑中心部位地下一层的顶板,用作围护墙的水平支撑,而后进行周边地下结构的逆作施工,上部结构亦可同时施工。

根据上述逆作法的施工工艺原理,可以看出逆作法具有下述特点:

(1)缩短工程施工的总工期。具有多层地下室的高层建筑,如采用传统方法施工,其总工期为地下结构工期加地上结构工期,再加装修等所占之工期。而用封闭式逆作法施工,一般情况下只有地下一层占部分绝对工期,而其他各层地下室可与地上结构同时施工,不占绝对工期,因此可以缩短工期的总工期。地下结构层数越多,工期缩短越显著。

(2)基坑变形小,减少深基坑施工对周围环境的影响。采用逆作法施工,是利用地下室的楼盖结构作为支护结构地下连续墙的水平支撑体系,其刚度比临时支撑的刚度大得多,而且没有拆撑、换撑工况,因而可减少围护墙在侧压力作用下的侧向变形。此外,挖土期间用作围护墙的地下连续墙,在地下结构逐层向下施工的过程中,成为地下结构的一部分,而且与柱(或隔墙)、楼盖结构共同作用,结果可减少地下连续墙的沉降,即减少了竖向变形。这一切都使逆作法施工可最大限度地减少对周围相邻建筑物、道路和地下管线的影响,在施工期间可保证其正常使用。

(3)简化基坑的支护结构,有明显的经济效益。采用逆作法施工,一般地下室外墙与基坑围护墙采用两墙合一的形式,一方面省去了单独设立的围护墙,另一方面可在工程用地范围内最大限度扩大地下室面积,增加有效使用面积。此外,围护墙的支撑体系由地下室楼盖结构代替,省去大量支撑费用。而且楼盖结构即支撑体系,还可以解决特殊平面形状建筑或局部楼盖缺失所带来的布置支撑的困难,并使受力更加合理。由于上述原因,再加上总工期的缩短,因而在软土地区对于具有多层地下室的高层建筑,采用逆作法施工具有明显的经济效益。

(4)施工方案与工程设计密切有关。按逆作法进行施工,中间支承柱位置及数量的确定、施工过程中结构受力状态、地下连续墙和中间支承柱的承载力以及结构节点构造、软土地区上部结构施工层数控制等,都与工程设计密切有关,需要施工单位与设计单位密切结合研究解决。

(5)施工期间楼面恒载和施工荷载等通过中间支承柱传入基坑底部,压缩土体,可减少土方开挖后的基坑隆起。同时中间支承柱作为底板的支点,使底板内力减小,而且无抗浮问题存在,使底板设计更合理。

对于具有多层地下室的高层建筑采用逆作法施工虽有上述一系列优点,但逆作法施工和传统的顺作法相比,亦存在一些问题,主要表现在以下几方面:

(1)由于挖土是在顶部封闭状态下进行,基坑中还分布有一定数量的中间支承柱(中柱桩)和降水用井点管,使挖土的难度增大,在目前尚缺乏小型、灵活、高效的小型挖土机械情况下,多利用人工开挖和运输,虽然费用不高,但机械化程度较低。

(2)逆作法用地下室楼盖作为水平支撑,支撑位置受地下室层高的限制,无法调整。如遇较大层高的地下室,有时需另设临时水平支撑或加大围护墙的断面及配筋。

(3) 逆作法施工需设中间支承柱,作为地下室楼盖的中间支承点,承受结构自重和施工荷载。如数量过多施工不便。在软土地区由于单桩承载力低,数量少会使底板封底之前上部结构允许施工的高度受限制,不能有力地缩短总工期,如加设临时钢立柱,则会提高施工费用。

(4) 对地下连续墙、中间支承柱与底板和楼盖的连接节点需进行特殊处理。在设计方面尚需研究减少地下连续墙(其下无桩)和底板(软土地区其下皆有桩)的沉降差异。

(5) 在地下封闭的工作面内施工,安全上要求使用低于36V的低电压,为此则需要特殊机械。有时还需增设一些垂直运输土方和材料设备的专用设备。还需增设地下施工需要的通风、照明设备。

二、逆作(筑)法施工

(一)施工前准备工作

1. 编制施工方案

在编制施工方案时,根据逆作法的特点,要选择逆作施工形式、布置施工孔洞、布置上人口、布置通风口、确定降水方法、拟定中间支承柱施工方法、土方开挖方法以及地下结构混凝土浇筑方法等。

2. 选择逆作施工形式

前面介绍了逆作法分为"封闭式逆作法""开敞式逆作法"和"半逆作法"三种施工形式。

从理论上讲,"封闭式逆作法"由于地上、地下同时交叉施工,可以大幅度缩短工期。但由于地下工程在封闭状态下施工,给施工带来一定不便:通风、照明要求高;中间支承柱(中柱桩)承受的荷载大,其数量相对增多、断面增大;增大了工程成本。因此,对于工期要求短,或经过综合经济比较经济效益显著的工程,在技术可行的条件下应优先选用封闭式逆作法。当地下室结构复杂、工期要求不紧、技术力量相对不足时,应考虑开敞式逆作法或半逆作法,半逆作法多用于地下结构面积较大的工程。

3. 施工洞孔布置

封闭式逆作法施工,需布置一定数量的施工洞孔,以便出土、机械和材料出入;施工人员出入和进行通风。主要有出土口、上人口和通风口。

(1) 出土口。出土口的作用,是开挖土方的外运、施工机械和设备的吊入和吊出,模板、钢筋、混凝土等的运输通道,开挖初期施工人员的出入口。

出土口的布置原则是:应选择结构简单、开间尺寸较大,靠近道路便于出土,有利于土方开挖后开拓工作面,便于完工后进行封堵处。要根据地下结构布置、周围运输道路情况等研究确定。

(2) 上人口。在地下室开挖初期,一般都利用出土口同时用作进人口,当挖土工作面扩大之后,宜设置上人口,一般一个出土口宜对应设一个进人口。

(3) 通风孔。地下室在封闭状态下开挖土方时,不能形成自然通风,需要进行机械通风。通风口分进风口和排风口,一般情况下出土口就作为排风口,在地下室楼板上另预留孔洞作为通风管道入口。随着地下挖土工作面的推进,当露出送风口时,及时安装大功率轴流风机,启动风机向地下施工操作面送风,清新空气由各送风口流入,经地下施工操作面从排风口(出土口)流出,形成空气流通,保证施工作业面的安全。

送风口的数量目前不进行定量计算,一般其间距不宜大于10m,上海恒基大厦进行封闭式逆作法施工时,按8.5m间距设置送风口。

一般情况下,逆作法施工中的通风设计和施工应注意以下各点:

1) 在封闭状态下挖土,尤其是目前我国多以人力挖土为主,劳动力比较密集,其换气量要大于一般隧道和公共建筑的换气量;

2) 送风口应使风吹向施工操作面,送风口距离施工操

作面的距离一般不宜大于 10m,否则应接长风管;

3) 单件风管的重量不宜太大,要便于人力拆装;

4) 进风口距排风口(出土口)的距离应大于 20m,且高出地面 2m 左右,保证送入新鲜空气;

5) 为便于已完工楼板上的施工操作,在满足通风需要的前提下,宜尽量减少预留放风孔洞的数量。

(二) 中间支承柱(中柱桩)施工

底板以上的中间支承柱的柱身,多为钢管混凝土柱或 H 型钢柱,断面小而承载能力大,而且也便于与地下室的梁、柱、墙、板等连接。

由于中间支承柱上部多为钢柱,下部为混凝土柱,所以,多用灌筑桩方法进行施工,成孔方法视土质和地下水位而定。

在泥浆护壁下用反循环或正循环潜水电钻钻孔时,顶部要放护筒,钻孔后吊放钢管、型钢。钢管、型钢的位置要十分准确,否则与上部柱子不在同一垂线上对受力不利。因此钢管、型钢吊放后要用定位装置,否则用传统方法控制型钢或钢管的垂直度,其垂直误差在 1/300 左右。传统方法是在相互垂直的两个轴线方向架设经纬仪,根据上部外露钢管或型钢的轴线校正中间支承柱的位置。由于只能在柱上端进行纠偏,下端的误差很难纠正,因而垂直度误差较大。

中间支承柱(中柱桩)亦可用套管式灌筑桩成孔方法(图 8-13)它是边下套管、边用抓斗挖孔。由于有钢套管护壁可用串筒浇筑混凝土,亦可用导管法浇筑,要边浇筑混凝土边上拔钢套管。支承柱上部用 H 型钢或钢管,下部浇筑成扩大的桩头。混凝土柱浇至底板标高处,套管与 H 型钢间的空隙用砂或土填满,以增加上部钢柱的稳定性。

有时中间支承柱用预制打入桩(多数为钢管桩),则要求打入桩的位置十分准确,以便处于地下结构柱、墙的位置,且要便于与水平结构的连接。

逆作法施工,对中间支承柱(中柱桩)的施工质量要求要高于常规施工方法。参照国内外已施工的逆作法工程,对中间支承柱的质量要求如下:

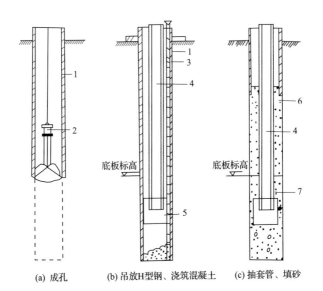

(a) 成孔   (b) 吊放H型钢、浇筑混凝土   (c) 抽套管、填砂

图 8-13　中间支承柱用大直径套管式灌柱桩施工

1—套管；2—抓斗；3—混凝土导管；4—H 型钢；

5—扩大的桩头；6—填砂；7—混凝土柱

1. 挖孔中间支承柱(中柱桩)

(1) 平面位移≤10mm,垂直度≤1/1000；

(2) 截面尺寸误差在−5～+8mm 内；

(3) 预埋铁件中心线位移≤10mm；

(4) 预埋螺栓预埋孔中心线误差≤5mm。

2. 钻孔灌筑桩中间支承柱

(1) 平面位移≤50mm,垂直度≤1/300；

(2) 截面尺寸≤20mm；

(3) 钢筋入槽深度≤10mm；

(4) 塌壁、扩孔≤100mm。

3. 型钢中间支承柱

(1) 根据上海地铁 H 型钢中柱桩的实测数据,当产生 20mm 的双向偏心时,柱身应力较轴心受力时增大 30%～45%；40mm 双向偏心时,增大 60%～100%。因而中柱桩的平面位移应≤20mm,垂直度≤1/600。

（2）截面制作尺寸误差≤2mm。

（三）降低地下水

在软土地区进行逆作法施工,降低地下水位是必不可少的。通过降低地下水位,使土壤产生固结,可便于在封闭状态下挖土和运土,可减少地下连续墙的变形,更便于地下室各层楼盖利用土模进行浇筑,防止底模沉陷过大,引起质量事故。

由于用逆作法施工的地下室一般都较深,在软土地区施工多采用深井泵或加真空的深井泵进行地下水位降低。

确定深井数量时要合理有效,不能过多亦不能过少。因为深井数量过多,间隔小,一方面费用高,另一方面会给地下室挖土带来困难。由于挖土和运土时都不允许碰撞井管,会使挖土效率降低。但如深井数量过少,则降水效果差,或不能完全覆盖整个基坑,致使坑底土质松软,不利于在坑底土体上浇筑楼盖。

在布置井位时要避开地下结构的重要构件,如梁等。因此要用经纬仪精确定位,误差宜控制在 20mm 以内,定位后埋设成孔钢护筒,成孔机械就位后要用经纬仪校正钻杆的垂直度。成孔后清孔,吊放井管时要在井管上设置限位装置,以确保井管在井孔的中心。在井四周填砂时,要四周对称填砂,确保井位居中。

降水时,一定要在坑内水位降至各工况挖土面以下 1m,方可进行挖土。在降水过程中,要定时观察、记录坑内外的水位,以便掌握挖土时间和降水的速度。

（四）地下室土方开挖

在封闭式逆作法中,挖土是在封闭环境中进行,有一定的难度。在逆作法的挖土过程中,随着挖土的进展和地下、地上结构的浇筑,作用在周边地下连续墙和中间支承柱(中柱桩)上的荷载越来越大。挖土周期过长,不但因为软土的时间效应会增大围护墙的变形,还可能造成地下连续墙和中间支承柱间的沉降差异过大,直接威胁工程结构的安全和周围环境的保护。

在确定出土口之后，要在出土口上设置提升设备，用来提升地下挖土集中运输至出土口处的土方，并将其装车外运。

挖土要在地下室各层楼板浇筑完成后，在地下室楼板底下逐层挖土。

各层的地下挖土，先从出土口处开始，形成初始挖土工作面后，再向四周扩展。挖土采用"开矿式"逐皮逐层推进，挖出的土方运至出土口处提升外运。

在挖土过程中要保护深井泵管，避免碰撞失效。同时要进行工程桩的截桩（如果工程桩是钻孔灌注桩等）。

挖土可用小型机械或人力开挖。小型高效的机械开挖，优点是效率高、进度快，有利于缩短挖土周期。但缺点是在地下封闭环境中挖土，又存在工程桩和深井泵管，各种障碍较多，难以高效率的挖土，遇有工程桩和深井泵管，需先凿桩和临时解除井管，然后才能挖土；机械在坑内的运行，会扰动坑底的原土，如降水效果不十分好时，会使坑底土壤松软泥泞，影响楼盖的土模浇筑；柴油挖土机在施工过程中会产生废气污染，加重通风设备的负担。

人力挖土和运土便于绕开工程桩、深井泵管等障碍物；对坑底土壤扰动少；随着挖土工作面的扩大，可以投入大量人力挖土，施工进度可以控制；从目前我国情况看，在挖土成本方面，用人力比机械更便宜。由于上述原因，目前我国在逆作法的挖土工序上，主要采用人力挖土。

挖土要逐皮逐层进行，开挖的土方坡面不宜大于 $75°$，防止塌方，更严禁掏挖，防止土方塌落伤人。

人力挖土多采用双轮手推车运土，沿运输路线上均应铺设脚手板，以利于坑底土方的水平运输。

（五）地下室结构施工

根据逆作法的施工特点，地下室结构不论是哪种结构型式都是由上而下分层浇筑的。地下室结构的浇筑尽可能利用土模浇筑梁板楼盖结构。

对于地面梁板或地下各层梁板，挖至其设计标高后，将土面整平夯实,浇筑一层 C10 厚约 100mm 的素混凝土(土质好抹一层砂浆亦可),然后刷一层隔离层,即成楼板模板。对于梁模板,如土质好可用土胎模,按梁断面挖出槽穴[图 8-14(b)]即可,如土质较差可用模板搭设或砖砌筑梁模板[图 8-14(a)]。所浇筑的素混凝土层,待下层挖土时一同挖去。

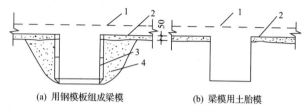

(a) 用钢模板组成梁模　　　　(b) 梁模用土胎模

图 8-14　利用土模浇筑梁板

1—楼板面;2—素混凝土层与隔离层;3—钢模板或砖砌筑;4—填土

至于柱头模板如图 8-15 所示,施工时先把柱头处的土挖出至梁底以下 500mm 左右为止,设置柱子的施工缝模板,为使下部柱子易于浇筑,该模板宜呈斜面安装,柱子钢筋通穿模板向下伸出接头长度,在施工缝模板上面组装立柱头模板与梁模板相连接。如土质好柱头可用土胎模,否则就用模板搭设。下部柱子挖出后搭设模板进行浇筑。

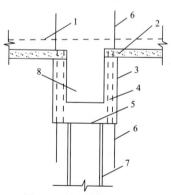

图 8-15　柱头模板与施工缝

1—楼板面;2—素混凝土层与隔离层;3—柱头模板;4—预留浇筑孔;
5—施工缝;6—柱筋;7—H 型钢;8—梁

施工缝处的浇筑方法,国内外常用的方法有三种,即直接法、充填法和注浆法。

直接法[图 8-16(a)]即在施工缝下部继续浇筑混凝土时,仍然浇筑相同的混凝土,有时添加一些铝粉以减少收缩。为浇筑密实可做出一假牛腿,混凝土硬化后可凿去。

充填法[图 8-16(b)]即在施工缝处留出充填接缝,待混凝土面处理后,再于接缝处充填膨胀混凝土或无浮浆混凝土。

注浆法[图 8-16(c)]即在施工缝处留出缝隙,待后浇混凝土硬化后用压力压入水泥浆充填。

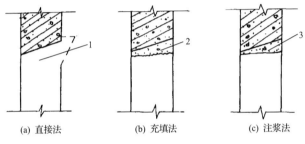

(a) 直接法   (b) 充填法   (c) 注浆法

图 8-16　施工缝处的浇筑方法
1—浇筑混凝土;2—充填无浮浆混凝土;3—压入水泥浆

在上述三种方法中,直接法施工最简单,成本亦最低。施工时可对接缝处混凝土进行二次振捣,以进一步排除混凝土中的气泡,确保混凝土密实和减少收缩。

钢筋的连接,可用电焊和机械连接(锥螺纹连接、套筒挤压连接)。由于焊接时产生废气,封闭施工时对环境污染较大,宜少用。

混凝土的输送宜采用混凝土泵,用输送管直接输送至浇筑地点。由于逆作法施工工程的挖深一般较大,对于向下配管,《混凝土泵送施工技术规程》(JGJ/T 10—2011)已有明确规定:倾斜向下配管时,应在斜管上端设排气阀;当高差大于 20m 时,应在斜管下端设 5 倍高差长度的水平管;如条件限制,可增加弯管或环形管,满足 5 倍高差长度要求。斜管下端水平管的长度实际上还与混凝土的坍落度有关,它随混凝土坍落度的减小而缩短。当不能满足规程上的规定时,宜设法减小混凝土的坍落度。

至于竖向结构混凝土的浇筑方法,由于混凝土是从顶部的侧面入仓,为便于浇筑和保证连接处的密实性,除对竖向钢筋的间距适当调整外,竖向结构顶部的模板宜做成喇叭形。

由于上、下层竖向结构的结合面在上层构件的底部,再加上地面土的沉降和刚浇筑混凝土的收缩,在结合面处易出现缝隙,这对于受压构件是不利的。为此,宜在结合面处的模板上预留若干压浆孔,需要时可用压力灌浆消除缝隙,保证竖向结构连接处的密实性。

（六）施工中结构沉降控制

结构的沉降控制是逆作法施工的关键问题之一。进行逆作法施工时,在地下室底板浇筑并达到要求的强度之前,地上、地下的结构自重和施工荷载全部由中间支承柱(中柱桩)和周边的地下连续墙入土部分的摩阻力和端承力来承受,端承力还需上部荷载达到一定数值后才能发挥作用。在逆作法施工过程中,随着上部结构施工层数的增加,作用在中间支承柱和地下连续墙上的荷载逐渐增加;随着地下室开挖深度的逐渐增大,中间支承柱和地下连续墙与土的摩擦接触面亦逐渐减少,使其承载力逐渐降低。同时随着土方的开挖,其卸载作用还会引起坑底土体的回弹,使中间支承柱有抬高的趋势。由于逆作法施工中间支承柱上的荷载逐渐增大,土体回弹的作用不如一般基坑开挖那样明显。

由于上述地下连续墙、中间支承柱荷载的增加和承载力的降低,在整个结构平面内是不均匀的,因而会引起结构在施工期间的不均匀沉降。结构分析表明,当地下连续墙与中间支承柱的沉降差以及相邻中间支承柱的沉降差超过20mm时,在水平结构中将产生过大的附加应力,因此一般规定沉降差不得超过20mm,以确保结构的安全。

根据上述20mm的极限沉降差,再参照地质勘探报告提供的地基土壤摩擦力、工程桩的试桩求得的 $P\text{-}s$ 曲线，以及其类似工程地下连续墙的垂直荷载与沉降关系的数据等，通过计算机模拟计算，可求得施工各工况下地下连续墙和中间支承柱的沉降值，以此确定在地下室底板浇筑之前上部结构允许施工的高度。

在逆作法施工过程中，应在中间支承柱和地下连续墙上设置沉降观测点，采用二次闭合测量和进行观测数据的处理，以提高数据的真实性。利用沉降的观测数据和模拟计算沉降数据的对比，可以观察出施工期间地下连续墙和各中间支承柱的沉降发展趋势，需要时可采取有效的技术措施控制沉降差的发展。

第九章

加 筋 土 挡 墙

第一节 概 述

加筋土挡墙系由填土和在填土中布置一定量的带状筋体(或称拉筋)以及直立的墙面板三部分组成一个整体的复合结构。这种结构内部存在的墙面土压力、拉筋的拉力及填料与拉筋间的摩擦力等相互作用的内力互相平衡,保证了这个复合结构的内部稳定。同时,加筋土挡墙这一复合结构要能抵抗拉筋尾部后面填土所产生的测压力,即为加筋土挡墙的外部稳定,从而使整个复合结构稳定。

加筋土是 1965 年法国 Henri Vidal 首创,我国 20 世纪 70 年代末期开始推广应用,现已成为一项十分成熟的地基处理技术。见图 9-1 加筋土示意图。

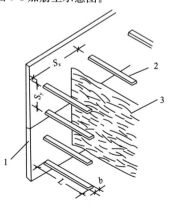

图 9-1 加筋土结构物的剖面示意图

1—面板;2—拉筋;3—填料

第二节　加筋土挡墙的优点

可充分利用材料性能，以及土与拉筋的共同作用，使挡墙结构轻型化，其体积仅相当于重力或挡墙结构的 3%～5%，对地基土的要求也较低。

加筋土的墙面和拉筋由工厂预制，可实现工厂化生产，节省劳力，加速工程进度，降低施工成本。

适应性强，加筋为柔性材料，可以承受地基较大的变形，它所容许的沉降比传统的挡墙大，因而更适合在柔软地基上进行构筑。

加筋土用于重力式构筑物，墙面垂直，占地面积小，减少土方量，挡墙面板薄，基础尺寸小，可节省工程投资 20%～60%，而且理论上可不受高度限制。

作为挡土结构，面板的形式可按需要进行美化设计，拼接完成后造型美观，用于城市建筑工程，有利于美化城市。

第三节　加固机理及适用范围

松散土壤在自重作用下堆放就成为具有天然安息角的斜坡面，但若在土中分层加埋水平拉筋时，则拉筋与土层之间由于土自重面压紧，故而使土和拉筋之间的摩擦充分起作用，可阻止土颗粒的移动，其横向变形等于拉筋的伸长变形，一般拉筋的弹性系数比土的变形系数大得多，故侧向变形可忽略不计，因而能使土体保持直立和稳定。

加筋土挡墙适用于山区或城市道路的挡土墙、护坡、路堤、桥台、河坝以及水工结构和工业结构等工程，图 9-2 为加筋土的部分应用，此外还可用于处理滑坡。

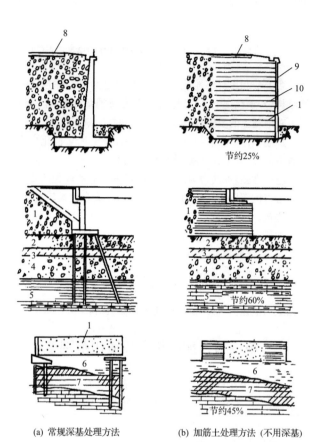

(a) 常规深基处理方法　　　(b) 加筋土处理方法 (不用深基)

图 9-2　加筋土的应用

1—填土；2—矿渣；3—粉土；4—砾石；5—泥灰岩；6—近代冲积层；
7—白垩土；8—公路；9—面板；10—拉筋

第四节　加筋土材料及构造要求

一、加筋土材料

拉筋材料要求抗拉强度高，延伸率小，耐腐蚀和有一定的柔韧性。多采用镀锌带钢（截面 5mm×40mm 或 5mm×

60mm)铝合金钢带和不锈带钢、Q235 钢条、尼龙绳、玻璃纤维和土工合成材料等。有的地区就地取材,也有采用竹筋、包装用塑料带、多孔废钢片、钢筋混凝土代用,效果亦好,可满足要求。

回填土料,宜优先采用一定级配的砾砂土或砂类土,有利于压实和与拉筋间产生良好的摩阻力,也可采用碎石土、黄土、中低液限黏性土等,但不得使用腐殖土、冻土、白垩土及硅藻土等,以及对拉筋有腐蚀性的土。

二、构造要求

面板设计应满足坚固、美观、运输方便和安装容易等要求,同时要求能承受拉筋一定距离的内部土引起的局部应力集中。面板的形式有十字形、槽形、六角形、L 形、矩形、Z 形等,一般多用十字形,其高度和宽度为 500～1500mm,厚度为 80～250mm。面板上的拉筋节点可采用预锚拉环、钢板锚头或留穿筋孔等形式。钢拉环应采用直径不小于 10mm 的HPB235 级钢筋,钢板锚头采用厚度不小于 3mm 的钢板,露于混凝土外部部分应做防锈处理,土工聚合物与钢拉环的接触面应做隔离处理。十字形面板与拉筋连接多在两侧预留小孔,内插销子,将面板竖向相联锁起来(图 9-3)。面板与拉筋的连接处必须能承受施工设备和面板附近回填土压密时所产生的应力。

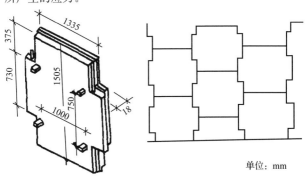

单位: mm

图 9-3 预制混凝土面板的拼装

拉筋的锚固长度 L 一般由计算确定,但是还要满足 $L \geqslant 0.7H$(H—挡土墙高度)的构造要求。

第五节 加筋土施工工艺

一、施工准备

施工前应熟悉设计图纸,组织劳力、机械设备、运输车辆等和材料的储备工作。

测量放线:测定加筋挡土墙面板的基线,直线段 20m 设一桩,曲线段 10m 设一桩,可根据地形适当调整加桩。测量出加筋挡土墙基础标高。

二、施工方法

1. 施工流程

加筋挡土墙主要施工工艺流程见图 9-4。

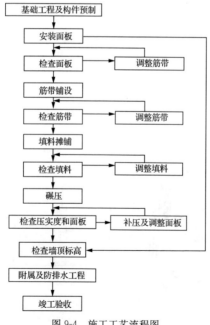

图 9-4 施工工艺流程图

2. 面板基础

(1) 基槽应按设计图纸要求开挖到设计标高,槽底平面尺寸一般大于基础外缘 30cm。

(2) 基础和墙体及压顶按 10～20m 长分段设置沉降缝,分段处缝宽 20mm,用沥青木丝板嵌满缝,面板沉降缝与基础及扩大基础沉降缝应保持一致。

(3) 每一分段基础顶面应位于同一水平面上,当基础置于坡面上时,应分台阶布置,台阶高宽比不小于 1：2 且应符合面板模数,台阶最小水平宽度不小于 2m。当面板基础直接置于土层上时应设置混凝土垫层,垫层不小于 200mm 厚,强度不低于 C15,基础直接置于岩层或片石扩大基础顶面时,可不设垫层。

(4) 地面横坡缓于 1：5 时,清除地表草皮、腐殖土,并将地基表层碾压密实。压实度不应小于 90%。地面横坡为 1：5～1：2.5 时,原地面应开挖台阶,台阶宽度不小于 2m。当基岩面上的覆盖层较薄时,宜先清除覆盖层再挖台阶;当覆盖层较厚且稳定时,可予保留。

(5) 挡墙基础的埋深应不小于 1m,基槽底土质为碎石土、砂性石、黏性土等时,应整平夯实。

3. 面板的预制

(1) 加筋挡墙面板预制须采用钢模板,对钢模及底板要经常检查及维修,清除模板上的混凝土残留物,每次都要刷脱模剂后再预制,以保证预制面板光洁平整,达到设计精度要求。面板预留的穿筋孔要保证圆滑。

(2) 面板的检查标准为:强度合格、边长误差不大于 ±5mm 或边长的 0.5%;两对角线差不大于 10mm 或最大对角线长的 0.7%。厚度误差在 +5～-3mm 之间。表面平整度误差不大于 4mm 或长(宽)的 0.3%。筋带穿筋孔无明显偏差,且易于穿筋。面板应表面平整,外光内实,外形轮廓清晰,线条顺直,不得有露筋翘曲、掉角、啃边。面板设置面板插销孔时,插销孔位置应准确通畅以便于安装施工。

(3) 面板脱模后应养护强度应达到 85% 以上方可安装

使用。

4. 面板的安砌

（1）面板的堆放和运输。面板可竖向堆放，也可平放，但应防止扣环变形和碰坏翼缘角隅。当面板平放时，其堆积高度不宜超过 5 块，板块间宜用方木衬垫。面板在运输过程中应轻搬轻放。

（2）第一层面板安装。

1）安装第一层面板前，应在干净的条形基础顶面准确画出面板外缘线，曲线段应适当加密控制点。然后在确定的外缘线上定点并进行水平测量，按板长画线分割、整平板基座。

2）面板安装砌筑时用水泥砂浆砌筑调平。水平及竖缝内侧均全部勾缝处理，板外侧应简单勾缝，板缝横平竖直，保持整洁。同层相邻面板水平误差不大于 10mm，轴线偏差每 20 延米不大于 10mm。当缝宽较大时，宜用沥青软木进行填塞。安装缝应均匀、平顺、美观。

3）安装面板时按要求的垂度、坡度挂线安装，安装缝宜小于 10mm，安装时应防止角隅碰坏和插销孔破裂及插销变形。

（3）以后各层面板安装。

1）沿面板纵向每 5m 间距设标桩，应对面板的水平和垂直方向用垂球或挂线检查，以便及时校正，防止偏差积累。每安装 2～3 层面板应全面检查一次安装砌筑质量，超过规定时须及时纠正，允许偏移量与第一层相同。检查项目包括轴线偏差、垂度或坡度、平整度，面板破损情况及相邻面板高差，板缝宽和最大宽度等。

2）为防止相邻面板错位，宜用夹木螺栓或斜撑固定。在曲线部位尤应注意安装顺序，水平误差用软条或低强度砂浆调整，水平及斜度的误差应逐层调整，不得将误差累积后，再总调整。

3）不得在未完成填土作业的面板上安装上一层面板。严禁采用在板下支垫碎石或铁片的方法调整水平误差，以免造成应力集中损坏面板。

（4）安装面板从墙端和沉降缝两侧开始,采用适当的吊装设备或人工抬运,吊线安装就位。（在安装面板时单块面板倾斜度一般可内倾角度为 1‰左右,作为填料压实时面板在侧向压力作用下的变形值。安装面板前,可利用杠杆原理制作手推小车,为安装提供方便,无须大型吊装设备)墙面设计留有坡度时,按照设计要求控制内倾角度,角度较大时需添加临时支撑固定面板,任何情况下严禁面板出现外倾。

5. 拉筋带铺设

（1）拉筋带的下料。拉筋带下料应根据包装规格及整个工作点的各断面拉筋设计长度统筹提前安排、合理下料、避免边铺边下料,以免造成加筋材料的浪费或人为随意性造成尺寸误差。筋带的铺设采用一根筋带穿过穿筋孔分成等长的两股,因此每根筋带的下料长度应为改节点处筋带的设计长度乘以 2 再加上 300～500mm(作为筋带穿过孔时所占长度)。

（2）拉筋带铺设步骤。

1）筋带应按设计的长度和根数铺设,由于填土存在无法避免的沉降,筋带应铺设在有 3‰横向侧坡的平整压实填土上,使筋带尾端比前端高 50～100mm 作为沉降预留,以使沉降到位时筋带处于水平位置,使施工更接近理论计算模型。

2）筋带应拉直拉紧、不得有卷曲、扭结。筋带应尽量垂直于墙面呈扇形辐射状均敞开,尽量分布均匀,应有至少 2/3 的长度不重叠,筋带在受力方向不能搭接。

3）应保证面板预留穿筋处光滑平整且能与加筋带充分接触,避免出现混凝土或钢筋棱角划伤筋带外裹塑料。穿筋孔处可用废弃橡胶轮胎或加筋带下角料等物件作为衬垫,能达到较好效果。当穿筋孔设计为预留钢筋环时,须做好钢筋环的防腐措施,可采用沥青玻纤布缠绕两道。加筋带铺设时,边铺边用填料固定其铺设位置。先用填料在筋带的中后部成若干纵列压住加筋材料,填料的多少和疏密以能够固定筋带的位置为宜,再逐根检查、拉直、拉紧,然后按设计摊铺填料。也可用钢筋或木条等物件临时固定筋带尾端,防止筋带在填土过程中偏移铺设位置。

4）填土完成后钢筋等物件可取出重复使用，筋带尾端如无特殊设计要求，无须特别增加锚固措施。每层筋带铺设后都要检查验收，检查内容包括筋带铺设长度、根数、均匀程度、平整度、连接方式、与面板连接处的松紧情况等。

5）在墙面有转角或侧面与其他构筑物衔接时，由于这些部位无法充分碾压，不能达到设计压实度，在按设计布设加筋带时应另外布设加强筋。面板后反滤料宽度 300～600mm，采用粒径为 10～30mm 碎石及粗砂构成，粗砂含量约占 20%。反滤料在填土填料碾压完成后进行填筑。

6．填料的采集、卸料、摊铺及碾压

（1）填料采集。加筋挡土墙的填料可人工采集或机械采集，采集时应清除表面种植土、草皮和杂物等。

（2）卸料。卸料时机具与面板距离不应小于 1.5m，机具不得在未覆盖填料的筋带上行驶，并不得扰动下层筋带。

（3）摊铺。可用人工摊铺或机械摊铺，摊铺厚度应均匀一致，表面平整，并设不小于 3% 的横坡。当用机械摊铺时，摊铺机械距面板不应小于 1.5m。摊铺前应设明显标志易于驾驶员观察，机械运行方向应与筋带垂直，并不得在未覆盖填料的筋带上行驶或停车。距面板 1.5m 范围内，应用人工摊铺。

（4）碾压。

1）正式碾压前应先进行试碾压。根据所用碾压机械、填料性质、摊铺厚度等，初步确定达到设计要求的填料密实度所需的碾压遍数及碾压方法，并总结记录有关参数及经验，以指导施工。

2）碾压压路机应选用振动式压路机或光轮压路机，严禁用单足碾。未压实的加筋体，一般不允许运输车辆在上面行驶，若需临时行驶，则填料厚度不得小于 300mm，同时其车速不得大于 5km/h，不准急刹车，以免造成拉筋带的错位。同时所有机械的行驶方向应与筋带垂直，且不得在距面板1.5m 的范围内行驶。

3）距面板 1.0m 范围内的反滤料及拐角处压路机无法压实处宜用蛙式夯或平板等轻型机械压实。

4）碾压顺序。先筋带中间 1/2 部分其次筋带尾端部分，最后筋带前端部分。以使筋带与填土有较好的相互作用，避免因碾压造成面板扰动产生变形。碾压应先静压几遍后再开振动碾压，静压遍数可根据经验情况而定。

5）碾压时压路机运行方向应垂直于筋带，且下一次碾压的轮迹与上一次碾压轮迹重叠的宽度应不小于轮迹的 1/3。第一遍速度宜慢慢轻压，以免拥土将筋带推起或错位。第二遍以后可稍快并重压。每次应碾压整个横向碾压范围内，再进行下一遍碾压，碾压的遍数以达到规定的压实度为准。

6）压路机械不得在未经压实的填料上急剧改变运行方向和急刹车。填料的压实度要求在距面板 1m 范围内的压实度不小于 90%，其余范围内的压实度不小于 93%。加筋体后的回填料与加筋体同步进行，压实度不低于 93%。

7）加筋体填料每层碾压完成后应进行压实度检查。检测点数按每 500m² 或每 50m 长度，作业段不少于 3 个为宜。检测点应相互错开，随机选定，但后面部分的检测点数应不少于总数的 2/3。面板后 800mm 范围内至少有 1 个检测点（每 500m² 或每 50m 长）。

7. 帽石的浇筑

加筋挡墙帽石一般采用现浇完成。帽石按设计有横坡时，可分台阶浇筑，也可根据横坡做成水平坡度。加筋墙面板与帽石结合空缺处可采用现浇混凝土浇筑封口。墙顶需设铁制栏杆时可在现浇混凝土内预埋钢筋以便焊接。帽石伸缩缝须与面板基础以及面板沉降缝保持一致。

第六节　加筋土质量控制

施工前应对拉筋材料的物理性能（单位面积的重量、厚度、相对密度）、强度、延伸率以及土、砂石料等进行检验。

施工过程中应检查清基、回填料铺设厚度、拉筋(土工合成材料)的铺设方向、搭接长度或封接状况,拉筋与结构的连接状况等。

施工结束后,应做承载力检验或检测。

第七节　加筋土施工注意要点

基础开挖时,基槽(坑)底平面尺寸一般应大于基槽外缘0.3m,基底应整平夯实,使面板能够直立。

面板可在工厂或附近就地预制,安装可用人工或机械进行。在每块板布置有安装的插销和插销孔。拼时由一端向另一端自下而上逐块吊装就位,拼装最下一层面板时,应把半尺寸的和全尺寸的面板相间地、平衡地安装在基础上。安装时单块面板倾斜度一般宜内倾 1/150 左右,作为填料压实时面板外倾的预留度。为防止填土时面板向内外倾斜而不成一垂直面,宜用夹木螺栓或支斜撑撑住,水平误差用软木条或低强度砂浆调整,水平及倾斜误差应逐块调整,不得将误差累积到最后再进行调整。

拉筋应铺设在已经压实的填土上,并与墙面垂直,拉筋与填土间的空隙,应用砂垫平,以防拉筋断裂。采用钢条作拉筋时,要用螺栓将它和面板连接。钢带或钢筋混凝土带与面板拉环的连接以及钢带、钢筋混凝土带间的连接,可采用电焊、扣环或螺栓连接。聚丙烯土工聚合物带与面板的连接,可将带一端从面板预理拉环或预留孔中穿过,折回与另一端对齐。聚合物可采用单孔穿过、上下穿过或左右环孔合拼穿过,并绑扎防止抽动,但避免土工聚合物带在环(孔)上绑成死结。

填土的铺设与压实,可与拉筋的安装同时进行,在同一水平层内,前面铺设和绑拉筋,后面即可随填土进行压密。当拉筋的垂直间距较大时,填土可分层进行。

每层填土厚度应根据上下两层拉筋的间距和碾压机具性能确定,一般一次铺设厚度不应小于 200mm。压实时一般应先轻后重,但不得使用羊足碾。压实作业应先从拉筋中部开始,并平行墙面板方向逐步驶向尾部,而后再向面板方向进行碾压,严禁平行拉筋方向碾压,满足设计要求。土料运输、铺设、碾压离面板不应小于 2m,在近面板区域内应使用轻型压实机械,如平板式振动器或手扶式振动压路机。

第十章

岩体预应力锚固

利用锚杆或锚索稳定裂隙岩体的措施。它的主要作用是引起岩体的附加应力和应变,借以增大岩体的整体性、抗拉强度及软弱面的剪切强度以及抗滑切向力,从而使岩体稳定。

第一节 预应力锚固的发展与特征

一、发展

预应力锚固是预应力混凝土技术在岩土工程领域的延伸与发展,是现代岩土工程中的一个重要分支。预应力锚固的对象包括混凝土构筑物,而更多的是复杂、多变的工程地质体。它是一项涉及岩土体及其工程环境的整治、改造和利用的专项技术手段。大型预应力锚固起源于 20 世纪 30 年代。1934 年,法国工程师柯恩(A. Coyne)将刚刚兴起不久的预应力混凝土技术引进到阿尔及利亚切尔伐斯坝的加高改造工程中,利用 37 根、单孔张拉吨位达 10MN(1000t)级的预应力锚索,来保证加高后的坝体的稳定性,并取得完全成功。这极大地激发了工程技术界应用此项技术的热情,并使其得到长足进步,至 20 世纪 60 年代,它的应用已扩展到世界各地。目前预应力锚固已广泛应用于包括从黏结较松散的土层直到较坚硬的岩体在内的各类工程地质体和构筑物。

我国大型预应力锚固技术的应用始于 20 世纪 60 年代。1965 年,安徽梅山水库运用 102 根、单孔最大张拉荷载达 2.4~3.2MN(240~320t)级的预应力锚索,圆满解决了坝肩稳定问题,并结合我国实际创造出用水泥浆做永久防护的黏结式锚索。在 60 年代中期至 80 年代中期这 20 的年间,又有陈村、双牌、麻石、龙羊峡、葛洲坝等水电工程在各自不同环境下成功地应用该项技术解决了重大技术难题,并取得巨大的经济效益。在这一时期,预应力锚固技术主要应用在坝基稳定、闸墩结构、岩体加固以及混凝土结构裂缝修补等方面。实际应用的预应力锚固形式,大吨位锚索主要为拉力型水泥黏结式;小吨位锚索除了黏结式外,也有涨壳式、"75"二次灌浆式等。无黏结型预应力锚索作为工程监测手段,一直应用在锚固工程中;而既能充分利用工程环境,又能简化施工程序的"对穿锚"已在工程中得到较充分运用。这一时期所应用的锚具主要有混凝土柱状锚、钢质墩头锚和螺丝端杆锚具,独立锚固夹片式锚具刚刚进入水电工程。这一时期单孔锚固荷载最大为 4.5MN 级(1984 年),该锚索应用在碧口水电站进水口边坡加固工程中。

80 年代中期至 80 年代末,当时在建或改建的几乎所有水电工程,如龙羊峡、安康、丰满、白山等均较广泛地应用了此项技术。大吨位预应力锚索的应用数量累计已达 5000 余根,单孔锚固荷载多为 1~3MN 级。龙羊峡水电站不仅在闸墩结构中应用了锚固技术,而且将其应用在抗滑洞塞中。在一个抗滑洞中就集束安装数根大吨位锚索,总的安装吨位可达 10MN 级,提高了岩体的抗滑稳定性。1988 年,单孔张拉荷载达到 6MN 级的预应力锚索,在丰满水电站坝基加固工程中应用成功;随后具有塑料套管和专用油脂防护的 2.2MN 级新型无黏结锚索作为永久工作锚索获得首次应用;由大直径、高强度、精轧螺纹钢筋制作的大吨位锚杆在丰满、桦树川等工程也得到应用,获得满意效果。在这一时期,随着国内锚夹具研究开发水平的逐步提高,独立锚固夹片式锚具(XM、QM)已得到广泛应用。

进入 90 年代以后,国内在岩土边坡、基坑支护、坝基稳定,结构抗倾与抗浮、隧道、地下洞室等工程领域内大力推行预应力锚固技术,取得了显著的经济效益和社会效益。在这一阶段预应力锚固的发展主要有以下几个特点:

（1）应用规模越来越大，范围越来越广，水平越来越高。云南漫湾水电站一次采用 2600 余根 1～6MN 级锚索有效治理了大面积山体滑坡，为整个工程的顺利进行提供了可靠保障。这是一项集预应力锚固技术、抗滑桩等多种综合治理措施于一体，有效治理滑动边坡的范例。举世瞩目的三峡水利枢纽工程，在永久船闸边坡加固中应用 4300 余根锚索，控制陡坡和直立边坡的变形并保持边坡的稳定，取得巨大成功。天生桥二级水电站，采用包括无黏结预应力锚固技术在内的综合措施，成功治理 380 余米高的典型层状高边坡，体现了预锚科研、设计、施工的新水平。

（2）预应力锚固单孔荷载从 6MN、8MN 逐步加大，目前已达 10MN 级，这从一个侧面反映出我国预应力锚固技术应用水平，已进入世界先进行列。陕西石泉水电站采用 30 根 6～8MN 级锚索，提高了坝基稳定性。李家峡水电站应用 3000 余根锚索（锚杆）加固高陡山体并试验应用 6MN、8MN、10MN 级锚索加固拱坝坝肩，将国内单孔张拉荷载提高到 10MN 级。

（3）新型合理的锚固结构不断涌现，满足不同应用环境的需要。二滩水电站、黄河小浪底水利枢纽、大朝山水电站等工程，大量采用具有多层防腐结构的无黏结锚索技术，成功解决了岩体、地下厂房的稳定问题。具有全长防腐措施的锚索，在三峡永久船闸边坡试验成功并应用到其他工程；拉力分散型锚索在漫湾、潘家口、十三陵抽水蓄能电站得以广泛采用；压力分散型锚索、拉压复合型锚索在大桥水库等工程均取得良好的加固效果。

（4）理论研究取得丰硕成果，进一步指导了工程实践。在群锚加固机理研究中，提出群锚加固"岩壳效应"及加固实质为"功能转换"的新观点，合理解释了预应力群锚加固岩质高边坡的增稳机理，提高了群锚设计水平。黏结式锚固段传力机制，内锚段长度的计算均有可喜的研究成果。近年来提出的单孔复合锚固理论，对在软岩中如何加大锚固力，提高锚固效果均有极大的指导意义。

二、基本特征

预应力锚固是通过主动建立的后张预应力场来抑制、减低、消除天然力场对工程地质体或构筑物所造成的危害。它能充分调用工程地质体或构筑物自身潜在的稳定性并改善其内部应力状态。预应力锚固具有如下基本特征：

（1）在预应力锚固中，大量存在着可向被加固体施加预应力的"装置"，我们可将此类装置统称为预应力锚固"工作单元"，如通常所说的预应力锚索或预应力锚杆均是此类"工作单元"。这些"工作单元"在空间上通常是独立存在、不连续分布的。

（2）由一群数量不等的"工作单元"共同协调工作，形成锚固力场，达到加固、改造的最终目的。

（3）预应力锚固具有很强的主动调控性。在预应力锚固中，"工作单元"的数量、安放位置、深度、方向、施加预应力大小是经过事先设计计算得出的，并可依据工程实施中反馈的信息，适时、适宜、适当地得到调整，因而可主动调整预应力场与天然力场的叠加范围和叠加程度，进而充分调用工程地质体的潜在自稳能力，改变其内部应力分布性状和大小，限制有害变形的发生、发展，最终提高工程结构的稳定与安全。

（4）从"工作单元"的制作过程来看，它由三个基本构件组成，分别是预应力锚束体（简称束体）、锚固孔（简称锚孔）和外锚头，见图10-1。

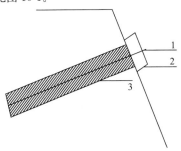

图 10-1　预锚工作单元的基本构件图

1—预应力锚束体；2—外锚头；3—锚束孔

束体——它可用各种预应力材料,按一定方式编制而成,其下端与锚孔底部固结,上端与外锚头相连,中间部分起到产生并传递预应力的作用。

锚孔——起安放、固定束体,控制施力方向的作用。可用机械钻凿等方法在被加固体中制做成型。

外锚头——保持预应力并向被加固体传递预压应力,一般由锚具、墩座(常用钢筋混凝土或钢材制做)以及部分束体等组成。

(5)依照预应力锚束体在工作单元中所处位置、所发挥的功能,可将其划分成三大段:内锚段(锚固段)、自由段(张拉段)、外锚段(外锚固段),见图 10-2,它们的功能如下:

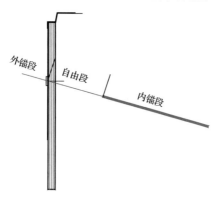

图 10-2 预锚工作单元功能段的划分

内锚段——是指束体下端最先与孔壁固结在一起的部分。它与锚固浆体以及锚孔下部共同组成工作单元的内持力端,担负着将工作单元所承受的集中荷载,扩散传入稳定介质中的关键作用。

自由段——是产生预应力的源头。指束体中能自由伸长并产生预应力的部分;预锚锁定后一般是指内锚段上端至工作锚具间的这一段束体。

外锚段——是指伸出工作锚板外,可供千斤顶张拉、建立预应力的那部分束体。建立预应力后,此段束体大部分将被切除,只有很小的一段将与工作锚板、锚墩等共同组成工作单元的外持力端——外锚头。

第二节 预锚类型和典型工作单元

一、预应力锚固类型

预应力锚固可按工作对象、工作年限、锚孔形态等进行大致分类,其分类结果见表 10-1。

表 10-1　　　　　　　　预应力锚固主要类型

序号	分类原则	类别	名称	特点
1	按应用对象	Ⅰ	岩体预应力锚固	加固对象为岩体
		Ⅱ	土体预应力锚固	加固对象为土层
		Ⅲ	工程结构预应力	加固对象为混凝土结构、混凝土结构裂缝等
2	按工作年限	Ⅰ	临时性锚固	工作年限 2 年以内
		Ⅱ	永久性锚固	工作年限超过 2 年
3	按锚孔形态	Ⅰ	端头预应力锚固	锚孔一端处于地层(结构)深处,另一端处于人员可直接施工的地方
		Ⅱ	对穿预应力锚固	锚固孔为对穿通透孔,可方便施工,提高锚固效果,充分利用工程环境
4	按自由段与孔壁是否永久黏结	Ⅰ	全长黏结型预应力锚固	束体受到水泥浆的良好防护,即使内、外锚头失效,预应力也能长久保存
		Ⅱ	无黏结(自由式)预应力锚固	束体受到油脂、塑料等的多层防护,自由段应力可调,耐冲击力强

二、工作单元的分类

由于预应力锚固大多应用在复杂的工程地质体中，这就决定了预应力锚固工作单元的多样性和复杂性，因而对其进行准确分类是困难的，一般分类如下：

(1) 按工作单元施加预应力的大小，可将其分为四类：巨型工作单元(单孔加力>8MN)、大型工作单元(3～8MN)、中型工作单元(1～3MN)、小型工作单元(<1MN)。目前应用最多的是大、中型工作单元。

(2) 按工作单元使用的预应力材料的种类，可将其分为两类：预应力锚索(束体用高强钢丝、钢绞线等柔性材料制作)、预应力锚杆(束体使用各类钢筋制作)。

(3) 按束体内锚段与周围介质固结方法，可分为两类：黏结式工作单元和机械式工作单元。

黏结式工作单元工作可靠、耐久性好、价格适当、施工方便，因此获得广泛应用。

(4) 按内锚段受力状况，可分为四类：压力型、拉力型、剪力分散型、拉压复合型。为了降低内锚段中应力峰值，削减拉应力强度，提高软弱岩体中的承载能力，具有新型结构的工作单元还会不断涌现。

(5) 按工作单元在加固任务结束后能否被拆除，可将其分为两类：可拆除式工作单元和不可拆除式工作单元。可拆除式工作单元在任务完成后，可将束体从地层中抽出，它能充分利用有限的地下空间，在城市中应用前景广阔。目前工程中大量应用的还是不可拆除式工作单元。

三、典型工作单元的特性

典型工作单元特性见表 10-2。

表 10-2 典型工作单元简介

类型	成型方法	基本原理	安装要点	适用范围	简评
拉力集中型	一次成型集中型法	内锚段预应力筋等长，用水泥浆（砂浆）一次固定在稳定岩层中。依靠浆体黏结性能，传递预应力。张拉后，自由段也被固结，且全长均能传递预应力。以水泥浆或水泥砂浆作为永久防护。在钻孔内同时进行压力灌浆，提高围岩密实性，防止有害离子侵入	采用注浆方法，使内锚段与锚固结。张拉后，对自由段进行锚结并做好外锚头防护	可用于岩土工程中的各类预应力锚固。张拉吨位可大、可小，已在水电工程中应用30余年。应用量很大，效果较好	优点：工艺成熟，经受住了工程实践考验；构造简单、施工方便。在内外锚头失效情况下，仍可保持预应力。 缺点：耐冲击荷载能力偏低，内锚段上部拉应力集中，有产生裂纹的现象
拉力分散型	多次成型集中型法	内锚段分两次成型。第一次只固结内锚段总长度的一部分，待凝张拉后，再进行剩余部分的成型。相应张拉过程也分为两次，第一次只张拉到约荷载一半，第二次达到设计荷载	控制内锚段注浆量，第一次成型使锚固段长的一半，待凝张拉后，再注浆成型余下的锚结，待凝固后再次张拉	适用于各种吨位的锚固单元	优点：内锚段中的拉应力区被分散在各处，峰值应显著削减。 缺点：工序增加，工期适当延长
	分层固结法	束体用无黏结筋制作，无黏结筋在孔内不同深度处的锚固层内分别固定，分段张拉到不同深度	无黏结筋依照锚固深度下料，将无黏结筋一定长度内的塑料护套、油脂清除净，变成光裸预应力筋，按组编制束筋	适用于各类岩土锚固，在中、小型锚固单元中应用较多方法	优点：1. 同多次成型法的优点；2. 内锚段和自由段可一次注浆成型，简化施工程序；3. 耐冲击荷载能力强。 缺点：预应力筋长度不等，会引起应力重新分配

类型		成型方法	基本原理	安装要点	适用范围	简评
压力分散型		承载板法	束体上布置数个承载板，无黏结绳相应分成数组与承压板相连。挤压头是主要联结件	无黏结筋要分组下料；固定端除皮，除油并安装承载板，用挤压机在无黏结筋下端制做挤压端头	可广泛应用于各类岩、土体中，荷载大小不限	1. 通过承载板（体）和挤压头使锚固浆体以受压为主； 2. 内锚段应力集中程度和应力峰值随承载板（体）数量的增加而得到缓解和降低； 3. 可充分调动地层潜在承载能力，提高锚固力。
		环绕型法	此种锚索具有可拆除性能。束体中无黏结筋分组，分组通过承数个承载体，束体与U形段等吻合并与之固定，采用注浆法，使编制好的束体固定在锚固孔中	将无黏结筋弯成U形，将承载体与U形段等吻合并与之固定，采用注浆法，使编制好的束体固定在锚固孔中	可广泛应用于各类岩土工程。特别适用于需要拆除预应力筋的场合	4. 挤压头和锚具的质量是影响工作单元质量的关键因素； 5. 环绕型可拆锚索在城市地下空间开挖情况下，有广阔应用前景
复合型		拉压复合法	锚固段中除无黏结筋外，每根无黏结筋下端结出承伸出承载体，固结在下部水泥浆料处配无黏结受拉力。承载板与无应力筋之间处装有可移动式的挤压套	无黏结筋按组下料，其一端需剥除护套，洗净油脂，形成光模预应力筋；坡组装配无载预应力筋，使配处安装特殊的挤压破碎	可在各类岩土体中应用，特别适于岩在软弱破碎地层中应用	1. 内锚段受力较均匀，可充分调动地层潜在承载能力； 2. 在软弱地层中，有很强的适应性，可提高锚固力； 3. 工作单元具有多层防护结构，适用于永久重要工程； 4. 此类锚索属专利产品

类型	成型方法	基本原理	安装要点	适用范围	简评
全长防腐型	套管法	在束体外套上连续的波纹管，切断地层中有害离子侵入的通道。束体和波纹管间，波纹管和孔壁间，均用水泥浆固结在一起，应力通过波纹管传递到周围介质中	利用隔离架控制束体与波纹管间距离，对中支架控制波纹管与孔壁间隙。做好波纹管连接处的封闭工作。检查专用注浆、回浆管路通畅情况	可在各类加固工程中应用，此类锚索国外应用较多，国内二滩水电站（试验）、黄河小浪底工程、大朝山水电站等工程已经大量采用	1. 可对束体预应力筋进行有效防护，综合提高预应力锚固的耐久性和安全性； 2. 需优化结构，降低成本； 3. 应用前景良好

第三节　预应力锚固施工程序

　　预应力锚固的施工过程,就是把组成预应力锚固工作单元的三个基本构件——锚孔、束体、外锚头,在加固对象中有机组合的过程。由于工作单元的多样性,使得具体施工内容不尽相同。首先要制作工作单元的两个基本构件——锚孔和束体并将编制好的束体放入锚固孔中,使其下端与孔壁固结。之后即可安放工作单元的另一个基本构件——外锚头,通过对束体的张拉和锁定,保存预应力。最后对工作单元进行必要的防护处理后,就完成了一个工作单元的制作和安装。当工程中的所有工作单元依照设计图纸全部安装完毕后,预应力锚固的施工即告完成。

　　以岩体预应力锚固工程中的黏结式端头锚索为例,锚固施工程序见图 10-3。

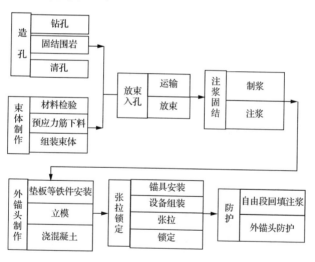

图 10-3　预应力锚固工作单元施工程序

一、造孔

造孔工序的目的是营造一个适宜安放束体的场所——

锚固孔,可能时还要对这个场所周围环境加以灌浆改造,使之对束体起到更好的防护作用,提高锚固效果。主要内容有:施工准备(包括施工方法选择、施工机具选择与进场、施工放线、设备就位等)、钻进、检测、灌浆、扫孔和终孔验收等。

在岩土工程中大量采用机械钻凿的方式成孔,它分为湿式成孔和干式成孔。湿式成孔以清水作为循环液,既可带走钻屑,又能冷却钻头。湿式成孔工艺成熟,设备简单。但是由于钻孔过程中有大量循环水存在,使得它的应用范围受到一定限制。干式成孔以压缩空气为动力,驱动潜孔锤成孔,用风带走钻渣并冷却钻具,具有成孔速度快、质量好、工艺简单、易于掌握等优点。在破碎带或滑坡体中成孔,没有诱发滑动的危险,适应性强。目前干式潜孔回转成孔工艺在锚固工程中采用的较多。

对锚固孔进行的固结灌浆,按灌浆规范进行。通常采用从稀浆到稠浆的多级变换,使水泥浆在压力作用下,进入锚孔四周的裂隙并封闭可能的渗水通道,形成可靠的防渗层,这是一种有效的防腐措施。固结灌浆包含安设注浆管路、止浆塞、制备水泥浆、压力注浆以及事前所需进行的压水试验等一系列内容。

在岩体较完整、渗水较小,或者束体自身防腐措施较完备的情况下,可以根据实际情况酌情简化或省略此项工作。一些抢险加固工程,由于工期紧迫,环境危险,不便进行此类灌浆工作。但当抢险过后,岩体已经稳定,可考虑补充做一些固结灌浆工作。

二、束体制作

束体工序最终目的是制造出满足设计要求的预应力束体,主要内容有编制场地的准备,材料检验,隔离架、止浆环等元件的制备及按图组装束体,束体检验以及存放时的临时防护等。由于预应力锚固工作单元结构形式的不断改进,制作束体的具体方法会有很大的不同。

三、放束入孔

放束入孔工序是将已检验合格的束体安全、快速、完好地放入锚固孔中。目前多以人工放束为主,但也有利用吊车、缆机、塔吊、卷扬机和自制的滚轮等机械放束入孔。机械放束速度快,且很安全。

四、锚固段注浆固结

锚固段注浆是使束体一端与锚孔连接在一起。由于锚固工作单元类型的不同,这种固结不一定非采用注浆方式来完成。如机械式内锚头,是靠机械啮合力完成锚固段安装的;对穿锚使用工作锚板即可完成束体与岩壁的固结。

五、外锚头制作

外锚头一般由承力墩座、工作锚板和伸出工作锚板外的束体共同组成。工作锚板一般到专业工厂采购,束体已在其他工序完成,因此承力墩座是此道工序成型的主要工序。承力墩座一般有钢筋混凝土和全钢两种形式。水电工程中经常使用的是钢筋混凝土承力墩座,施工时就有立模、架立钢筋、浇筑混凝土等内容。

对承力墩座中的铁件安放位置、孔口管与锚孔轴线吻合程度、模板稳定性和刚度、混凝土制备和浇筑、混凝土在规定龄期的强度以及锚具性能等的检验和核查是这道工序的主要检验测试的内容。

六、张拉锁定

张拉锁定是预应力锚固关键施工工序。主要内容包括张拉设备的检修、检验、配套标定等,以及张拉时的设备组装、张拉锁定。

目前大量使用高强度、低松弛预应力材料,由材质引起的预应力损失已经很小,且可用超张拉方法予以解决。但是,由于被加固体的压缩变形、徐变,以及内锚段的滑移变形等原因,会产生的一些较大的预应力损失,当这种损失超过规范或设计要求时,就需经再次张拉方能将损失的预应力予以补偿。也存在另外一种情况,由于被加固体的位移,可能引起预应力荷载的增加,当超过一定限度后,就需要采取"放张"措施,降低锚固荷载,以免发生重大事故。

七、防护

防护质量是影响预应力锚固耐久性的主要因素之一。对工作单元的防护不全在这一工序中完成,它贯穿在锚固施工的全过程中。多数有黏结、端头型锚固工作单元,张拉后需对自由段进行封孔注浆,使预应力筋受到水泥浆体的长期防护并永久保存预应力。有些无黏结锚索在注浆固结工序中,将内锚段注浆与自由段注浆一并完成。注浆时需要做的工作有:浆体制备、循环灌注、压力并浆以及浆体取样、试件制备、检测等。

外锚头防护的主要对象为工作锚具、钢垫板、部分束体及所有外露的零部件。防护的主要目的,是使上述部件能够免受锈蚀侵害,安全、可靠地长久工作。对外锚头的防护主要采用隔离法,具体手段很多,一般有黏结锚索多采用将一定厚度的混凝土,把上述零部件封裹起来的方法。一些无黏结型锚索,为满足日后调整预应力的需要,在外锚头处需采用涂专用油脂并加盖密封帽的方式进行防护。此工序需要做的具体工作包括切除伸出锚板外的多余束体,立模浇筑混凝土,对束体、锚具涂油或注油并加盖密封帽等。

第四节　施 工 材 料

预应力锚固施工中常用的材料(配件)主要包括:预应力材料、锚固黏结材料、高强混凝土、防护材料以及少量零星施工材料等。

一、预应力材料

预应力材料可分为三类:金属材料、复合型材料和非金属材料。金属材料是目前国内广泛应用的材料,它包括高强钢丝、钢绞线、高强度螺纹钢筋等,其中尤其以高强度低松弛钢绞线应用量最多,最广泛,且呈上升趋势。复合型材料是预应力金属高强材料经深加工后的产品,包括无黏结筋、环氧涂层钢绞线、钢丝等,其中无黏结筋应用量逐年增加,环氧涂层钢绞线正处在试用阶段。非金属材料指玻璃纤维预应力筋(GFRP),碳纤维预应力筋(CFRP)和聚酯纤维预应力筋(AFRP),总的来看这类材料处于开发研究和工程试用阶段。

1. 金属材料

(1)高强钢丝。高强钢丝是用优质高碳钢盘条经索氏化处理、酸洗、镀铜或磷化后冷拔制成。预应力锚固施工中经常使用的是碳素钢丝(消除应力钢丝),该种钢丝是冷拔后经高速旋转的矫直辊筒矫直,并经回火(350~400℃)处理的钢丝,钢丝经矫直回火后,可消除钢丝冷拔中产生的残余应力,提高钢丝的比例极限、屈强比和弹性模量,并改善塑性;同时也获得良好的伸直性,方便施工。

(2)预应力钢绞线。预应力钢绞线是将多根冷拉钢丝在绞线机上绞合成螺旋形后,经消除应力回火处理制成。预应力钢绞线按捻制结构可分为:1×2 钢绞线、1×3 钢绞线和 1×7 钢绞线等;按捻制方向分为左旋和右旋钢绞线,一般为左旋钢绞线,钢绞线捻距为钢绞线公称直径的 12~16 倍。预应力锚固中经常使用的多为 1×7 结构的钢绞线(图 10-4),1×7 钢绞线是由 6 根钢丝围绕一根中心钢丝(直径加大范围不小于 2.3%)捻制而成,整根破断力大,柔性好,低松弛,施工方便。将捻制成型的钢绞线,再经模拔处理,就成为模拔

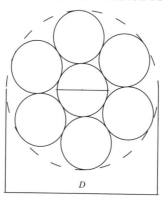

图 10-4 1×7 钢绞线结构

D—钢绞线直径

钢绞,通过模拔,使钢绞线密度提高约18%,整根破断力提高约13%。

（3）预应力混凝土用螺纹钢筋。预应力混凝土用螺纹钢筋是用热轧方法,在整根钢筋表面上轧出不带纵肋,而横肋为不相连梯形螺纹的一种特殊钢筋(图10-5)。此种钢筋能够在任意断面处用带有内螺纹的连接器接长,或拧上专用螺母进行锚固,无须焊接,施工方便。

图10-5　预应力混凝土用螺纹钢筋的外形　图10-6　冷轧连续波形螺纹钢管

（4）冷轧连续波形螺纹钢管。这是一种在无缝钢管表面冷轧出连续波形螺纹的特殊钢管,其外形见图10-6。此种带螺纹的钢管通过连接器即可接长,也可在任意断面处截断,再随意接长适应狭窄的空间施工。需要钻孔时,可当钻杆使用;需要注浆时,通过中心孔道,可以注浆锚固。它集钻进、注浆、锚固于一身,特别适宜在复杂、易塌孔等特殊地层中使用。

2. 非金属预应力筋

非金属预应力筋是指用连续纤维增强塑料(Continuous Fiber Reinforced Plastics,FRP)制成的预应力筋,一般由多股连续纤维与树脂复合而成,目前主要品种有：

碳纤维增强塑料(CFRP)：由碳纤维与环氧树脂复合而成；

聚酰胺纤维增强塑料(AFRP)：由聚酰胺纤维与环氧树脂或乙烯树脂复合而成；

玻璃纤维增强塑料(GFRP)：由玻璃纤维与环氧或聚酯树脂复合而成。

非金属预应力筋与金属预应力筋相比,有如下特点：

（1）抗拉强度高。CFRP的破断强度已和高强预应力钢材不相上下,并且在达到破断之前,几乎没有塑性变形。

(2)表观密度小。FRP的密度仅为钢材的1/4左右,可节省大批钢材,操作轻便,便于施工。

(3)耐腐蚀性良好。适用于水工、港工及其他侵蚀性环境中。

(4)线胀系数与混凝土相近,受温度影响小。

非金属预应力筋的不足之处是:弹性模量低、极限延伸率差、抗剪强度低、成本高、造价贵,但这是一种很有前途的新型预应力材料。

3. 复合预应力筋

复合预应力筋包括无黏结预应力筋、环氧涂层预应力钢绞线、环氧涂层无黏结筋等。

(1)无黏结预应力筋。是利用挤压涂塑工艺在钢绞线(钢丝束)外包裹塑料套管,内涂防腐专用油脂后获得的产品(图10-7)。

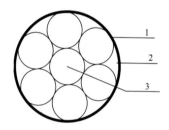

图10-7 无黏结预应力筋
1—高压聚乙烯护套;2—预应力筋专用油脂;3—钢绞线

制作无黏结预应力筋护套的材料,宜采用高密度聚乙烯,有经验时也可以用聚丙烯,但不宜采用聚氯乙烯。

(2)环氧涂层预应力钢绞线。为解决在恶劣、强腐蚀环境中的预应力筋的耐腐蚀问题,一种新产品——环氧涂层预应力钢绞线应运而生。

此种产品是用静电喷涂工艺在钢绞线表面形成致密牢固的环氧树脂层后获得的,钢绞线在此种薄膜防护下,可以避免腐蚀。钢绞线表面的环氧涂层厚度薄(平均150～

$180\mu m$)、均匀性好；质地致密、无气泡、强度高、与钢绞线黏结牢固；涂层韧性强、无龟裂、可与钢绞线同步变形，而不产生剥落，因而可以在各种各样的恶劣环境中保持优良的耐腐蚀性能。由于涂层薄，加工后钢绞线外径变化小，可与普通钢绞线共用锚具和张拉设备，这是此种钢绞线的又一优点。

环氧涂层钢绞线有两种涂装形式：一种为外包式，只在成品钢绞线的外表面上喷涂环氧层；另一种为填充式，使得钢绞线7根钢丝外表面均敷着上环氧涂层。根据需要涂层表面状况可以是光滑的，也可以是粗糙的。粗糙表面，可以增加涂层钢绞线和周围介质的握裹力。

（3）环氧涂层无黏结筋。把环氧涂层钢绞线进一步深加工，使其外表涂上专用的防腐油脂，再经挤压成型包裹上高密度聚乙烯护套，可获得环氧涂层无黏结钢绞线。

此种产品可根据防腐要求，在环氧涂层钢绞线的外表设置多层油脂、塑料互层防护结构。既增强了整体防腐性能，又能具备无黏筋预应力筋的优点。

环氧涂层预应力钢绞线尚处于试验应用阶段，由于其具有高耐蚀性，是未来防腐领域首选产品。

4. 预应力钢材的检验

预应力钢材出厂时，在每捆（盘）上都挂有标牌，并附有出厂质量证明书。施工单位在使用前，还应按供货组批进行抽样检验。

（1）碳素钢丝检验。

1）检验批次。钢丝应成批验收。每批应由同一牌号、同一规格、同一生产工艺制度的钢丝组成，每批次重量不大于60t。

2）检验项目。检验包括下面内容：

①外观检查钢丝外观应逐盘检查，表面不得有裂缝、小刺、劈裂、机械损伤、氧化铁皮和油迹，但表面上允许有浮锈和回火色。钢丝直径检查按10％盘选取，但不得少于6盘。

②力学性能试验。钢丝外观检查合格后，从每批中任意选取10％盘（不少于6盘）的钢丝，从每盘钢丝的两端各截取

一个试样,一个做拉伸试验(抗拉强度与伸长率),一个做反复弯曲试验。钢丝屈服强度检验,按 2% 盘数选取,但不得小于 3 盘。

3)检验结果判定。如果有某一项试验结果不符合《预应力混凝土用钢丝》(GB/T 5223—2014)标准要求,则该盘钢丝为不合格品;再从同一批未经试验的钢丝盘中,取双倍数量的试样进行复验(包括该项试验所要求的任一指标)。如仍有一个指标不合格,则该批钢丝为不合格品或逐盘检验取用合格品。

(2)钢绞线检验。

1)检验批次。预应力钢绞线应成批验收,每批应由同一牌号、同一规格、同一生产工艺制度的钢绞线组成,每批次重量不大于 60t。

2)检验项目。从每批钢绞线中任取 3 盘,进行表面质量、直径偏差、捻距等检查和力学性能试验。屈服强度和松弛试验每季度由生产厂抽验一次,每次不少于 1 根。

3)伸长率检测。如果任何一根钢丝破坏之前,钢绞线的伸长率已达到所规定的要求,此时可以不继续测定最后伸长率。如因夹具原因产生剪切断裂,所得最大负荷及延伸未满足标准要求,试验是无效的。

4)检验结果判定。从每盘所选的钢绞线端部正常部位取一根试样进行上述试验。试验结果,如有一项不合格时则该盘为不合格品。再从未试验过的钢绞线中取双倍数量的试样,进行复验。如仍有一项不合格,则该批判为不合格品。

5. 预应力钢材的订购和存放

(1)预应力钢丝一般成盘供应,钢绞线一般成卷交货,无轴包装。订货时除要求其力学性能外,还可对预应力筋重量、直径公差、长度等具体指标提出要求。

(2)预应力钢材进场后,应按供货批号分组,每盘标牌整齐,将其存放在通风良好的库房中。露天堆放时,预应力钢材进场后,上面要覆盖防雨布。应搁置在方木支墩上,离地高度不少于 200mm。钢绞线堆放时支点数不少于 4 个,方木宽度不少于 100mm,堆放不大于 3 盘。无黏结筋堆放时支点数不少于 6 个,垫木宽度不少于 300mm,码放层数不多于 2 盘。

(3) 预应力筋吊运应采用专用支架,三点起吊。无黏结预应力筋在运输、装卸过程中,应外包橡胶、尼龙带等材料,并应轻装轻卸,严禁摔掷,或在地上拖拉,严防锋利物品损坏无黏结预应力筋。

(4) 在运输、储存过程中,预应力钢材不得与硫化物、氯化物、氟化物、亚硫酸盐、硝酸盐等有害物质直接接触或同库存放。

二、水泥基锚固浆体

水泥基锚固浆体是将束体和锚孔连成一体的主要黏结剂,是使束体受到良好防护避免腐蚀的主要防腐蚀剂,也是对锚孔进行压力固结灌浆的主要材料。化学类(环氧树脂)黏结剂,具有黏结性好,耐久性强等特点,但由于价格昂贵,在实际工程中还很少应用。

在永久性工程或重要工程中,要求水泥基锚固浆体具有早强、高强、无害(对束体不产生或不诱发锈蚀)、微膨胀、可灌性好(流动度大,流动性保持时间长)五方面的优良性能。

固结灌浆使用的水泥浆,应符合《水工建筑物水泥灌浆施工技术规范》(SL 62—2014)的要求。

水泥基锚固浆体为水泥浆或水泥砂浆,配制材料主要为水泥、砂和水,以及为改善浆体性能,适当添加的外加剂,如高效减水剂、膨胀剂、速凝剂等。

1. 锚固浆体材料选用

(1) 水泥。配制预应力锚固浆体,水泥应采用硅酸盐水泥或普通硅酸盐水泥。水泥质量应符合《通用硅酸盐水泥》(GB 175—2007)的规定。当环境需要时,可采用硫酸盐水泥,不得使用高铝水泥。由于锚固浆体中水泥用量大,可使用中热、低热水泥(如大坝水泥)。当选用放热量快且较早的早强型水泥时,要慎重。要通过试验,确定外加剂与水泥的适宜性。

为加快施工速度,保证工程质量,永久工程、重要工程应选用 42.5 强度等级的水泥。

(2) 砂。细骨料应选用粒径小于 2mm 的中细砂。砂的含泥量按重量计不得大于 3%。砂中所含云母、有机质、硫化物及硫酸盐等有害物质的含量,按重量计不宜大于 1%。

(3) 水。浆体拌和水中不应含有影响水泥正常凝结与硬化的有害物质,不得使用污水。永久性工程不得使用 pH 值小于 4.0 的酸性水和硫酸盐含量按 SO_4 计算超过水重 1% 的水。适合饮用的水,均可用来拌浆液。

(4) 外加剂。在锚固浆体中添加适当外加剂,使浆体在固化前和固化后的性质得到调控,方能使其具备早强、高强、微膨胀、可灌性好,对束体不产生腐蚀等优良特性。这是保证预应力锚固的耐久性、稳定性和安全性的关键,也是保障预应力锚固快速施工的关键。施工中常用外加剂的名称、作用及材料组成见表 10-3。

实践表明,在选用外加剂时,要充分考虑如下几个方面的问题:

1) 工程中使用的水泥实际品种及原材料组成性能;

2) 高效减水剂,对水泥特性的适宜性;

3) 具体工程所处的主要工程地质环境、水质、地层侵蚀能力等;

4) 明确浆体中添入外加剂的目的,从而根据确定的目标,加入适当的外加剂,并经试验验证可行;

5) 外加剂对预应力材料的腐蚀性,尤其是氯、硫离子含量,并确保在填入外加剂后水泥浆体中氯离子含量小于水泥重量的 0.02%。在浆体中填加外加剂应慎重,要通过有针对性的试验,来确定外加剂的适宜性和合理的填加量,以避免适得其反,造成不必要的损失。

表 10-3　　　　常用外加剂的名称、作用及组成材料

序号	外加剂名称	作用	组成材料	常用产品
1	普通减水剂	在保持水泥浆扩散度不变的条件下,具有减水增强作用	木质磺酸盐类	木钙
2	高效减水剂	在保持水泥浆扩散度不变的条件下,具有大幅度减水增强作用	多环芳香族磺酸盐类(萘系磺化物与甲醛缩合的盐类)	UNF-5FDN
3	缓凝剂	能延缓水泥浆凝结时间,减少浆体活动度损失,对浆体后期强度无不利影响	木质磺酸盐类	木钙
4	缓凝减水剂	兼有缓凝和减水作用	同缓凝剂	
5	早强剂	能提高水泥浆体早期强度,对后期强度无显著影响	有机胺类	三乙醇胺
6	膨胀剂	能使水泥浆体在水化过程中产生一定体积膨胀并在有约束条件下产生一定自应力	硫铝酸钙类(钙矾石、明矾石)	UEA UEAH AEA

2. 工程实用配比

按设计及现场试验确定。

3. 锚固浆体的检验

检验包括对浆体原材料及浆体固化前、后性能的测试。对组成浆体的材料(水泥、砂、水、外加剂)的检验应按国家有关规定,在材料进场时进行,并在材料使用前获得证明材质符合要求的有效文件。在施工现场对浆体性能检验的主要指标包括:密度、流动度和强度等。

(1)浆体密度检测。浆体密度是指单位体积中浆体的质量(g/cm^3)。浆体密度的大小,与配制浆体时采用的水灰比密切相关,水灰比又是最易引起灌浆质量发生波动的敏感指标。因此对密度的检测,实质是对水灰比的监控。施工现场一般采用比重称或泥浆密度计来量测浆体密度,仪器测量范围为 0.96～2g/cm³,基本满足施工需要。

可供参考的浆体水灰比与浆体密度的对应关系列于表 10-4 中。

表 10-4　　　　　浆体水灰比与密度对照表

W/C	0.5	0.45	0.42	0.40	0.38	0.36	0.34	0.32
密度 /(g/cm³)	1.80	1.85	1.88	1.91	1.93	1.96	1.99	2.02

(2)流动度检测。水泥浆体应有足够的流动性,以便注入锚孔后能够很好的扩散黏结,又能满足灌注设备对浆体的要求。一般流动度大于 15cm 的浆体,均可满足要求。

测量浆体流动度,推荐使用金属制作的流动度测定器。测定时先将玻璃板放水平,并用潮毛巾擦拭测定器内壁和玻璃板面。将测定器放在玻璃板中心,将拌好的浆体倒入测定器内,抹平后双手迅速将测定器垂直提起,在浆体流淌 30s后,沿两个垂直方向测量浆体流淌后的直径,取平均值即为流动度值。

(3)强度检验。对固化后浆体强度的检验,是为了确定浆体固化后的强度黏结性能,并以此为预应力张拉确定一个合适的时间。当设计无规定时,若浆体强度大于 30MPa,即可实施张拉。

在制备强度检验的试块时,在注浆孔口取样成型。成型后的试件放在与施工场地环境温度相当的水中养护。每组试样由三块试件组成。当浆体为水泥砂浆时,试模尺寸为 70.7mm 的立方体,当为水泥净浆时,也可采用 40mm×40mm×160mm 的长方体三联试模制备试样。为掌握浆体强度发展规律,应取代表性试样,测试 3d、28d 浆体强度。

三、早强、高强混凝土

在预应力锚固中,混凝土常被用来制作外锚头中的墩座,它承受着巨大的集中力,因此要求混凝土具有强度高、耐久性好的特性。为了满足预应力锚固快速施工的要求,混凝土还应具备较高的早期强度。一般认为混凝土 7d 强度大于 30MPa，已可满足工程进度需要。

实践表明，在优选高效减水剂、水泥和骨料的前提下，完全可以配制出高于水泥强度等级 20～30N/mm² 的早强、高强混凝土，可以满足一般水工预锚施工要求。

1. 原材料选用

高强混凝土宜采用 42.5 级普通硅酸盐水泥或早强硅酸盐水泥。

细骨料宜采用中粗砂，其含泥量必须控制在 3% 以下，含泥量大的砂，应清洗干净，以免影响高效减水剂的减水效果。

粗骨料应选用质地坚硬的碎石或卵石，其最大粒径不宜大于 25mm，含泥量小于 1%。

减水剂可选用产量大、品种多、价格也较为适中的萘系高效减水剂，如 FDN、UNF、NF、SN 等系列产品。

为提高混凝土早期强度，可通过试验加入早强剂，如三乙醇胺等。

2. 工程实用配比

表 10-5 列出一些工程中采用的墩座混凝土配合比，使用时要依据水泥品种、骨料特性、外加剂性能做适当调整。

表 10-5　　　　　　　　墩座混凝土经验配比

强度等级	高效减水剂掺量	水灰比	水泥用量/（kg/m³）	砂率	配合比 水泥：砂：石	抗压强度/MPa 3d	7d	28d
C50	FDN 0.6%	0.38	460	33%	1：1.657：2.289	38	49	60
C50	FDN-2000 0.2%	0.36	472	37%	1：1.43：2.36	49	52	63
>28 (R7)	FDN-S 0.5%	0.35	400	35%	1：1.688：3.18	—	28	
>48 (R7)	FDN-S 0.57%	0.33	530	42%	1：1.415：1.98	—	48.5	

强度等级	高效减水剂掺量	水灰比	水泥用量/（kg/m³）	砂率	配合比 水泥：砂：石	抗压强度/MPa 3d	抗压强度/MPa 7d	抗压强度/MPa 28d
C40①	UNF-5 0.6%	0.35	457	36%	1：1.405：2.50	—	39.9	49.0
C40①	UNF-5 0.6%	0.35	457	36%	1：1.405：2.50	—	39.9	
35 (R7)②	GYA 0.7%	0.32	594	35%	1：0.98：1.82		51.0	
25 (R7)②	GYA 0.7%	0.38	500	36%	1：1.25：1.78		34.4	

注：①为 42.5 级中热硅酸盐水泥，其他为 42.5 级普通硅酸盐水泥；
②该数字为混凝土 7d 的强度值。

四、专用防护材料

专用防护材料是指可以对束体进行充分防护，使其免受腐蚀的材料。它包括专用防腐油脂、隔离套管等。对这些材料的基本要求是：化学性质稳定、耐久性好、防锈能力强且不含对预应力筋有害的元素，套管自身还应具有一定的机械强度，以满足施工需要。

专用防腐油脂主要用来制做无黏结筋以及工作单元重点部位（如外锚头）的永久防护。隔离套管有大、小直径之分，小直径隔离套管在工厂中常与防腐油脂配合被加工成复合预应力筋，现场很少用到；大直径隔离套管可套在整个束体的外边，在现场常常用来制作全长防腐型锚索。

1. 专用防腐油脂

专用防腐油脂全称为"无黏结预应力筋用防腐润滑脂"，在无黏结锚索中起润滑和永久防腐的作用。这种油脂具有良好的化学稳定性，对周围材料无侵蚀作用；不透水、不吸潮，抗腐蚀性能强；润滑性能好，摩擦阻力小；在规定温度范围内不流淌，低温不变脆，并有一定韧性。

行业标准《无黏结预应力筋用防腐润滑脂》（JG/T 430—2014）对Ⅰ型专用防腐润滑脂的技术要求见表 10-6。

表 10-6　无黏结预应力筋专用防腐润滑脂技术要求

序号	项目	质量指标			试验方法
		1号	2号	3号	
1	工作锥入度(0.1mm)	296～325	265～295	235～264	GB/T 269—1991
2	滴点/℃ ≥	165	170	175	GB/T 4929—1985
3	水分/%	痕迹			GB/T 512—1965
4	锥网分油量(100℃, 24h) ≤	8%	5%	3%	NB/SH/T 0324—2010
5	腐蚀试验(45号钢片, 100℃,24h)	合格			SH/T 0331—1992(2004)
6	蒸发损失(99℃, 22h) ≤	2%			GB/T 7325—1987
7	低温性能(—40℃, 30min)	合格			NB/SH/T 0387—2014
8	湿热试验(45号钢片, 30d)/级	≤B			GB/T 2361—1992
9	盐雾试验(45号钢片, 30d)/级	≤B			SH/T 0081—1991
10	氧化安定性(99℃, 100h,758kPa) A 氧化后压力降/kPa B 氧化后酸值/ (mgKOH/g)	≤70 ≤1			SH/T 0325—1992 GB/T 264—1983
11	相容性(65℃,40d) A 护筒材料的吸油率 B 护筒材料的拉伸强度变化率	≤10% ≤30%			HG2-146—1965 GB 1040—2006
12	灰分质量分数	≤10%			SH/T 0327—1992

　　普通黄油易吸潮、透水,含有腐蚀预应力钢材的有害成分,耐久性差,因此在永久工程或重要部位绝对禁止用普通黄油做预应力锚固的永久防护。

2. 大直径隔离套管

大直径隔离套管,一般套在预应力束体外边,起到阻断、隔离、封闭作用,可综合提高束体防腐能力。此种套管按其外表可分成光滑、波纹两种类型。

(1) 光滑套管。一般用来在现场制作无黏结束的自由段。制作套管的材料,应具有良好的化学稳定性和抗老化性能,并有一定的抗拉、耐磨强度,可优先选用聚乙烯或高压聚乙烯塑料成品。套管壁厚应不小于 1mm。

(2) 波纹套管。一般用在束体最外层,宜用聚乙烯塑料制备,使其具有良好的化学稳定性与耐久性,并具有一定强度和刚度,能抵抗一般外力冲击和摩擦损伤。成品套管壁厚应不小于 0.8mm,波纹间距一般为壁厚的 6～12 倍,波纹高度一般不小于壁厚的 3 倍。

五、零星材料

(1) 绑扎线。绑扎线用来捆扎束体,常用 18♯ 左右的火烧丝。在永久工程或重要工程中为提高束体防腐性能,不宜使用镀锌铁丝。提倡使用塑料制品:塑料绳、塑料带等来捆扎束体。当然这些制品也应具有良好的耐腐蚀性和稳定的性能,且对预应力材料不具侵蚀性。

(2) 注浆管。注浆用的管路,可以选用钢管或塑料管。使用塑料管时要选用具有一定刚度和耐压强度的管材。塑料注浆管重量轻,可不用或少用接头,灌浆阻力小,施工方便。

第五节　施 工 设 备

预应力锚固施工中使用的机械有钻孔、注浆、预应力张拉、混凝土搅拌及预应力筋下料五类设备。

一、钻孔设备

预应力锚固钻孔设备应具有动力足、扭矩大、起拔能力强,拆迁方便,易于组装,施工速度快,效率高等特点。应根据施工环境、地质条件、钻孔深度、钻孔方向和孔径大小等因素来选择适宜的钻孔机械和钻孔方法。

当场地平坦开阔,可以选用履带式全液压钻机。此种钻机具有移动方便、动力足、起拔力大、钻孔速度快、效率高等特点。

当可以采用湿式回转钻进时,水电工程中常用的地质钻机是首选机型。该种钻机重量轻便,配件易得,工艺成熟,适宜性好。目前此类钻机中的有些型号也可采用潜孔冲击——回转方式成孔。

当要求干式造孔时,往往采用动力头潜孔冲击——回转类钻机。此类钻机具有性能稳定、工作效率高、功能强、钻孔精度高等特点。当地层松软、破碎或含有砂卵砾石时,往往还可以带套管钻进。

当施工场地处于高陡边坡或狭窄洞室中时,还可选用轻便风动或电动小型钻机。

在各种钻孔方法中,潜孔冲击——回转钻孔设备,在许多重大工程中显示出明显的优越性,已成为锚固施工中主要的成孔机械。

二、注浆设备

注浆设备主要用于内锚段、自由段注浆以及对孔壁围岩固结灌浆等。对这类设备总的要求是满足注浆压力要求,能灌注浓稠的、流动度小的锚固浆体,注浆量较大,尽量缩短注浆时间。常见的有柱塞式灌浆泵、挤压式灰浆泵和螺杆式灰浆泵三类。

1. 柱塞式灌浆泵

柱塞式灌浆泵依靠柱塞在缸体中的往复运动,完成吸排浆的过程。有单柱塞和多柱塞,单作用和双作用等多种形式。该种泵的特点是注浆压力大,可将浆体输送到较远地方,泵量大,可加快施工速度;缺点是在输送黏度较大的锚固浆体时,易在球形阀座处发生堵塞事故以及柱塞易磨损、检修频繁等。

2. 挤压式灰浆泵

挤压式灰浆泵输送砂浆的原理。紧贴在泵体内壁上的橡胶挤压管,受到挤压滚轮的间断挤压,容积产生变化,产生压差,吸入浆体。在挤压滚轮向前推挤下,浆料被挤出胶管。该种泵工作时砂浆仅在耐压橡胶管中流动,不与金属零件接触,对机件磨损小。在输送浓稠浆体时不易堵塞,而且具有反抽功能,可从孔内抽出浆体,方便施工。该泵维护方便,易损件少,质量轻,移动方便,适合锚固工程施工使用。不足的地方是泵量偏小。

3. 螺杆式灰浆泵

螺杆式灰浆泵是依照回转容积自吸式泵的原理工作,螺杆与衬套组成螺旋付,通过容积变化,可连续地吸入灰浆,并不间断地沿轴向排出,排浆压力可达 3MPa,可灌注稠浆。

三、张拉设备

张拉设备是对预应力材料实施张拉,建立预应力的专用设备。它主要由千斤顶、高压油泵组成。目前国内设计的预应力千斤顶,额定油压多为 $50\sim63$MPa,张拉吨位 $180\sim12000$kN。施工时可依据锚具类型、束体材料种类、施工环境等因素选用千斤顶。

1. 千斤顶

常用的预应力千斤顶为穿心式千斤顶,它具有构造简单,维修保养方便的特点。主要用于与群锚夹片式锚具的配套张拉,既可以根据需要配装限位板,组成不顶压张拉系统,也可以配装顶压器,组成能够顶压的张拉系统。当配上相应附件(拉杆、撑脚等)还可完成镦头锚、螺杆锚等的张拉。下面介绍几种常用的千斤顶。

(1) 常规系列千斤顶。常用的千斤顶系列有 YCQ 系列、YDC 系列、YCW 系列等。常见穿心式千斤顶结构见图 10-8。一些系列千斤顶命名时符号含义见表 10-7。

(2) 轻量化千斤顶。新近研制的轻量化千斤顶,重量较以前轻 $26.8\%\sim44\%$。尺寸也较以前短小精巧。不仅方便施工,还可节省大量预应力筋。

(3) 前(内)卡式千斤顶。此类千斤顶也属于穿心式千斤

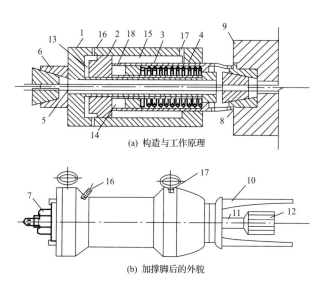

(a) 构造与工作原理

(b) 加撑脚后的外貌

图 10-8　常用穿心式千斤顶结构示意图

1—张拉油缸；2—顶压油缸（即张拉活塞）；3—顶压活塞；4—弹簧；

5—预应力筋；6—工具锚；7—螺帽；8—锚环；9—构件；10—撑脚；

11—张拉杆；12—连接器；13—张拉工作油室；14—顶压工作油室；

15—张拉回程油室；16—张拉缸油嘴；17—顶压缸油嘴；18—油孔

表 10-7　　　穿心式液压千斤顶常用符号含意

符号	YC	YCD	YCQ	YCW	YCN	A	B
代表意义	穿心式液压千斤顶	穿心式液压千斤顶	穿心式液压群锚千斤顶	穿心式液压通用型千斤顶	穿心式液压内卡千斤顶	第一次设计	第二次设计
常用配套锚具	DM LM JLM	XM XYM	QM	OVM HVM	B&S		

顶，主要系列产品有 YCN、YDN 等。工具锚配置在千斤顶前部空心内，具有节约预应力筋的特点。

前卡式千斤顶有一次仅能张拉 1 根预应力筋的小吨位千斤顶，也有可同时张拉数根的大吨位千斤顶。

2. 高压油泵

预应力高压油泵是预应力机具的动力源,将其与各种机具配套,能完成预应力张拉、冷镦、钢筋压接、冷弯、切断等工作,可减轻劳动强度,提高工作效率。

目前国内预应力油泵可分为电动高压油泵与手动油泵两类。电动油泵供油稳定、操作方便,手动泵可满足无电源或在特殊环境中使用的要求。

3. 张拉设备的进场验收

预应力张拉设备进场后,应对其进行验收,防止由于故障影响张拉工作。

(1) 空载检验:

1) 将高压油泵和千斤顶按使用说明连接。

2) 启动油泵,当油泵回油管无气泡,排油正常后,操作控制阀,使千斤顶空载往复运动,此时油路系统,不得有渗漏现象,油泵操作阀灵活自如。

3) 观察千斤顶空载启动油压,此值应小于额定油压的 4%。

4) 实测千斤顶最大行程,对于公称行程小于 250mm 的空心千斤顶,实际行程应比公称行程大 0~5mm。

5) 千斤顶在空载运行中没有爬行、跳动等不正常现象,油缸表面也没有划痕。

(2) 满载检验。在现场一般要结合千斤顶标定进行满载检验,主要检验千斤顶内泄漏性能,方法如下:

1) 压降法:将千斤顶置于钢性框架内,让活塞伸出 2/3 行程,顶紧框架,油压升至公称油压后关闭截止阀与电动机电源,5min 内油压降值不应大于公称油压的 5%。

2) 沉降法:将千斤顶置于压力试验机压板之间,千斤顶活塞伸出 2/3 行程,压力试验机加荷至千斤顶公称油压,然后持荷 5min,用百分表量测持荷期间活塞的回缩量,回缩值不得大于 0.5mm。

通过现场空载、满载检验,千斤顶可以验收。

4. 千斤顶的配套标定

由于千斤顶加工实际尺寸和表面粗糙度存有差异,密封圈和防尘圈松紧程度也各不相同,因而千斤顶内摩擦阻力不相同。对同一台千斤顶来讲,其内摩擦阻力还会随油压高低、使用时间长短均有一定变化,因而千斤顶在工程中正式使用之前还要进行配套标定。配套标定的含义是:第一要对油泵上的压力表进行标定,确认合格;第二要对千斤顶、油泵(包括上述压力表、油管)组成的系统进行标定,获得千斤顶出力与油压关系曲线,用于施工张拉。

标定用的标准测力计,可选用材料试验机、压力试验机或压力传感器。它们的不确定度不得大于2%。千斤顶的出力不得超过上述仪器量程的75%,以确保安全。

(1)用试验机标定。将千斤顶置于试验机压板中间,对中、放稳,活塞伸出2/3行程,顶住压力机。要求在千斤顶进油、试验机不进油状态下标定。记录压力表示数与试验机示值对应关系,重复三次,取平均值作为检测结果。

(2)用空心式压力传感器标定。标定时让千斤顶活塞伸出2/3行程,安装工具锚、传感器、垫块等,即可进行标定。同样记录压力表和传感器的示值,重复3次,取平均值为检测结果。采用此种标定方法,千斤顶运行方向与实际张拉相同,符合实际情况,适于推广。标定时使用的垫板可专门加工,也可以用锚具替代,只要保证有足够的刚度即可。

(3)标定周期及特殊情况的处理。一般情况下,标定周期为六个月。但是当遇到下列情况时,应及时重新配套标定:

1)新进场的千斤顶,初次使用前;

2)千斤顶、油泵经维修、更换零件和油管后;

3)张拉设备停放三个月不用,又重新使用之前;

4)千斤顶、油泵受到冲撞等较大的冲击后;

5)油压表受到摔碰或指针不能回零,更换新表以后;

6)张拉时出现断筋事故,而又找不到原因时;

7)张拉设备连续使用满六个月,需重新标定。

5. 张拉设备选用

(1) 千斤顶与锚具、限位板(顶压器)、工具锚为同一系列,同一厂家产品,这样才能很方便施工。

(2) 千斤顶的额定出力要有富余度,一般比实际张拉力大 1.2~1.5 倍,确保施工安全。

(3) 油泵要依据千斤顶的大小及使用环境选用,配用的油压表精度一般不低于 1.5 级,使用油压不宜超过表盘刻度的 75%。

6. 张拉设备的维护保养

张拉设备是预应力锚固中关键施工设备,应对其进行精心保养维护:

(1) 系统用油应符合下列要求:油温 50℃ 时,动力黏度为 12~60N·S/mm², 杂质直径不大于 137μm。通常用 20号机械油,或冬季用 10 号机械油,夏季用 30 号机械油。也可使用相应的液压油。

(2) 油液应保持清洁。向油泵加油要通过滤网。油内不得混杂水分,避免造成锈蚀。通常在半年或使用 500h 后更换一次油液。

(3) 保持张拉设备外观的清洁。拆装压力表、油管时严防污物、杂物侵入。对伸出的活塞要用干净棉丝擦拭,防止杂物进入系统。

(4) 张拉设备不得受到强力冲击和震动,尤其是压力表在搬运过程中更不得受到振动,搬迁时要将其放入有隔离层的盒内小心保管。

(5) 油缸密封圈是千斤顶关键部件,承受冲击力的能力较弱,因此在向油缸供油或回油时,要保持平稳,速度不宜变化太大。使用聚氨酯制造的防尘圈和密封圈时,应注意防水、防潮。

(6) 供电系统要有可靠接地系统,避免漏电伤人。

四、混凝土搅拌设备

预应力锚束外锚头需要使用混凝土,有条件时应就地利用已建成的混凝土拌和系统供料。否则应选择小型的混凝土搅拌机,自建简易混凝土拌和系统。

当施工场地较宽敞时,普通混凝土搅拌设备均能符合施工要求;当施工场地处于高陡边坡又要经常搬迁时,小型轻便混凝土搅拌设备将是首选的机型。

五、下料设备

常用的预应力筋切断设备有电动和液压两类:电动设备一般使用的是型材切割机;液压设备为便携式专用切割设备。两类设备均具有切割速度快、效率高、操作方便、切割面整齐的优点。液压切割机更具有冷切割特点。

第六节　施工方法与要点

预应力锚固工序较多,各个工序中应当注意如下方法和要点:

一、钻孔

1. 确保钻孔孔向,防止和减少孔斜

锚索孔孔向的精确,是按照设计角度向被加固体正确施加预应力的要求,是加固大体积、不稳定岩体所必需的。从锚固施工的经验来看,有关规范对特殊锚束孔制定的"孔斜误差不宜大于 0.8%"的规定是适宜的,也是能够达到的。丰满水电站加固工程 600t 级锚索试验,其锚孔为深 61m 的垂直孔,设计孔径 ϕ220mm,利用普通轻便地质钻机成孔,终孔时的最大偏斜仅为 33mm,孔斜率达到 0.06%;三峡永久船闸高边坡加固工程中的水平锚索,孔深 36~56m,孔径 ϕ165mm,要求终孔处最大偏斜不超过半个孔径,孔斜率达到 0.18%,均具有相当高的水平。

施工中采取的主要措施有:

(1) 选择适宜的钻孔方法,配备性能优良的钻机。可根据施工场地情况和地质条件、孔深、孔径等参数来确定适宜的钻孔方法。常用的钻孔方法见表 10-8。

当成孔方法确定后,可依据工法要求选择适宜的钻机。对钻机的一般要求包括:一是自身零部件装配精度高、误差

表 10-8　　　　　　　　　常用钻孔方法

序号	方法	原理	适应性
1	清水回转法	利用金刚石、合金钻头或钢粒钻头等环状钻具,切屑地层,用循环清水冷却钻头和冲走岩粉	适用于岩体较完整,钻孔倾角较大,对冲洗液的挠动不敏感的地层;当需要获取岩芯确定岩性时适用
2	冲击回转法	利用冲击器中的压缩空气膨胀冲击能量,驱动柱齿钎头击碎岩体,用风冷却钻具,同时将已经破碎的岩屑带出孔外,形成孔洞	适用地层广泛,斜孔、仰孔、水平孔均可;施工粉尘较大,有一定污染,可在风中加水,改善工作环境
3	扩孔跟管法	采用扩孔钻具,在成孔的同时冲击器将套管带入地层,套管对孔壁可形成良好保护;需要时中心扩孔钻头可回缩进入套管,并被提出管外	适应于松散不易成孔的砂、砾石、松散、胶结不良的地层;一般跟管深度不大于 30m
4	边钻边灌法	采用表面有压制螺纹的钢管为钻杆,通过连接手,随意接长,钻杆即锚杆的杆体;钻进时可利用水泥浆护壁,防止孔壁塌落,可快速成孔。成孔后可不提钻,即刻灌注浓浆锚固	适用于松散、胶结不良的地层,不易成孔的砂砾石层等;多用于紧急抢险工程
5	重复钻灌法	先正常钻进,当遇到不能成孔地层时提钻。对已钻孔段,用水泥浆进行堵漏、固壁灌浆,待凝后,扫孔继续钻进。当遇到又不能成孔时,重复上述过程直至终孔	适用于软弱、破碎、松散、岩溶发育地层;胶结不良、人工堆渣体等;此种成孔方法,成孔率较高,成本费用也较高

小,尤其是回转器、滑板、滑道等的对中性要好,晃动量要小,从而提高钻进过程中钻具的稳定性;二是钻机回转速度要与选用的成孔方法相匹配,如选用冲击回转钻进时,回转速度要能控制在 $0 \sim 60 \text{r/min}$ 的低转速区内且最好连续可调,以便保证钻孔效率;三是由于锚固孔经常要穿透破碎、胶结不

良的地层,钻进过程中孔内掉块、卡钻事故会经常发生,故要求钻具有大扭矩、高起拔力,以便处理孔内故障。

(2) 组配专用钻具,优化钻进参数。为保证钻孔质量,要选用加工精度高、互换性好、组装后准直度高的钻具;选配粗直径、刚性大的长钻具。一般来讲,岩芯管或粗径钻具在孔中的长度如果能达到 4~10m,即能起到良好的导向作用。必要时还可沿孔深分段或全程布置节点导向装置,钻孔精度就会更高,但施工成本相应也会提高较多。目前施工中选用的钻杆直径与成孔直径的比最高已达到 70%,导向节点直径与钻头直径比高达 98%。

为提高钻进效率,要选用高效成孔器具。例如:冲击钻进时可考虑选配无阀式冲击器或高风压冲击器,回转钻进时选用金刚石钻具等;另外,要依据孔内地层情况,选择适宜的钻进参数(包括钻机转速、钻具压力、水压、风压、水量等),在保证钻孔偏斜受到有效控制的前提下,加快成孔速度。

(3) 确保钻机稳定性,提高开孔精度。在整个钻进过程中,应采用锚杆、压梁、拉杆等加固措施,使钻机与基础牢固结合,并能在整个钻进过程中保持不移位。

钻进开始阶段(孔深 10m 以内),钻孔的各项参数(位置、倾角、方位)均在施工人员直接掌控之下,因此务必达到 100% 的精确。为此要适当控制给进压力和回转速度,放慢进尺。还可埋设孔口管,以提高开孔段的精度。

(4) 加强检测、及时纠偏。在钻进过程中,一般每隔5~10m,需检测一次钻孔倾角和走向,特殊情况(如遇断层,破碎带等)还要加密测量。回转钻进时要求每一两个回次进尺,测量一次。冲击成孔速度快、有条件时也应在开孔阶段和中间阶段加强检测。依据检测结果,适当调整钻进参数或调整钻机工作状态,纠正孔斜。而对于已产生偏斜的孔段,要采用设置"定向偏斜塞"或"封孔回填"等措施予以纠正。

2. 预防埋钻、卡钻

为防止卡、埋钻事故的发生，可在钻具上加装防卡钻具或反吹排渣专用装置。

在软弱、破碎或裂隙发育的地层中，采用"扩孔跟管"钻进工法，用套管将已钻成的孔壁有效保护起来，也是行之有效的措施。

3. 锚孔围岩固结灌浆

对锚固孔围岩进行固结灌浆，可以达到保护孔壁稳定，减少地层裂隙开度，防止地下水渗透的目的；可提高预应力锚固的防护性能和耐久性；通过加固基岩，可有效减少预应力的损失，提高加固效果。

在一般地层中锚孔可采用自下而上法灌浆；而对于复杂地层可采用自上而下边钻边灌方式。灌浆参数由设计决定，并依据灌浆规范进行。

二、编束

编束是按设计图纸的要求，将预应力筋及其隔离架等一系列元件组合装配成锚束体的过程。组成束体的原材料和部件主要有：预应力筋、隔离元件、注浆管路、导向帽、承载体、隔离护套、止浆器等。由于预锚应用的目的、对象、场合的不同，束体上安装的部件种类会有所不同。

锚束体是组成预应力锚固的重要构件，质量好坏将直接影响预应力锚固的长期效果和可靠性。

1. 束体制备程序

各类锚束体制备的基本程序有：

（1）清整编束场地，搭设编束平台；

（2）预应力筋下料；

（3）预应力筋的防腐与清除污物、去除油脂、剥皮等；

（4）装配隔离元件、注浆管、回浆管、充气管、导向帽、隔离套等零部件，并用绑扎丝固定，使它们组合为一体；

（5）对锚束体进行整体防腐处理；

（6）对束体进行验收、记录、编号，在可追溯标识后存放待用。

2. 束体制备的原则

在制备束体过程中,应遵循的原则有:

(1) 编束场地可依现场条件选定,可选后方工厂,也可选靠近锚孔的施工平台。原则上应靠近施工现场,以方便后续工序作业,减少周转。

(2) 编束场地应有防雨、防潮、防污染措施。

(3) 束体最好随加工随用。已制备好的束体应尽早使用,避免长期存放,增加维护费用。

(4) 对高强预应力筋不得采用热切割,不得对其焊接。要防止高温烘烤、焊接火花、接地电流等对预应力筋造成损害。

(5) 对编束过程要有技术交底、有检查、有记录、有标识、可追溯。束体编制完成存放时以及将束体放入锚孔中时,均需经过质检、监理人员共同验证,准确无误后方能进行。现场应核对的主要内容有:预应力筋的规格、数量、束体长度、各元件绑扎位置、牢固程度、束体防腐、防污状况、各种管路通畅完好情况等。

(6) 注意施工安全。施工中应针对预应力束体编制过程存在的安全隐患,制定施工操作与用电设备的安全措施。

3. 编束方法

(1) 全束"紧密捆扎法"。这是工程中最常用的编束方法。编束时按设计要求,每隔 2～3m 安置隔离架,束体中预应力筋与隔离架用火烧丝逐处捆扎牢固。预应力筋在孔中分布形态,主要由隔离架来控制。

(2) "松、紧适度"编束法。此种方法对自由段束体和内锚段束体分别采用不同方法编制。内锚段束体采用"紧密捆扎法"制作,且尽可能让预应力筋的分布形式与锚板上锚孔分布相类似。自由段的预应力筋则采用"分层编廉"的方法,控制其相对位置,使其不散不乱,且在该段内尽量少放隔离架。

由此可见,张拉后预应力筋在孔中的分布形态,受工作锚板上锚孔分布形状和内锚段处预应力筋的分布形状双向控制。自由段隔离架数量少,减少了束体与孔壁的接触点,可降低预应力的沿程阻力。自由段中的预应力筋相互没有紧密联结,当采用分组张拉工法时,被张拉的预应力筋对其他筋的扯动少,因此这种编束方法特别适合于"分组张拉"工法。另外在使用此种编束方法时,还要求锚固孔的"准直度"要高,这样方能保证防腐效果。

4. 束体制作中的几个具体问题

(1) 无黏结筋的清洗除油。新型分散型锚索,一般利用无黏结筋制作束体。为了进行内锚段有黏结锚固,必须对处于内锚段的无黏结预应力筋进行去除塑料护套清洗油脂的工作,并将光裸的预应力筋表面清洗干净。清除油脂时,通常先用汽油等清洁剂除去钢绞线上的大面积油脂。之后再用干净棉丝擦净钢丝表面。此法要反复多次才能干净地清除油脂,且操作中易发生火灾,不宜提倡。另一种方法用蒸汽和热水交替冲洗去除油脂,清洗速度快效果好,且安全可靠,值得倡导。

(2) 挤压头的检验。挤压头是分散型预应力锚索最重要的承力元件,成型后要逐个检查挤压头外观,并量测其外径尺寸,还要进行必要的破坏性拉力试验。

(3) 束体中预应力筋的间距控制。如果预应力筋在孔中能均匀分布,且相间有尽可能大的间距是最理想的情况。但有时为了安放注浆管路等其他元件,需要压缩预应力筋的相互距离,因而就有一个合理间距问题。中国水利水电基础工程局在完成国家"七五"科研课题中,曾做过压缩钢绞线相互距离的模型试验。在七根钢绞线彼此的间距为 3mm、5mm、7mm 三种情况下,用水泥浆将其与孔壁固结。之后进行的破坏性张拉表明,无论是极限承载力,还是浆体前端拉裂情况,三种间距并未有显著差异。结论是在保证注浆效果和注浆体强度的前提下,将束体中预应力筋的距离压缩到4～5mm,仍能够保证束体与锚固浆间有着牢靠的黏结。

(4) 预应力筋的下料长度。预应力筋的下料长度应以设计图纸为准,长度测量误差将依所选用的锚具类型不同而有所差异。采用镦头锚具时,钢丝的等长要求较严:同束钢丝下料长度的相对差值(指最长与最短之差)不大于 1/5000 且小于 5mm,下料的断口应平整且与线材垂直。当采用钢质群锚或螺杆式锚具时,下料误差可适当放松,但也应控制在 $-50\sim+100$ mm 范围内。

三、下束

下束(放束入孔)方式因地制宜,不强求一致。目前小吨位锚索经常采用人工抬运和人力推送方式入孔。也有些工程采用了小型机械,不仅加快了施工进度,减轻了作业人员的劳动强度,而且质量安全均有保证。

四、内锚段注浆

1. 浆体制备

要注意外加剂的添加顺序。高效减水剂一般采用后掺法为好,膨胀剂采用内掺法且与水泥同时加入。水泥、砂等材料计量要准确,要重点控制水的加入量。浆体搅拌时间要不少于 2min。制备好的浆体存入储浆桶中,需不停搅拌,防止沉淀。

2. 注浆

注浆前用水湿润管路后,即可开始注浆。注浆过程中要保持流量平稳,一次连续注完。采用定量注浆时,需要采用有效的控制手段(如采用电测法、埋回浆管等),控制注入量,不要向孔内注入过多浆体,使内锚段长度超过设计要求。水下注浆起拔注浆管时,要控制起拔量,避免将管口拔出浆面。

3. 内锚段注浆长度的控制

电测法是一种方便、准确地控制内锚段注浆长度的方法。在漫湾水电站和隔河岩水电站的边坡加固工程中,都曾采用此法控制端头锚首次注浆段的长度。在裂隙、断层、溶洞等特别发育的不良地质环境中,用此法可有效地控制内锚段的注浆范围。

电测法的工作原理:依据介质导电性能方面的差异来确定和判断某一介质在锚索孔内的位置。孔内注浆的过程一般是三种介质——空气、水和水泥浆交替变化的过程,这三种介质的电阻率差别很大,孔内积水的电阻率约为 $n \times 10^2 \Omega \cdot m$,水泥浆的电阻率为 $n \times 100 \Omega \cdot m$,因而很容易区分和判别。

五、防护

预应力锚固工作单元长期处在岩(土)体和高应力状态中,当工作环境中的水体或气体发生微小的变化,都极易诱使腐蚀介质渗透和接触预应力筋,使其发生全面锈蚀、局部腐蚀或应力腐蚀(氢脆)。

一般来讲,全面锈蚀只发生在金属表面,且可产生大致连续的膜,从而抑制腐蚀进一步发生。局部腐蚀与预应力筋的防护材料或防护膜局部受损形成孔穴和缝隙有很大关系,也与预应力筋的材质不纯净、有杂物、存在加工缺陷有直接关系。局部腐蚀的结果会使预应力筋产生锈坑和裂纹,截面锐减,造成破断,对锚固工作单元危害性很大。应力腐蚀和氢脆,均是在拉应力状态下发生局部腐蚀的结果。应力腐蚀是腐蚀→应力集中→再腐蚀→再应力集中的恶性循环,最终导致预应力筋的突然断裂,对预应力锚固危害极大。而氢脆则是由于游离的氢原子遇到预应力筋后,渗入其晶格内,在此处发生聚积形成氢分子,同时体积猛增致使应力集中,产生并扩展裂纹。随着氢原子的再度聚积,裂纹不断扩张,如此恶性循环,使预应力筋变脆,最后断裂,氢脆对预应力锚固危害甚大。国内外工程实践证明,只要采取适当的、有效的防腐措施,预应力锚固工作单元的耐久性、可靠性是可以得到充分保证的。

1. 引起腐蚀的可能因素

引起腐蚀的因素很多,各种因素在腐蚀过程中所起的作用往往也不是单一的,而是有着错综复杂的关系。

2. 腐蚀环境的判断

由于腐蚀机理的复杂性以及腐蚀表现形式的多样性,目前国内还未有用于判定预应力锚固工作环境腐蚀性的统一标准,只能参考国内外一些资料和规范的相关内容,进行对比,选取采用。一般认为,当预应力筋长期工作在 pH 值大于 12 的高碱性环境中,是不会发生锈蚀的,也有的认为,当地层透水率小于 1～10Lu 时,没有必要采用二重防护。

3. 主要防护措施

预应力筋的防腐问题,一般应依据具体工作环境、预应力锚固工作年限及其重要性,并借鉴大型工程成功的防护经验,来确定防护措施。目前应用的主要防护方法,大致可分为电化学法和隔离法两类:电化学法设备复杂,维护麻烦,成本高,故在岩体锚固中应用甚少;隔离法是在不消除腐蚀来源的情况下,采取一系列措施防止有害离子或物质接触预应力筋,或改造创建一个良好的工作环境,使预应力筋免受腐蚀。隔离法工艺简便、造价较低、效果明显,是国内岩(土)体锚固工程广泛采用的方法。

工程中所采取的主要防护措施见表 10-9。需要注意的是,一个好的防护方案往往需采取一系列措施,并结合工程环境进行优化组合。由于优质水泥(砂)浆体自身具有高碱性且具备长期防止环境中的侵蚀介质渗透的功能,材料来源广泛、经济,是首选防护隔离材料。

表 10-9 **主要防护措施**

实施阶段	实施对象	主要措施	应用场合		
			临时	永久	特殊
工厂制造加工阶段	普通松弛预应力筋	选择优质碳素钢(80♯):含碳量 0.77%～0.85%、含锰量 0.3%～0.6%、含磷量不大于 0.04% 盘条拉拔前经过铅淬回火处理、酸洗并涂润滑层保证拉拔后获得良好表面质量 成型后采用矫直回火工艺降低松弛率	○	○	×

实施阶段	实施对象	主要措施	应用场合		
			临时	永久	特殊
工厂制造加工阶段	低松弛预应力筋	选择高性能碳素钢：含碳量 0.80%～0.85%，含锰量 0.6%～0.9%，磷、硫含量不大于 0.03% 盘条拉拔前经过"斯太尔摩"控冷处理，获得细小、均匀的显微组织和优良的机械性能。盘条经酸洗并涂润滑层保证拉后获得良好表面质量 实行"稳定化"处理：消除内部应力、使结构变得紧密从而获得对应力腐蚀敏感性低的低松弛预应力筋	○	○	○
	无黏结预应力筋	在预应力筋外表面加工制作无黏筋专用防腐油脂层和高压聚乙烯塑料护套保护层，这种保护层可多重设置，提高防护效果	×	○	○
	环氧涂层钢绞线	在预应力筋外采用静电喷涂工艺制作致密的环氧保护层，这种保护法可单独使用，也能与油脂、塑料护套结合，多重设置，大大提高防护效果	×	○	○
施工现场	锚孔周围环境	采用压力灌浆固结孔壁，封堵渗透通道，防止有害离子侵入束体，此种方法扩大了防护区域，效果可靠	×	○	○
	锚固浆体	采用填加外加剂方法，降低水灰比，提高流动性，降低泌水提高浆体密实性，提高抗渗效果	○	○	○
	孔中束体	对放入孔中的束体用注饱合石灰水（pH>12）的方法进行临时保护	○	×	×
		将束体放入连续的、性能稳定的大塑料套管（如高压聚乙烯管）中，进行全长防护	○	○	○

实施阶段	实施对象	主要措施	应用场合		
			临时	永久	特殊
施工现场	内锚段束体	用普通砂浆、水泥浆固结	○	○	○
		用高性能锚固浆体固结	○	○	○
		用环氧砂浆固结	×	○	○
	自由段束体	现场人工制作双层(油脂和塑料护套)防护体系	○	○	×
		张拉后用锚固浆体防护(厚度>20mm)	○	○	○
		机械(人工)制作环氧保护层	×	○	○
	外锚头	对外锚头处锚具、预应力筋等用混凝土、砂浆永久封裹,保护层厚度一般不小于50mm	○	○	○
		对锚具、预应力筋用油脂、密封帽等封闭保护	×	○	○

注:1. 要求固结层的厚度>20mm(无其他措施时)或>10mm(在有塑料套管防护时);

2. 对自由段束体采用有压循环灌浆和并浆措施进行防护时,要求注浆饱满,浆体密实。

○—适用;×—不适用。

六、张拉

1. 张拉前的准备工作

张拉工作是一项专业性很强的技术工作。工程开工前,对作业人员要进行培训和技术交底,并应做好下列工作:

(1)机具准备。

1)确认锚具和千斤顶与束体材料相互配套,没有差错;

2)确认所用油压表的精度不低于1.5级,张拉中使用的油压不大于油压表满量程的75%,实际张拉荷载不大于千斤顶额定值的75%;

3)张拉设备事前要经过试运转且一切正常;

4)张拉设备已配套标定并获得率定资料。

（2）资料准备。

1）确认获得的率定资料是有效的，配套标定是在有资质单位进行且标定时间未超过6个月；

2）已编制实际分级张拉荷载与油压表示数关系表；

3）确认内锚段注浆体，外锚头混凝土的强度已满足设计要求或强度已达到30MPa以上，且获得检验测试报告。

（3）现场清理。将现场与张拉工作无关的设备和材料进行整理或撤离现场，保持现场整洁；将钢垫板、钢绞线表面的污物、清除干净；确认孔口附近的束体未被混凝土或水泥浆黏结。

（4）设备和机具组装。组装后的锚具、限位板、张拉千斤顶、钢垫板等应相互紧贴且中心线与锚孔轴线重合，具有良好的对中性。

2. 张拉方式

在预应力锚固中，形成预应力的方式一般有整体张拉法和分组张拉法。

整体张拉法是采用一台大吨位千斤顶，将束体中的预应力筋同时张拉到需要的荷载并锁定，张拉时荷载是逐级施加的。

分组张拉法，是采用小吨位轻便千斤顶，每次分组张拉束体中的部分预应力筋，通过循环，实现对整束的张拉。张拉荷载采用分档次、分级逐步施加。

整体张拉法，施工速度快、过程简单，易于掌握，是目前普遍采用的方法。分组张拉法，可在特殊场合，利用小千斤顶建立大吨位预应力，施工设备轻便，束体中预应力筋受力明确均匀。但它的张拉过程较复杂，所需时间较长。

（1）整体张拉法。张拉过程由预张拉和张拉两部分组成。预张拉的目的是使预应力筋初始受力趋于一致。一般用小千斤顶逐根进行预张拉，预拉荷载一般为张拉荷载的10%。在特殊情况下，也可以将其提高到20%以上。一般预张拉一至二次即可达到施工要求，特殊情况可增加次数。束体经预张拉后，即可进行张拉。张拉过程要分级进行，在每一级要持荷稳压(稳压时间不低于 5min),并记录束体伸长值(每一级荷载至少量测三次)。一般采用超张拉方法消除摩阻损失、回缩损失或早期预应力损失。超张拉系数要依据地层状况、锚夹具的性能、造孔质量来确定,一般取设计张拉力的 1.03～1.1 倍,最大不宜超过 1.15 倍。

(2) 往复式张拉法。往复式张拉法是分组张拉法的一种。此种工艺以单根或若干根预应力筋为一组作为张拉的对象,张拉荷载采用分档次、逐级、循环施加的方式进行。即将每根预应力筋承受的最终荷载分成若干档次(一般可分成 3～4 个档次),在每个循环张拉中,每根筋均承受相同档次的拉力,当同一档次的力在每根筋上均已施加后,方进行下一档次力的施加,如此逐级循环,直到最后一个档次张拉力的施加。在循环张拉线路设置上,往复式张拉法以方便施工,便于记忆为原则建立张拉路径,而将"对称张拉"的问题放到次要地位考虑,这是"往复式"张拉法的一个特点。它的另一个特点是在整个张拉过程中要沿着一去一回两个路径进行。第一档力按首选路径逐根施加。第二档力的路径将是首选路径的逆序,即前一档的最后一根被张拉的预应力筋,将成为此次张拉时的第一根筋;依此类推,前次最早张拉的预应力筋,将成为本次最后张拉的筋。这样往复进行,直至最后一个档次力的施加,故称为往复式张拉法。

下面举例某水电站 8MN 级预应力锚索的张拉工艺过程。

张拉中使用一台 YC25 型千斤顶及配套高压油泵,工具锚为 OVM15-1。工作锚板为 OVM15-43 及配套的限位板。束体由 43 根钢绞线组成,每根钢绞线最终张拉荷载为 183.5kN,相应油压表示值为 43MPa。按油压值将最终荷载分成四个档次:第一档次 10MPa、第二档次 25MPa、第三档次 43MPa、第四档仍为 43MPa。在每档次张拉时,又分级进行,并稳压 2min 以上,分级情况如下:

第一档 0MPa—2MPa—10MPa,共 2 级;

第二档 0MPa—10MPa—20MPa—25MPa,共 3 级;

第三档 0MPa—25MPa—30MPa—35MPa—43MPa,共4级;

第四档 0MPa—43MPa,共1级(为第三档力的重复施加)。

由此可以看出43根钢绞线要逐根经历4个档次、10级张拉过程。

3. 预应力张拉中需注意的问题

除本节"2"中已提及的问题外,张拉中还应注意如下几点:

(1)在任何情况下,张拉应力不得超过预应力筋强度的69%(岩体中)或75%(水工建筑物内)。

(2)张拉过程中当实测位移值大于计算伸长值10%或小于5%时,应暂停张拉,查明原因并采取措施给予调整后,方可继续张拉。

(3)张拉时,升荷速率每分钟不宜超过设计应力的1/10,卸荷速率每分钟不超过设计应力的1/5。

(4)对经检验不需补偿张拉的锚索,应尽快(最好在12h内)封孔注浆,使其受到良好防护。经检测需补偿张拉的锚索,不得提前注浆和切除张拉段束体。

(5)当预应力损失超过设计张拉力的10%时,应进行补偿张拉。补偿张拉应在锁定值基础上一次张拉至超张拉荷载。

(6)对锚索进行的补偿张拉,最多进行两次,否则对束体材料和锚板夹片均会有损害。

七、外锚头制作

在水电工程中,外锚头一般由工作锚具和混凝土墩座等组成。混凝土墩座需在现场制作。

制作垫墩时需注意如下问题:

(1)孔口管和钢垫板最好事先焊接在一起,两者中心应重合且端面相互垂直。

(2)孔口管放入锚孔的深度不宜小于200mm。垫板承压面与锚孔轴线应垂直,其误差不大于0.5°。要采取措施

(加楔、拉筋)固定孔口管,防止立模、浇混凝土时移位,造成偏差。

（3）使用的模板和底模支架必须具有足够的强度、刚度和稳定性,必要时用锚筋辅助加固。模板应干净并采取防黏结措施。

（4）混凝土一般采用一级配,粗骨料粒径不大于 20mm。混凝土应采用机械搅拌。入仓后,要用小直径振动棒认真捣实,并加强混凝土的早期养护。

（5）侧模必须在混凝土强度能保证其表面及棱角不受损坏时,方可拆除。底模最好在预应力安装完后拆除,如因施工需要拆除时,混凝土的强度应达到设计强度的 75% 以上。

第七节　施工质量与安全

一、施工质量控制

预应力锚固属专业性很强的施工,又属隐蔽性地下工程,对施工质量应当进行全过程控制。

1. 施工准备

（1）熟悉工程图纸,明确加固范围,锚固深度;

（2）熟悉工程地质勘察报告,掌握地层、水位、渗透性能等相关物理、力学指标;

（3）向周边单位、有关部门以及当地居民了解邻近建筑地下设施情况,掌握地下障碍分布状况;

（4）在充分了解情况的基础上,编制专项施工方案或施工作业指导书,明确开挖、降水、排水、锚固类型、护坡等具体事宜;

（5）向施工各方进行技术交底,求得开挖、支护各方均相配套的施工方案;

（6）对可能发生的危险情况制定安全预防措施。

2. 过程控制

要对施工过程中的如下工序进行重点控制与检验:

（1）施工平台架设。应重点核算立杆承载力、稳定性，核验排架与岩壁联结是否紧密与牢固程度；

（2）锚固孔钻造。锚固孔的深度、孔径均不得小于设计值，锚固孔的倾角、方位角应符合设计要求，其允许误差如下：

1）钻孔超深不得大于200mm。

2）机械式工作单元，其锚固段的孔径超过设计孔径不得大于3%，最大不得大于5mm。

3）孔斜误差不得大于3%。凡有特殊要求时，其孔斜误差不宜大于0.8%。

4）孔口坐标误差不得大于100mm。

5）孔轴线：某些重点工程要求孔轴线在空间为一条沿着设计规定孔向的准直线。

（3）预应力锚束制作、存放、下束。不同类型的锚束应按不同的施工方法与质量要求进行制作、存放、下束，但均应满足设计要求。施工中应重点控制：下料长度、束体上各种元件（隔离架、对中支架、止浆塞等）安放位置、预应力筋在束体中平顺情况、绑扎牢固状况。为方便安装夹片式锚具，钢绞线下料长度应基本相同，束中最长、最短之差宜控制在50mm之内。隔离架应按设计要求设置，其间距偏差不得大于±50mm。止浆环安装位置应符合设计要求，尺寸误差不大于±50mm。

（4）内锚段注浆。内锚段注浆应一次连续完成。水泥（砂）浆的强度应不低于设计要求，并在现场制备试样，按设计规定的龄期进行强度检验。取样数量不宜小于总量的5%。

（5）外锚头制作。外锚头几何尺寸、结构强度必须满足设计要求。承压钢垫板应与锚孔轴线垂直，其偏差不得大于±2°。模板一般应用钢模，安装尺寸误差不宜大于±10mm。

锚墩混凝土可进行抽样检验，抽样数不宜小于锚束根数的5%。

（6）张拉。应重点控制如下内容：

1）张拉荷载及锁定荷载应满足设计要求；

2）在任何情况下，束体受到的张拉荷载均不宜大于预应力钢材极限抗拉强度的 69%；

3）采用应力控制及伸长值校核方法控制张拉过程，实际伸长值应在理论伸长值的 95%～110%之间；

4）加载及卸载应缓慢平稳，加载速率每分钟不宜超过 0.1 倍张拉控制应力，卸载速率每分钟不宜超过 0.2 倍张拉控制应力；

5）张拉中夹片错牙不应大于 2mm，否则应退锚重新张拉；

6）夹片式锚具锁定时，夹片回缩量不大于 5mm。

（7）封孔灌浆。应重点检验灌浆压力、屏浆时间与设计要求是否相符以及封孔后锚孔的密闭性。

（8）外锚头保护。预应力筋在锚具外的保留长度应不小于 20mm。其切割严禁使用电弧或乙炔焰。

3. 成品防护

（1）做好锚束体、锚固孔、外锚头和注浆体以及制作完成的预应力锚固工作单元的保护；

（2）必须注意对施工区内已建地下设施的保护；

（3）必须注意对施工区内各种测量标志的保护；

（4）工程竣工后，定期了解预锚运行状况。

4. 质量记录

施工中应具备的质量文件有：

（1）产品合格证及物资质量证明文件；

（2）预应力锚固施工方案或作业交底书；

（3）施工作业单位的"三检"记录、施工记录；

（4）预应力锚固工程质量验收单；

（5）对质量不合格部位的返工、处理情况的记录；

（6）施工期内安全监测及长期观测资料；

（7）预应力锚固工程竣工图表及竣工报告。

5. 施工质量评定

通过如下几个方面,对锚固工程进行整体评价:

(1)用于本项工程施工的所有材料,质量保证资料齐全,符合国家相关标准和技术规范要求,符合设计要求;

(2)注浆体和混凝土应确保配合比准确,应做好开盘记录,并且获得浆体、混凝土强度检验报告;

(3)通过施工张拉与竣工验收试验,提供预应力锚固荷载和束体伸长值,并确认满足设计要求;

(4)被加固对象的应力、位移变化情况并提供监测报告;

(5)预应力锚固工作单元的安放位置、方位、数量符合设计要求。

二、施工安全

预应力锚固施工环境差,场地潜在的不安全因素很多。因此对施工现场的安全控制,是过程控制中的重点。重点解决如下问题:

(1)锚固施工的场地或在高陡边坡之上,或在深开挖基坑之中,或在狭窄阴暗的地下洞室内,潜在的不安全因素很多,如施工中的脚手架的坍塌、高空作业时的人员坠落、高空落石造成人员和机械伤害等都是经常可能发生的安全事故。因此施工时在上述地点要设置必要的防护栏、踢脚板、防护网、防护棚;设置醒目的警示牌;派专人巡视和维护脚手架,确保施工安全可靠。

施工用水、用电管线要分开架设并设置明显标志;用电线路通过脚手架时应架空通过或应加装防护套管,严防漏电,并应派专人定期巡视与维护。

(2)施工中的交叉作业、施工噪声、粉尘控制。

在有交叉作业的场合,作业各方应签订安全施工互保协议,且各方均应派专职安全员巡视现场,互通信息,控制不安全因素的发生。

施工中操作人员应配备防尘、隔音器具;造孔时应有除尘装置,降低粉尘排放量。

(3)针对预应力锚固隐含的不安全因素,制定专项防护措施。如在张拉过程中,束体存储着巨大的能量,一旦因为内锚段失效或锚具破坏都将对人员、设备、环境造成极大的危害。因此在张拉现场要设立明确的安全警示牌,严禁人员在千斤顶前方通过和停留,必要时可设置挡板加以防护。

(4) 加强对所有施工人员(包括分包方人员)的安全生产教育和培训,各类操作人员(包括转岗人员),必须经过岗前安全教育并经考核、持证上岗。

总之,在预应力锚固施工中必须坚决贯彻"安全第一、预防为主"的基本方针,建立健全施工现场安全生产保证体系,落实安全生产管理组织机构,制定安全管理规章制度,并落实到人,使施工安全得到有效控制。

第十一章

换 填 法

当软弱土地基的承载力和变形满足不了建筑物的要求，而软弱土层的厚度又不很大时，将基础底面以下处理范围内的软弱土层的部分或全部挖去，然后分层换填强度较大的砂（碎石、素土、灰土、高炉干渣、粉煤灰）或其他性能稳定、无侵蚀性的材料，并压（夯、振）实至要求的密实度为止，这种地基处理的方法称为换填法。它还包括低洼地域筑高（平整场地）或堆填筑高（道路路基）。

机械碾压、重锤夯实、平板振动可作为压（夯、振）实垫层的不同机具对待，这些施工方法不但可处理分层回填土，又可加固地基表层土。

按回填材料不同，垫层可分为：砂垫层、砂石垫层、碎石垫层、素土垫层、灰土垫层、二灰垫层、干渣垫层和粉煤灰垫层等。

第一节　砂和砂石换填地基

砂和砂石地基（垫层）采用砂或砂砾石（碎石）混合物，经分层夯（压）实，作为地基的持力层，提高基础下部地基强度，并通过垫层的压力扩散作用，降低地基的压实力、减少变形量，同时垫层可起排水作用，地基土中孔隙水可通过垫层快速地排出，能加速下部土层的沉降和固结。

砂和砂石地基具有应用范围广泛；不用水泥、石材；由于砂颗粒大，可防止地下水因毛细作用上升，地基不受冻结的影响；能在施工期间完成沉陷；用机械或人工可使地基密实，施工工艺简单，可缩短工期，降低造价等特点。适于处理

3m 以内的软弱、透水性强的黏性土地基,包括淤泥、淤泥质土;不宜用于加固湿陷性黄土地基及渗透系数小的黏性土地基。

一、施工准备

1. 材料要求

(1) 天然级配砂石或人工级配砂石:宜采用质地坚硬的中砂、粗砂、砾砂、碎(卵)石、石屑或其他工业废粒料。在缺少中、粗砂和砾石的地区,可采用细砂,但宜同时掺入一定数量的碎石或卵石,其掺量应符合设计要求。颗粒级配应良好。

(2) 级配砂石材料,不得含有草根、树叶、塑料袋等有机杂物及垃圾。用作排水固结地基时,含泥量不宜超过 3%。碎石或卵石最大粒径不得大于垫层或虚铺厚度的 2/3,并不宜大于 50mm。

2. 主要施工机具

主要机具:一般应备有木夯、蛙式或柴油打夯机、推土机、压路机(6~10t)、手推车、平头铁锹、喷水用胶管、2m 靠尺、小线或细铅丝、钢尺或木折尺等。

3. 施工作业条件

(1) 设置控制铺筑厚度的标志,如水平标准木桩或标高桩,或在固定的建筑物墙上、槽和沟的边坡上弹上水平标高线或钉上水平标高木橛。

(2) 在地下水位高于基坑(槽)底面的工程中施工时,应采取排水或降低地下水位的措施,使基坑(槽)保持无水状态。

(3) 铺筑前,应组织有关单位共同验槽,包括轴线尺寸、水平标高、地质情况,如果有洞、沟、井、墓穴等;应在未做地基前处理完毕并办理隐检手续。

检查基槽(坑)、管沟的边坡是否稳定,并清除基底上的浮土和积水。

二、施工工艺方法

(1) 工艺流程:检验砂石质量→分层铺筑砂石→洒水→

夯实或碾压→找平验收。

（2）对级配砂石进行技术鉴定，如是人工级配砂石，应将砂石拌和均匀，其质量均应达到设计要求或规范的规定。

（3）分层铺筑砂石。

1）铺筑砂石的每层厚度，一般为 15～20cm，不宜超过30cm，分层厚度可用样桩控制。视不同条件，可选用夯实或压实的方法。大面积的砂石垫层，铺筑厚度可达 35cm，宜采用 6～10t 的压路机碾压。

2）砂和砂石地基底面宜铺设在同一标高上，如深度不同时，基土面应挖成踏步和斜坡形，搭槎处应注意压（夯）实。施工应按先深后浅的顺序进行。

3）分段施工时，接槎处应做成斜坡，每层接岔处的水平距离应错开 0.5～1m，并应充分压（夯）实。

4）铺筑的砂石应级配均匀。如发现砂窝或石子成堆现象，应将该处砂子或石子挖出，分别填入级配好的砂石。

（4）洒水。铺筑级配砂石在夯实碾压前，应根据其干湿程度和气候条件，适当地洒水以保持砂石的最佳含水量，一般为 8%～12%。

（5）夯实或碾压。夯实或碾压的遍数，由现场试验确定。用水夯或蛙式打夯机时，应保持落距为 400～500mm，要一夯压半夯，行行相接，全面夯实，一般不少于 3 遍。采用压路机往复碾压，一般碾压不少于 4 遍，其轮距搭接不小于 50cm。边缘和转角处应用人工或蛙式打夯机补夯密实。

（6）找平和验收。

1）施工时应分层找平，夯压密实，并应设置纯砂检查点，用 200cm³ 的环刀取样，测定干砂的质量密度。下层密实度合格后，方可进行上层施工。用贯入法测定质量时，用贯入仪、钢筋或钢叉等以贯入度进行检查，小于试验所确定的贯入度为合格。

2）最后一层压（夯）完成后，表面应拉线找平，并且要符合设计规定的标高。

三、成品保护

（1）回填砂石时，应注意保护好现场轴线桩、标准高程桩，防止碰撞位移，并应经常复测。

（2）地基范围内不应留有孔洞。完工后如无技术措施，不得在影响其稳定的区域内进行挖掘工程。

（3）施工中必须保证边坡稳定，防止边坡坍塌。

（4）夜间施工时，应合理安排施工顺序，配备足够的照明设施；防止级配砂石不准或铺筑超厚。

（5）级配砂石成活后，应连续进行上部施工；否则应适当经常洒水润湿。

四、注意事项

（1）大面积下沉：主要是未按质量要求施工，分层铺筑过厚、碾压遍数不够、洒水不足等。要严格执行操作工艺的要求。

（2）局部下沉：边缘和转角处夯打不实，留接槎没按规定搭接和夯实。对边角处的夯打不得遗漏。

（3）级配不良：应配专人及时处理砂窝、石堆等问题，做到砂石级配良好。

（4）在地下水位以下的砂石地基，其最下层的铺筑厚度可适当增加 50mm。

（5）密实度不符合要求：坚持分层检查砂石地基的质量。每层的纯砂检查点的干砂质量密度。必须符合规定，否则不能进行上一层的砂石施工。

（6）砂石垫层厚度不宜小于 100mm；冻结的天然砂石不得使用。

第二节 灰土地基

一、施工准备

1. 材料要求

（1）土。宜优先采用基槽中挖出的土，但不得含有有机杂物，使用前应先过筛，其粒径不大于 15mm。含水量应符合规定。

（2）石灰。应用块灰或生石灰粉；使用前应充分熟化过筛，不得含有粒径大于 5mm 的生石灰块，也不得含有过多的水分。

2. 主要施工机具

主要机具有：一般应备有木夯、蛙式或柴油打夯机、手推车、筛子（孔径 6～10mm 和 16～20mm 两种）、标准斗、靠尺、耙子、平头铁锹、胶皮管、小线和木折尺等。

3. 施工作业条件

（1）基坑（槽）在铺灰前必须先行钎探验槽，并按设计和勘探部门的要求处理完地基，办完隐蔽工程验收手续。

（2）基础外侧打灰土，必须对基础，地下室墙和地下防水层、保护层进行检查，发现损坏时应及时修补处理，办完隐蔽工程验收手续。现浇的混凝土基础墙、地梁等均应达到规定的强度，不得碰坏损伤混凝土。

（3）当地下水位高于基坑（槽）底时，施工前应采取排水或降低地下水位的措施，使地下水位经常保持在施工面以下 0.5m 左右，在 3d 内不得受水浸泡。

（4）施工前应根据工程特点、设计压实系数、土料种类、施工条件等，合理确定土料含水量控制范围。铺灰土的厚度和夯打遍数等参数。重要的灰土填方其参数应通过压实试验来确定。

（5）房心灰土和管沟灰土，应先完成上下水管道的安装或管沟墙间加固等措施后，再进行。并且将管沟、槽内、地坪上的积水或杂物、垃圾等有机物清除干净。

（6）施工前，应做好水平高程的标志。如在基坑（槽）或管沟的边坡上每隔 3m 钉上灰土上平的木橛，在室内和散水的边墙上弹上水平线或在地坪上钉好标高控制的标准木桩。

二、施工工艺方法

（1）工艺流程：检验土料和石灰粉的质量并过筛→灰土拌和→槽底清理→分层铺灰土→夯打密实→找平验收。

（2）首先检查土料种类和质量以及石灰材料的质量是

否符合标准的要求;然后分别过筛。如果是块灰闷制的熟石灰,要用 6～10mm 的筛子过筛,是生石灰粉可直接使用;土料要用 16～20mm 筛子过筛,均应确保粒径的要求。

(3) 灰土拌和。灰土的配合比应用体积比,除设计有特殊要求外,一般为 2:8 或 3:7。基础垫层灰土必须过标准斗,严格控制配合比。拌和时必须均匀一致,至少翻拌两次,拌和好的灰土颜色应一致。

(4) 灰土施工时,应适当控制含水量。工地检验方法是:用手将灰土紧握成团,两指轻捏即碎为宜。如土料水分过大或不足时,应晾干或洒水润湿。

(5) 基坑(槽)底或基土表面应清理干净。特别是槽边掉下的虚土,风吹入的树叶、木屑纸片、塑料袋等垃圾杂物。

(6) 分层铺灰土。每层的灰土铺摊厚度,可根据不同的施工方法,按表 11-1 选用。

表 11-1 灰土最大虚铺厚度

夯实机具种类	重量/t	虚铺厚度/mm	备注
石夯、木夯	0.04～0.08	200～250	人力送夯,落距 400～500mm,一夯压半夯,夯实后 80～100mm 厚
轻型夯实机械	0.12～0.4	200～250	蛙式夯机、柴油打夯机,夯实后 100～150mm 厚
压路机	6～10	200～300	双轮

各层铺摊后均应用木耙找平,与坑(槽)边壁上的木橛或地坪上的标准木桩对应检查。

(7) 夯打密实。夯打(压)的遍数应根据设计要求的干土质量密度或现场试验确定,一般不少于三遍。人工打夯应一夯压半夯,夯夯相接,行行相接,纵横交叉。

(8) 灰土分段施工时,不得在墙角、柱基及承重窗间墙下接槎,上下两层灰土的接槎距离不得小于 500mm。

（9）灰土回填每层夯（压）实后，应根据规范规定进行环刀取样，测出灰土的质量密度，达到设计要求时，才能进行上一层灰土的铺摊。用贯入度仪检查灰土质量时，应先进行现场试验以确定贯入度的具体要求。环刀取土的质量标准可按压实系数 dy 鉴定，一般为 0.93～0.95。

（10）找平与验收。灰土最上一层完成后，应拉线或用靠尺检查标高和平整度，超高处用铁锹铲平；低洼处应及时补打灰土。

（11）雨、冬期施工。基坑（槽）或管沟灰土回填应连续进行，尽快完成。施工中应防止地面水流入槽坑内，以免边坡塌方或基上遭到破坏。

1）雨天施工时，应采取防雨或排水措施。刚打完毕或尚未夯实的灰土，如遭雨淋浸泡，则应将积水及松软灰土除去，并重新补填新灰土夯实，受浸湿的灰土应在晾干后，再夯打密实。

2）冬期打灰土的土料，不得含有冻土块，要做到随筛、随拌、随打、随盖，认真执行留、接槎和分层夯实的规定。在土壤松散时可允许洒盐水。气温在－10℃以下时，不宜施工。并且要有冬施方案。

三、成品保护

（1）施工时应注意妥善保护定位桩、轴线桩，防止碰撞位移，并应经常复测。

（2）对基础、基础墙或地下防水层、保护层以及从基础墙伸出的各种管线，均应妥善保护，防止回填灰土时碰撞或损坏。

（3）夜间施工时，应合理安排施工顺序，要配备有足够的照明设施，防止铺填超厚或配合比错误。

（4）灰土地基完成后，应及时进行基础的施工和地坪面层的施工，否则应临时遮盖，防止日晒雨淋。

四、注意事项

（1）未按要求测定干土的质量密度：灰土回填施工时，切记每层灰土夯实后都得测定干土的质量密度，符合要求后，才能铺摊上层的灰土。并且在试验报告中，注明土料种类、配合比、试验日期、层数（步数）、结论、试验人员签字等。密实度末达到设计要求的部位，均应有处理方法和复验结果。

（2）留、接槎不符合规定：灰土施工时严格执行留接槎的规定。当灰土基础标高不同时，应作成阶梯形，上下层的灰土接槎距离不得小于500mm。接槎的槎子应垂直切齐。

（3）生石灰块熟化不良：没有认真过筛，颗粒过大，造成颗粒遇水熟化体积膨胀，会将上层垫层、基础拱裂。夯必认真对待熟石灰的过筛要求。

（4）灰土配合比不准确：土料和熟石灰没有认真过标准斗，或将石灰粉花洒在土的表面，拌和也不均匀，均会造成灰土地基软硬不一致，干土质量密度也相差过大。应认真做好计量工作。

（5）房心灰土表面平整偏差过大，致使地面混凝土垫层过厚或过薄，造成地面开裂、空鼓。认真检查灰土表面的标高及平整度。

（6）雨、冬期不宜做灰土工程，适当考虑修改设计。否则应编好分项雨季、冬期施工方案；施工时严格执行施工方案中的技术措施，防止造成灰土水泡、冻胀等质量返工事故。

第十二章

钢筋混凝土预制桩施工

第一节 桩的预制

一、桩的制作

1. 制作程序

现场制作场地压实、整平→场地地坪作三七灰土或浇筑混凝土→支模→绑扎钢筋骨架、安设吊环→浇筑混凝土→养护至 30％强度拆模→支间隔端头模板、刷隔离剂、绑钢筋→浇筑间隔桩混凝土→同法间隔重叠制作第二层桩→养护至 70％强度起吊→达 100％强度后运输、堆放。

2. 制作方法

（1）混凝土预制桩可在工厂或施工现场预制。现场预制多采用工具式木模板或钢模板，支在坚实平整的地坪上，模板应平整牢靠，尺寸准确。用间隔重叠法生产，桩头部分使用钢模堵头板，并与两侧模板相互垂直，桩与桩间用塑料薄膜、油毡、水泥袋纸或刷废机油、滑石粉隔离剂隔开，邻桩与上层桩的混凝土须待邻桩或下层桩的混凝土达到设计强度的 30％以后进行，重叠层数一般不宜超过四层。混凝土空心管桩采用成套钢管模胎在工厂用离心法制成。

（2）长桩可分节制作，单节长度应满足桩架的有效高度、制作场地条件、运输与装卸能力等方面的要求，并应避免在桩尖接近硬持力层或桩尖处于硬持力层中接桩。

（3）桩中的钢筋应严格保证位置的正确，桩尖应对准纵轴线，钢筋骨架主筋连接宜采用对焊或电弧焊，主筋接头配置在同一截面内的数量不得超过 50％；相邻两根主筋接头截

面的距离应不大于 $35d_g$（d_g 为主筋直径），且不小于 500mm。桩顶 1m 范围内不应有接头。桩顶钢筋网的位置要准确，纵向钢筋顶部保护层不应过厚，钢筋网格的距离应正确，以防锤击时打碎桩头，同时桩顶面和接头端面应平整，桩顶平面与桩纵轴线倾斜不应大于 3mm。

（4）混凝土强度等级应不低于 C30，粗骨料用 5～40mm 碎石或卵石，用机械拌制混凝土，坍落度不大于 6cm。混凝土浇筑应由桩顶向桩尖方向连续浇筑，不得中断，并应防止另一端的砂浆积聚过多，并用振动器仔细捣实。接桩的接头处要平整，使上下桩能互相贴合对准。浇筑完毕应护盖洒水养护不少于 7d，如用蒸汽养护，在蒸养后，尚应适当自然养护，30d 方可使用。

二、起吊、运输和堆放

当桩的混凝土达到设计强度标准值的 70% 后方可起吊，吊点应系于设计规定之处，如无吊环，可按图 12-1 所示位置设置吊点起吊。在吊索与桩间应加衬垫，起吊应平稳提升，采取措施保护桩身质量，防止撞击和受振动。

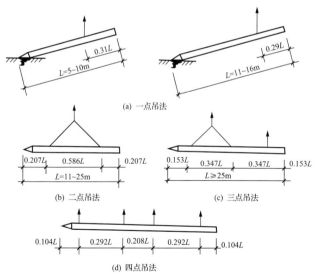

（a）一点吊法

（b）二点吊法

（c）三点吊法

（d）四点吊法

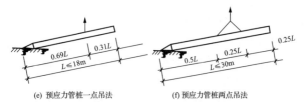

(e) 预应力管桩一点吊法   (f) 预应力管桩两点吊法

图 12-1　预制桩吊点位置

桩运输时的强度应达到设计强度标准值的 100%。长桩运输可采用平板拖车、平台挂车或汽车后挂小炮车运输；短桩运输亦可采用载重汽车，现场运距较近，亦可采用轻轨平板车运输。装载时桩支承应按设计吊钩位置或接近设计吊钩位置叠放平稳并垫实，支撑或绑扎牢固，以防运输中晃动或滑动；长桩采用挂车或炮车运输时，桩不宜设活动支座，行车应平稳，并掌握好行驶速度，防止任何碰撞和冲击。严禁在现场以直接拖拉桩体方式代替装车运输。

堆放场地应平整坚实，排水良好。桩应按规格、桩号分层叠置，支承点应设在吊点或近旁处保持在同一横断平面上，各层垫木应上下对齐，并支承平稳，堆放层数不宜超过 4 层。运到打桩位置堆放，应布置在打桩架附设的起重钩工作半径范围内，并考虑到起吊方向、避免转向。

第二节　预制桩的施工

根据打（沉）桩方法的不同，钢筋混凝土预制桩基础施工有打（沉）入式沉桩法、静力压桩法及振动法等，以打（沉）入式沉桩法和静力压桩法应用最为普遍。

一、打（沉）入式沉桩法

打（沉）入式沉桩法是利用桩锤下落产生的冲击克服土对桩的阻力，使桩沉到预定深度或达到持力层。

（1）施工顺序：确定桩位和沉桩顺序→打桩机就位→吊桩、喂桩→校正→锤击沉桩→接桩→再锤击沉桩→送桩→收锤→切割桩头。

（2）确定桩位和沉桩顺序：

1）根据设计图纸编制工程桩测量定位图，并保证轴线控制点不受打桩时振动和挤土的影响，并保证控制点的准确性。

2）工程桩在施工前，应根据施工桩长，在匹配的工程桩或桩架上画出以米为单位的长度标记，并按从下至上的顺序表明桩的长度，以便观察桩入土的深度及记录每米沉桩锤击数。

3）沉桩顺序：

① 当基坑不大时，打桩应逐排打设或从中间开始分头向四周或两边进行。

② 对于密集桩群，从中间开始分头向四周或两边对称施打。

③ 当一侧毗邻建筑物时，由毗邻建筑物处向另一方向施打。

④ 当基坑较大时，宜将基坑分为数段，然后在各段范围内分别施打，但打桩应避免自外向内或从周边向中间进行，以避免中间土体被挤密，桩难以打入。勉强打入，则使邻桩侧移或上冒。

⑤ 对基础标高不一的桩，宜先深后浅；对不同规格的桩，宜先大后小，先长后短，可使土层挤密均匀，以防止位移或偏移。

（3）桩机就位。桩机就位前，场地必须平整。在软土地基中，为防止不均匀沉降，保证打桩机施工安全，宜采用厚度2～3cm厚的钢板铺设在桩机履带板下，钢板宽度比桩机宽2m左右，保证桩机行走和打桩的稳定性。

桩机行走时，应将桩锤放置于桩架中下部以桩锤导向脚下不伸出导杆末端为准。

（4）吊桩喂桩和校正。吊桩喂桩，一般利用桩架附设的起重钩借桩机上卷扬机吊桩就位，或配一台起重机吊桩就位，并用桩架上夹具或桩帽固定位置，调整桩身，桩锤、桩帽的中心线重合,使插入地面时桩身的垂直度偏差不得大于 0.5%。

(5) 打桩。正常打桩宜采用"重锤低击,低锤重打",可取得良好效果。

打第一节桩时必须采用桩锤自重、冷锤(不挂档位)或短距轻击将桩徐徐打入,直至桩身沉到某一深度不动为止;同时,用仪器观察桩的中心位置和角度,必要时,宜拔出重插,直至满足设计要求,确认无误后,再转为正常施打。

(6)混凝土预制长桩,受运输条件和打(沉)桩架高度限制,一般分成数节制作,分节打入,在现场接桩。常用接头方式有焊接、法兰接及硫黄胶泥锚接等几种(图 12-2)。前两种

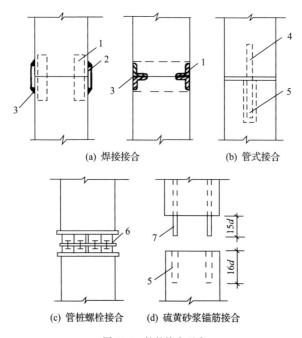

(a) 焊接接合　　　　　　(b) 管式接合

(c) 管桩螺栓接合　　　(d) 硫黄砂浆锚筋接合

图 12-2　桩的接头型式

1—角钢与主筋焊接;2—钢板;3—焊缝;4—预埋钢管;5—浆锚孔;
6—预埋法兰;7—预埋锚筋;d—锚栓直径

可用于各类土层；硫黄胶泥锚接适用于软土层。焊接接桩，钢板宜用低碳钢，焊条宜用 E43，焊接时应先将四角点焊固定，然后对称焊接，并确保焊缝质量和设计尺寸。法兰接桩，钢板和螺栓宜用低碳钢并紧固牢靠；硫黄胶泥锚接桩，使用的硫黄胶泥配合比应通过试验确定，其物理力学性能应符合表 12-1 要求，其施工参考配合比见表 12-2。硫黄胶泥锚接方法是将熔化的硫黄胶泥注满锚筋孔内并溢出桩面，然后迅速将上段桩对准落下，胶泥冷硬后，即可继续施打，比前几种接头形式接桩简便快速。锚接时应注意以下几点：①锚筋应刷清并调直；②锚筋孔内应有完好螺纹，无积水、杂物和油污；③接桩时接点的平面和锚筋孔内应灌满胶泥，灌筑时间不得超过 2min；④灌筑后停歇时间应满足表 12-3 要求；⑤胶泥试块每班不得少于一组。

表 12-1　硫黄胶泥的主要物理力学性能指标

项次	项目	物理力学性能指标
1	物理性能	1. 热变性：60℃ 以内强度无明显变化；120℃ 变液态；140～145℃ 密度最大且和易性最好；170℃ 开始沸腾；超过 180℃ 开始焦化，且遇明火即燃烧； 2. 密度：$2.28 \sim 3.32 t/m^3$； 3. 吸水率：$0.12\% \sim 0.24\%$； 4. 弹性模量：$5 \times 10^5 kPa$； 5. 耐酸性：常温下能耐盐酸、硫酸、磷酸、40% 以下的硝酸、25% 以下铬酸、中等浓度乳酸和醋酸
2	力学性能	1. 抗拉强度：4MPa； 2. 抗压强度：40MPa； 3. 握裹强度：与螺纹钢筋为 11MPa；与螺纹孔混凝土为 4MPa； 4. 疲劳强度：对照混凝土的试验方法，当疲劳应力比值 p 为 0.38 时，疲劳修正系数 >0.8

表 12-2　　　　　硫黄胶泥的配合比及物理力学性能

配合比 （重量比）	硫黄	44	60
	水泥	11	—
	石墨粉	—	5
	粉砂	40	—
	石英砂	—	34.3
	聚硫胶	1	—
	聚硫甲胶	—	0.7
物理力学性能	密度/（kg/m³）	2280～2320	
	吸水率	0.12%～0.24%	
	弹性模量/MPa	5×10⁴	
	抗拉强度/MPa	4	
	抗压强度/MPa	40	
	抗折强度/MPa	10	
	握裹强度 /MPa	与螺纹钢筋	11
		与螺纹孔混凝土	4

注：1. 热变性：在 60℃ 以下不影响强度，热稳定性：92%；

2. 疲劳强度：取疲劳应力 0.38 经 200 万次损失 20%。

表 12-3　　　　　硫黄胶泥灌筑后的停歇时间

项次	桩截面 /（mm×mm）	不同气温下的停歇时间/min									
		0～10℃		11～20℃		21～30℃		31～40℃		41～50℃	
		打桩	压桩	打桩	压桩	打桩	压桩	打桩	压桩	打桩	压桩
1	400×400	6	4	8	5	10	7	13	9	17	12
2	450×450	10	6	12	7	14	9	17	11	21	14
3	500×500	13	/	15	/	18	/	21	/	24	/

（7）打（沉）入式预制桩的质量控制。

1）桩端（指桩的全截面）位于一般土层时，以控制桩端设计标高为主，贯入度可作参考。

2）桩端达到坚硬、硬塑的黏性土，中密以上粉土、砂土、碎石类土、风化岩时，以贯入度控制为主，桩端标高可作参考。

3）当贯入度已到，而桩端标高未达到时，应继续锤击

3阵,按每阵 10 击的贯入度不大于设计规定的数值。

4）振动法沉桩是以振动箱代替桩锤,其质量控制是以最后 3 次振动(加压),每次 10min 或 5min,测出每分钟的平均贯入度,以不大于设计规定的数值为合格,而摩擦桩则以沉到设计要求的深度为合格。

（8）施工过程的质量控制。施工时,应该注意做好施工记录;同时还应注意观察打桩入土的速度,打桩架的垂直度、桩锤回弹情况、贯入度变化情况等;发现异常,应立即通知有关单位和人员及时处理。

（9）常见的质量问题处理。打(沉)入式预制桩常见问题及预防、处理方法见表 12-4。

表 12-4　　打(沉)桩常遇问题及预防、处理方法

名称、现象	产生原因	预防措施及处理方法
桩顶位移或上升涌起(在沉桩过程中,相邻的桩产生横向位移或桩身上涌)	1. 桩入土后,遇到大块孤石或坚硬障碍物,把桩尖挤向一侧; 2. 桩身不正直;或两节桩或多节桩施工,相接的两节桩不在同一轴线上,造成歪斜; 3. 采用钻孔、插桩施工时,钻孔倾斜过大,在沉桩过程中桩顺钻孔倾斜而产生位移; 4. 在软土地基施工较密集的群桩时,如沉桩次序不当,由一侧向另一侧施打,常会使桩向一侧挤压造成位移或涌起; 5. 遇流砂,或当桩数较多,土体饱和密实,桩间距较小,在沉桩时土被挤过密而向上隆起,有时使相邻的桩随同一起涌起	施工前用钎及洛阳铲探明地下障碍物,较浅的挖除,深的用钻钻透或爆碎;对桩要吊线检查;桩不正直,桩尖不在桩纵轴线上时不宜使用,一节桩的细长比不宜超过 40;钻孔插桩;钻孔必须垂直,垂直偏差应在 1% 以内,插桩时,桩应顺孔插入,不得歪斜;打桩注意打桩顺序,同时避免打桩期间同时开挖基坑,一般宜间隔 14d,以消散孔隙压力,避免桩位移或涌起;在饱和土中沉桩,采用井点降水、砂井或挖沟降水及排水措施;采用"插桩法";减少土的挤密及孔隙水压力的上升,桩的间距应不少于 3.5 倍桩直径; 位移过大,应拔出,移位再打,位移不大,可用木架顶正,再慢锤打入;障碍物不深,可挖去回填后再打;浮起量大的桩应重新打入

名称、现象	产生原因	预防措施及处理方法
桩身倾斜(桩身垂直偏差过大)	1. 场地不平,打桩和导杆不直,引起桩身倾斜; 2. 稳桩时桩不垂直,桩身不平,桩帽、桩锤及桩不在同一直线上; 3. 桩制作时桩身夸曲超过规定,桩尖偏离桩的纵轴线较大,桩顶、桩帽倾斜,致使沉入时发生倾斜; 4. 同"桩顶位移"原因分析1、2、3	安设桩架场地应整平,打桩机底盘应保持水平,导杆应吊线保持垂直;稳桩时桩应垂直,桩帽、桩锤和桩三者应在同一垂线上;桩制作时应控制使桩身弯曲度不大于1‰;桩顶应使与桩纵轴线保持垂直;桩尖偏离桩纵轴线过大时不宜应用;产生原因4的防治措施同"桩顶位移"的防治措施
桩头击碎(打桩时,桩顶出现混凝土掉角,碎裂、坍塌或被打坏;桩顶钢筋局部或全部外露)	1. 桩设计未考虑工程地质条件或机具性能,桩顶的混凝土强度等级设计偏低,钢筋网片不足,造成强度不够; 2. 桩预制时,混凝土配合比不准确,振捣不密实,养护不良,未达到设计要求而被打碎; 3. 桩制作外形不合要求,如桩顶面倾斜或不平,桩顶保护层过厚; 4. 施工机具选择不当,桩锤选用过大或过小,锤击次数过多,使桩顶混凝土疲劳损坏; 5. 桩顶与桩帽接触不平,桩帽变形倾斜或桩沉入土中不垂直,造成桩顶局部应力集中而将桩头破碎打坏; 6. 沉桩时未加缓冲桩或桩垫不合要求,失去缓冲作用,使桩直接承受冲击荷载; 7. 施工中落锤过高或遇坚硬砂土夹层、大块石等	桩设计应根据工程地质条件和施工机具性能合理设计桩头,保证有足够的强度;桩制作时混凝土配合比要正确,振捣密实,主筋不得超过第一层钢筋网片,浇筑后应有1~3个月的自然养生过程,使其充分硬化和排除水分,以增强抗冲击能力;沉桩前,应对桩构件进行检查,如桩顶不平或不垂直于桩轴线,应修补后才能使用,检查桩帽与桩的接触面处及桩帽垫木是否平整等,如不平整应进行处理后方能开打;沉桩时,稳桩要垂直;桩顶应加草垫、纸袋或胶皮等缓冲垫,如发现损坏,应及时更换;如桩顶已破碎,应更换或加垫桩垫,如破碎严重,可把桩顶剔平补强,必要时加钢板箍,再重新沉桩;遇砂夹层或大块石,可采用小钻孔再插预制桩的办法施打

名称、现象	产生原因	预防措施及处理方法
桩身断裂（沉桩时，桩身突然倾斜错位，贯入度突然增大，同时当桩锤跳起后，桩身随之出现回弹）	1. 桩制作弯曲度过大，桩尖偏离轴线，或沉桩时，桩细长比过大，遇到较坚硬土层，或障碍物，或其他原因出现弯曲，在反复集中荷载作用下，当桩身承受的抗弯强度超过混凝土抗弯强度时，即产生断裂； 2. 桩在反复施打时，桩身受到拉压，大于混凝土的抗拉强度时，产生裂缝，剥落而导致断裂； 3. 桩制作质量差，局部强度低或不密实，或桩在堆放、起吊、运输过程中产生裂缝或断裂； 4. 桩身打断，接头断裂或桩身劈裂	施工前查清地下障碍物并清除，检查桩外形尺寸，发现弯曲超过规定或桩尖不在桩纵轴线上时，不得使用；桩细长比应控制不大于40；沉桩过程中，发现桩不垂直，应及时纠正，或拔出重新沉桩；接桩要保持上下节桩在同一轴线上；桩制作时，应保证混凝土配合比正确，振捣密实，强度均匀；桩在堆放、起吊、运输过程中，应严格按操作规程，发现桩超过有关验收规定不得使用；普通桩在蒸养后，宜在自然条件下再养护一个半月，以提高后期强度 已断桩，可采取在一旁补桩的办法处理
接头松脱、开裂（接桩处经锤击后，出现松脱、开裂等现象）	1. 接头表面留有杂物、油污未清理干净； 2. 采用硫黄胶泥接桩时，配合比、配制使用温度控制不当，强度达不到要求，在锤击作用下产生开裂； 3. 采用焊接或法兰连接时，连接铁件或法兰平面不平，存在较大间隙，造成焊接不牢或螺栓不紧，或焊接质量不好，焊缝不连续，不饱满，存在夹渣等缺陷； 4. 两节桩不在同一直线上，在接桩处产生弯曲，锤击时，接桩处局部产生应力集中而破坏连接	接桩前，应将连接表面杂质、油污清除干净；采用硫黄胶泥接桩时，严格控制配合比及熬制、使用温度，按操作要求操作，保证连接强度；检查连接部件是否牢固、平整，如有问题，应修正后才能使用；接桩时，两节桩应在同一轴线上，预埋连接件应平整服贴，连接好后，应锤击几下再检查一遍，如发现松脱、开裂等现象，应采取补救措施，如重接、补焊、重新拧紧螺栓并把丝扣凿毛，或用电焊焊死

名称、现象	产生原因	预防措施及处理方法
沉桩达不到设计控制要求（沉桩未达到设计标高，或最后沉入度控制指标要求）	1. 地质勘察资料粗糙，地质和持力层起伏标高不明，致使设计桩尖标高与实际不符，达不到设计标高要求，或持力层过高； 2. 设计要求过严，超过施工机械能力和桩身混凝土强度； 3. 沉桩遇地下障碍物，如大块石、混凝土坑等，或遇坚硬土夹层、砂夹层； 4. 在新近代砂层沉桩，同一层土的强度差异很大，且砂层越挤越密，有时出现沉不下去的现象； 5. 桩锤选择太小或太大，使桩沉不到或超过设计要求的控制标高； 6. 桩顶打碎或桩身打断，致使桩不能继续打入； 7. 打桩间歇时间过长，摩阻力增大	详细探明工程地质情况，必要时应作补勘；正确选择持力层或标高，根据地质情况和桩重，合理选择施工机械、桩锤大小、施工方法和桩混凝土强度；探明地下障碍物，并清除掉，或钻透或爆碎；在新近代砂层沉桩，注意打桩次序，减少向一侧挤密的现象；打桩应连续打入，不宜间歇时间过长；防止桩顶打碎和桩身打断，措施同"桩顶破碎""桩身断裂"防治措施
桩急剧下沉（桩下沉速度过快，超过正常值）	1. 遇软土层或土洞； 2. 桩身弯曲或有严重的横向裂缝，接头破裂或桩尖劈裂； 3. 落锤过高或接桩不垂直	遇软土层或土洞应进行补桩或填洞处理；沉桩前检查桩垂直度和有无裂缝情况，发现弯曲或裂缝，处理后再沉桩；落锤不要过高，将桩拔起检查，改正后重打，或靠近原桩位作补桩处理
桩身跳动，桩锤回弹（桩反复跳动，不下沉或下沉很慢，桩锤回弹）	1. 桩尖遇树根、坚硬土层； 2. 桩身弯曲过大，接桩过长	检查原因，穿过或避开障碍物；桩身弯曲如超过规定，不得使用；接桩长度不应超过40d，操作时注意落锤不应过高；如入土不深，应拔起避开或换桩重打

二、静力压桩法

静力压桩是通过静力压桩机的压桩机构,将预制钢筋混凝土桩打入地基土层中成桩。一般都采取分段压入、逐段接长的方法。

1. 静压桩设备

静力压桩机分机械式和液压式两种。前者系用桩架、卷扬机、加压钢丝绳、滑轮组和活动压梁等部件组成,施压部分在桩顶端面,施加静压力为 600～2000kN,这种桩机设备高大笨重,行走移动不便,压桩速度较慢,但装配费用较低,只有少数地区还在应用;后者由压装置、行走机构及起吊装置等组成,采用液压操作,自动化程度高,结构紧凑,行走方便快速,施压部分不在桩顶面,而在桩身侧面。

2. 施工方法要点

(1)静压预制桩的施工,一般都采取分段压入、逐段接长的方法。其施工程序为:测量定位→压桩机就位→吊桩、插桩→桩身对中调直→静压沉桩→接桩→再静压沉桩→送桩→终止压桩→切割桩头。静压预制桩施工前的准备工作、桩的制作、起吊、运输、堆放、施工程序、测量放线、定位等均同锤击法打(沉)预制桩。

压桩的工艺程序见图 12-3。

(2)压桩时,桩机就位系利用行走装置完成、它是由横向行走(短船行走)和回转机构组成。把船当作铺设的轨道,通过横向和纵向油缸的伸程和回程使桩机实现步履式的横向和纵向行走。当横向两油缸一只伸程,另一只回程,可使桩机实现小角度回转,这样可使桩机达到要求的位置。

(3)静压预制桩每节长度一般在 12m 以内,插桩时先用起重机吊运或用汽车运至桩机附近,再利用桩机上自身设置的工作吊机将预制混凝土桩吊入夹持器中,夹持油缸将桩从侧面夹紧,即可开动压桩油缸,先将桩压入土中 1m 左右后停止,调正桩在两个方向的垂直度后,压桩油缸继续伸程把桩压入土中,伸长完后,夹持油缸回程松夹,压桩油缸回程,重复上述动作可实现连续压桩操作,直至把桩压入预定深度土

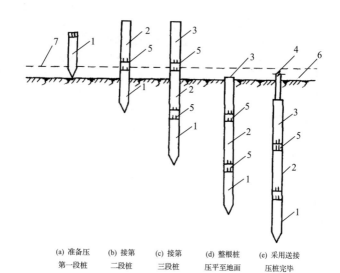

(a) 准备压　　(b) 接第　　(c) 接第　　(d) 整根桩　　(e) 采用送接
第一段桩　　　　二段桩　　　三段桩　　　压平至地面　　压桩完毕

图 12-3　压桩工艺程序示意图

1—第一段桩；2—第二段桩；3—第三段桩；4—送桩；5—桩接头处；

6—地面线；7—压桩架操作平台线

层中。在压桩过程中要认真记录桩入土深度和压力表读数
的关系,以判断桩的质量及承载力。当压力表读数突然上升
或下降时,要停机对照地质资料进行分析,判断是否遇到障
碍物或产生断桩现象等。

（4）压桩应连续进行,如需接桩,可压至桩顶离地面
0.8～1m 用硫黄砂浆锚接,一般在下部桩留 ϕ50mm 锚孔,上
部桩顶伸出锚筋,长 15～20d,硫黄砂浆接桩材料和锚接方法
同锤击法,但接桩时避免桩端停在砂土层上,以免再压桩时
阻力增大压入困难。再用硫黄胶泥接桩间歇不宜过长（正常
气温下为 10～18min）;接桩面应保持干净,浇筑时间不超过
2min;上下桩中心线应对齐,节点矢高不得大于 1‰桩长。

（5）当压力表读数达到预先规定值,便可停止压桩。如
果桩顶接近地面,而压桩力尚未达到规定值,可以送桩。静
力压桩情况下,只需用一节长度超过要求送桩深度的桩,放

在被送的桩顶上便可以送桩,不必采用专用的钢送桩。如果桩顶高出地面一段距离,而压桩力已达到规定值时则要截桩,以便压桩机移位。

(6) 压桩应控制好终止条件,一般可按以下进行控制:

1) 对于摩擦桩,按照设计桩长进行控制,但在施工前应先按设计桩长试压几根桩,待停置 24h 后,用与桩的设计极限承载力相等的终压力进行复压,如果桩在复压时几乎不动,即可以此进行控制。

2) 对于端承摩擦桩或摩擦端承桩,按终压力值进行控制:

①对于桩长大于 21m 的端承摩擦桩,终压力值一般取桩的设计极限承载力。当桩周土为黏性土且灵敏度较高时,终压力可按设计极限承载力的 0.8～0.9 倍取值。

②当桩长小于 21m,而大于 14m 时,终压力按设计极限承载力的 1.1～1.4 倍取值,或桩的设计极限承载力取终压力值的 0.7～0.9 倍。

③当桩长小于 14m 时,终压力按设计极限承载力的 1.4～1.6 倍取值;或设计极限承载力取终压力值 0.6～0.7 倍,其中对于小于 8m 的超短桩,按 0.6 倍取值。

3) 超载压桩时,一般不宜采用满载连续复压法,但在必要时可以进行复压。复压的次数不宜超过 2 次,且每次稳压时间不宜超过 10s。

3. 静力压桩常遇问题及防治、处理方法

静力压桩常遇问题及防治、处理方法参见表 12-5。

表 12-5   **静力压桩常遇问题及防治、处理方法**

常遇问题	产生原因	防治及处理方法
液压缸活塞动作迟缓(YZY 型压桩机)	1. 油压太低,液压缸内吸入空气; 2. 液压油黏度过高; 3. 滤油器或吸油管堵塞; 4. 液压泵内泄漏,操纵阀内泄漏过大	提高溢流阀卸载压力;添加液压油使油箱油位达到规定高度;修复或更换吸油管;按说明书要求更换液压油,拆下清洗、疏通;检修或更换

常遇问题	产生原因	防治及处理方法
压力表指示器不工作	1. 压力表开关未打开； 2. 油路堵塞；压力表损坏	打开压力表开关；检查和清洗油路；更换压力表
桩压不下去	1. 桩端停在砂层中接桩，中途间断时间过长； 2. 压桩机部分设备工作失灵，压桩停歇时间过长； 3. 施工降水过低，土体中孔隙水排出，压桩时失去超静水压力的"润滑作用"； 4. 桩尖碰到夹砂层，压桩阻力突然增大，甚至超过压桩机能力而使桩机上抬	避免桩端停在砂层中接桩；及时检查压桩设备；降水水位适当；以最大压桩力作用在桩顶，采取停车再开，忽停忽开的办法，使桩有可能缓慢下沉穿过砂层
桩达不到设计标高	1. 桩端持力层深度与勘察报告不符； 2. 桩压至接近设计标高时过早停压，在补压时压不下去	变更设计桩长；改变过早停压的做法
桩架发生较大倾斜	当压桩阻力超过压桩能力或者来不及调整平衡	立即停压并采取措施，调整，使保持平衡
桩身倾斜或位移	1. 桩不保持轴心受压； 2. 上下节桩轴线不一致； 3. 遇横向障碍物	及时调整；加强测量；障碍物不深时，可挖除后再压；歪斜较大，可利用压桩油缸回程，将土中的桩拔出，回填后重新压桩

4. 质量控制

（1）施工前应对成品桩做外观及强度检验，接桩用焊条或半成品硫黄胶泥应有产品合格证书，并送有关部门检验，压桩用压力表、锚杆规格及质量也应进行检查。硫黄胶泥半成品应每 100kg 做一组试体（3 件），进行强度试验。

（2）压桩过程中应检查压力、桩垂直度、接桩间歇时间、桩的连接质量及压入深度。重要工程应对电焊接桩的接头做 10%的探伤检查。对承受反力的结构（对锚杆静压桩）应加强观测。

（3）施工结束后，应做桩的承载力及桩体质量检验。

第十三章

注 浆 地 基

第一节 水泥注浆地基

水泥注浆地基是将水泥浆,通过压浆泵、灌浆管均匀地注入土体中,以填充、渗透和挤密等方式,驱走岩石裂隙中或土颗粒间的水分和气体,并填充其位置,硬化后将岩土胶结成一个整体,形成一个强度大、压缩性低、抗渗性高和稳定性良好的新的岩土体,从而使地基得到加固,可防止或减少渗透和不均匀的沉降,在建筑工程中应用较为广泛。

一、机具设备和材料

1. 机具设备

灌浆设备主要是压浆泵,其选用原则是:能满足灌浆压力的要求,一般为灌浆实际压力的 $1.2 \sim 1.5$ 倍;能满足岩土吸浆量的要求;压力稳定,能保证安全可靠地运转;机身轻便,结构简单,易于组装、拆卸、搬运。

水泥压浆泵多用泥浆泵或砂浆泵代替。国产泥浆泵、砂浆泵类型较多,常用于灌浆的有 BW-250/50 型、TBW-200/40 型、TBW-250/40 型、NSB-100/30 型泥浆泵以及 100/15 (C-232)型砂浆泵等。配套机具有搅拌机、灌浆管、阀门、压力表等,此外还有钻孔机等机具设备。

2. 材料要求

(1) 水泥。用强度等级 42.5 普通硅酸盐水泥;在特殊条件下亦可使用矿渣水泥、火山灰质水泥或抗硫酸盐水泥,要求新鲜无结块。

(2) 水。用一般饮用水,但不应采用含硫酸盐大于

0.1%、氯化钠大于 0.5% 以及含过量糖、悬浮物质、碱类的水。

灌浆一般用净水泥浆,水灰比变化范围为 0.6～2,常用水灰比从 8:1 到 1:1;要求快凝时,可采用快硬水泥或在水中掺入水泥用量 1%～2% 的氯化钙;如要求缓凝时,可掺加水泥用量 0.1%～0.5% 的木质素磺酸钙;亦可掺加其他外加剂以调节水泥浆性能。在裂隙或孔隙较大、可灌性好的地层,可在浆液中掺入适量细砂或粉煤灰,比例为 1:0.5～1:3,以节约水泥,更好的充填,并可减少收缩。对不以提高固结强度为主的松散土层,亦可在水泥浆中掺加细粒质黏土配成水泥黏土浆,灰泥比为 1:3,8(水泥:土,体积比),可以提高浆液的稳定性,防止沉淀和析水,使填充更加密实。

二、施工工艺及方法

(1) 水泥注浆的工艺流程为:钻孔→下注浆管、套管→填砂→拔套管→封口→边注浆边拔注浆管→封孔。

(2) 地基注浆加固前,应通过试验确定灌浆段长度、灌浆孔距、灌浆压力等有关技术参数;灌浆段长度根据土的裂隙、松散情况、渗透性以及灌浆设备能力等条件选定。在一般地质条件下,段长多控制在 5～6m;在土质严重松散、裂隙发育、渗透性强的情况下,宜为 2～4m;灌浆孔距一般不宜大于 2m,单孔加固的直径范围可按 1～2m 考虑;孔深视土层加固深度而定;灌浆压力是指灌浆段所受的全压力,即孔口处压力表上指示的压力,所用压力大小视钻孔深度、土的渗透性以及水泥浆的稠度等而定,一般为 0.3～0.6MPa。

(3) 灌浆施工方法是先在加固地基中按规定位置用钻机或手钻钻孔到要求的深度,孔径一般为 55～100mm,并探测地质情况,然后在孔内插入直径 38～50mm 的注浆射管,管底部 1～1.5m 管壁上钻有注浆孔,在射管之外设有套管,在射管与套管之间用砂填塞。地基表面空隙用 1:3 水泥砂浆或黏土、麻丝填塞,而后拔出套管,用压浆泵将水泥浆压入射管而透入土层孔隙中,水泥浆应连续一次压入,不得中断。灌浆先从稀浆开始,逐渐加浓。灌浆次序一般把射管一次沉入整个深度后,自下而上分段连续进行,分段拔管直至孔口为止。灌浆宜间隙进行,第 1 组孔灌浆结束后,再灌第 2 组、第 3 组。

(4) 灌浆完后,拔出灌浆管,留孔用 1:2 水泥砂浆或细砂砾石填塞密实;亦可用原浆压浆堵口。

(5) 注浆充填率应根据加固土要求达到的强度指标、加固深度、注浆流量、土体的孔隙率和渗透系数等因素确定。饱和软黏土的一次注浆充填率不宜大于 $0.15\sim0.17$。

(6) 注浆加固土的强度具有较大的离散性,加固土的质量检验宜采用静力触探法,检测点数应满足有关规范要求。检测结果的分析方法可采用面积积分平均法。

第二节 电动硅化注浆

硅化注浆地基系利用硅酸钠(水玻璃)为主剂的混合溶液(或水玻璃水泥浆),通过注浆管均匀地注入地层,浆液赶走土粒间或岩土裂隙中的水分和空气,并将岩土胶结成一整体,形成强度较大、防水性能好的结石体,从而使地基得到加强,本法亦称硅化注浆法或硅化法。

一、硅化法分类及加固机理

硅化法根据浆液注入的方式分为压力硅化、电动硅化和加气硅化三类。压力硅化根据溶液的不同,又可分为压力双液硅化、压力单液硅化和压力混合液硅化三种。

1. 压力双液硅化法

系将水玻璃与氯化钙溶液用泵或压缩空气通过注液管轮流压入土中,溶液接触反应后生成硅胶,将土的颗粒胶结在一起,使具有强度和不透水性。氯化钙溶液的作用主要是加速硅胶的形成,其反应式为

$$Na_2O \cdot nSiO_2 + CaCl_2 + mH_2O \longrightarrow$$
$$nSiO_2 \cdot (m-1)H_2O + Ca(OH)_2 + 2NaCl$$

2. 压力单液硅化法

系将水玻璃单独压入含有盐类(如黄土)的土中,同样使

水玻璃与土中钙盐起反应生成硅胶,将土粒胶结,其反应式为

$$Na_2O \cdot nSiO_2 + CaSO_4 + mH_2O \longrightarrow$$
$$nSiO_2(m-1)H_2O + Na_2SO_4 + Ca(OH)_2$$

3. 压力混合液硅化法

系将水玻璃和铝酸钠混合液一次压入土中,水玻璃与铝酸钠反应,生成硅胶和硅酸铝盐的凝胶物质,黏结砂土,起到加固和堵水作用,其反应式为

$$3(Na_2O \cdot nSiO_2) + Na_2OAl_2O_3 \longrightarrow$$
$$Al(SiO_3)_3 + 3(n-1)SiO_2 + 4Na_2O$$

4. 电动硅化法

又称电动双液硅化法,电化学加固法,是在压力双液硅化法的基础上设置电极通入直流电,经过电渗作用扩大溶液的分布半径。施工时,把有孔灌浆液管作为阳极,铁棒作为阴极(也可用滤水管进行抽水),将水玻璃和氧化钙溶液先后由阳极压入土中,通电后,孔隙水由阳极流向阴极,而化学溶液也随之渗流分布于土的孔隙中,经化学反应后生成硅胶,经过电渗作用还可以使硅胶部分脱水,加速加固过程,并增加其强度。

5. 加气硅化法

系先在地基中注入少量二氧化碳(CO_2)气体,使土中空气部分被 CO_2 所取代,从而使土体活化,然后将水玻璃压入土中,其后又灌入 CO_2 气体。由于碱性水玻璃溶液强烈地吸收 CO_2 形成自真空作用,促使水玻璃溶液在土中能够均匀分布,并渗透到土的微孔隙中,使 95%～97% 的孔隙被硅胶所填充,在土中起到胶结作用,从而使地基得到加固,加气硅化的化学反应方程式为

$$Na_2SiO_3 + 2CO_2 + nH_2O \longrightarrow SiO_2 \cdot nH_2O + 2Na_2HCO_3$$

二、特点及适用范围

硅化法特点是设备工艺简单,使用机动灵活,技术易于掌握,加固效果好,可提高地基强度,消除土的湿陷性,降低压缩性。根据检测,用双液硅化的砂土抗压强度可达 1～

5MPa；单液硅化的黄土抗压强度达 0.6～1MPa；压力混合液硅化的砂土强度达 1～1.5MPa；用加气硅化法比压力单液硅化法加固的黄土的强度高 50%～100%，可有效地减少附加下沉，加固土的体积增大一倍，水稳性提高 1～2 倍，渗透系数可降低数百倍，水玻璃用量可减少 20%～40%，成本降低 30%。

各种硅化方法适用范围，根据被加固土的种类、渗透系数而定，可参见表 13-1。硅化法多用于局部加固新建或已建的建(构)筑物基础、稳定边坡以及作防渗帷幕等。但硅化法不宜用于为沥青、油脂和石油化合物所浸透和地下水 pH 值大于 9 的土。

表 13-1　各种硅化法的适用范围及化学溶液的浓度

硅化方法	土的种类	土的渗透系数/(m/d)	溶液的密度(18℃)/(g/cm³)	
			水玻璃(模扩 2.5～3.3)	氯化钙
压力双液硅化	砂类土和黏性土	0.1～10	1.35～1.38	1.26～1.28
		10～20	1.38～1.41	
		20～80	1.41～1.44	
压力单液硅化	湿陷性黄土	0.1～2	1.13～1.25	
压力混合液硅化	粗砂、细砂		水玻璃与铝酸钠按体积比,1:1 混合	
电动双液硅化	各类土	≤0.1	1.13～1.21	1.07～1.11
加气硅化	砂土、湿陷性黄土、一般黏性土	0.1～2	1.09～1.21	—

注：压力混合液硅化所用水玻璃模数为 2.4～2.8，波美度 40°；水玻璃铝酸钠浆液温度为 13～15℃，凝胶时间为 13～15s，浆液初期黏度为 $4×10^{-3}Pa·s$。

三、机具设备及材料要求

(1) 硅化灌浆主要机具设备有：振动打拔管机(振动钻或三脚架穿心锤)、注浆花管、压力胶管、ϕ42mm 连接钢管、齿轮泵或手摇泵、压力表、磅秤、浆液搅拌机、贮液罐、三脚架、倒链等。

（2）灌浆材料有：水玻璃，模数宜为 2.5～3.3，不溶于水的杂质含量不得超过 2%，颜色为透明或稍带混浊；氯化钙溶液；pH 值不得小于 5.5～6，每 1L 溶液中杂质不得超过 60g，悬浮颗粒不得超过 1%；硅化所用化学溶液的浓度；铝酸钠，含铝量为 180g/L，苛化系数 2.4～2.5；二氧化碳，采用工业用二氧化碳（压缩瓶装）。

采用水玻璃水泥浆注浆时，水泥用强度等级 32.5 普通水泥，要求新鲜无结块；水玻璃模数一般用 2.4～3，浓度以 30～45 波美度合适。水泥水玻璃配合比：水泥浆的水灰比为 0.8∶1～1∶1；水泥浆与水玻璃的体积比为 1∶0.6～1∶1。对孔隙较大的土层亦可采用"三水浆"，常用配合比为：水泥∶水∶水玻璃∶细砂＝1∶0.7～0.8∶适量∶0.8。

四、施工工艺方法要点

（1）施工前，应先在现场进行灌浆试验，确定各项技术参数。

（2）灌注液的钢管可采用内径为 20～50mm，壁厚大于 5mm 的无缝钢管。它由管尖、有孔管、无孔接长管及管头等组成。管尖做成 25°～30°圆锥体，尾部带有丝扣与有孔管连接；有孔管长一般为 0.4～1m，每米长度内有 60～80 个直径为 1～3mm 向外扩大成喇叭形的孔眼，分 4 排交错排列；无孔接长管一般长 1.5～2m，两端有丝扣。电极采用直径不小于 22mm 的钢筋或直径 33mm 钢管。通过不加固土层的注浆管和电极表面，须涂沥青绝缘，以防电流的损耗和防腐。灌浆管网系统包括输送溶液和输送压缩空气的软管、泵、软管与注浆管的连接部分、阀等，其规格应能适应灌筑溶液所采用的压力。泵或空气压缩设备应能以 0.2～0.6MPa 的压力，向每个灌浆管供应 1～5L/min 的溶液压入土中，灌浆管的平面布置和土的每层加固厚度见图 13-1。灌浆管间距为 1.73R，各行间距为 1.5R（R 为一根灌浆管的加固半径，其数值见表 13-2）；电极沿每行注液管设置，间距与灌浆管相同。土的加固可分层进行，砂类土每一加固层的厚度为灌浆管有孔部分的长度加 0.5R，湿陷性黄土及黏土类土按试验确定。

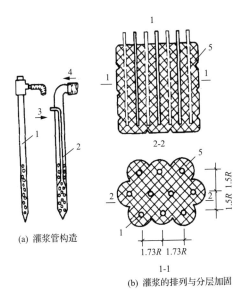

(a) 灌浆管构造

(b) 灌浆的排列与分层加固

图 13-1　压力硅化注浆管排列及构造

1—单液灌浆管；2—双液灌浆管；3—第一种溶液；
4—第二种溶液；5—硅化加固区

表 13-2　　　　　　土的压力硅化加固半径

项次	土的类别	加固方法	土的渗透系数/(m/d)	土的加固半径/m
1	砂土	压力双液硅化法	2~10	0.3~0.4
			10~20	0.4~0.6
			20~50	0.6~0.8
			50~80	0.8~1
2	粉砂	压力单液硅化法	0.3~0.5	0.3~0.4
			0.5~1	0.4~0.6
			1~2	0.6~0.8
			2~5	0.8~1
3	湿陷性黄土	压力单液硅化法	0.1~0.3	0.3~0.4
			0.3~0.5	0.4~0.6
			0.5~1	0.6~0.9
			1~2	0.9~1

（3）灌浆管的设置，借打入法或钻孔法（振动打拔管机、振动钻或三脚架穿心锤）沉入土中，保持垂直和距离正确，管子四周孔隙用土填塞夯实。电极可用打入法或先钻孔 2～3m 再打入。

（4）硅化加固的土层以上应保留 1m 厚的不加固土层，以防溶液上冒，必要时须夯填素土或打灰土层。

（5）灌注溶液的压力一般在 0.2～0.4MPa（始）和 0.8～1MPa（终）范围内，采用电动硅化法时，不超过 0.3MPa（表压）。

（6）土的加固程序，一般自上而下进行，如土的渗透系数随深度而增大时，则应自下而上进行。如相邻土层的土质不同时，渗透系数较大的土层应先进行加固。灌注溶液次序，根据地下水的流速而定，当地下水流速在 1m/d 时，向每个加固层自上而下的灌注水玻璃，然后再自下而上的灌注氯化钙溶液，每层厚 0.6～1m；当地下水流速为 1～3m/d 时，轮流将水玻璃和氯化钙溶液均匀地注入每个加固层中；当地下水流速大于 3m/d 时，应同时将水玻璃和氯化钙溶液注入，以减低地下水流速，然后再轮流将两种溶液注入每个加固层。采用双液硅化法灌注，先由单数排的灌浆管压入，然后从双数排的灌浆管压入；采用单液硅化法时，溶液应逐排灌注。灌注水玻璃与氯化钙溶液的间隔时间不得超过表 13-3 规定。溶液灌注速度宜按表 13-4 的范围进行。

表 13-3 向注液管中灌注水玻璃和氯化钙溶液的间隔时间

地下水流速/(m/d)	0	0.5	1	1.5	3
最大间隔时间/h	24	6	4	2	1

注：当加固土的厚度大于 5m，且地下水流速小于 1m/d，为避免超过上述间隔时间，可将加固的整体沿竖向分成几段进行。

（7）灌浆溶液的总用量 $Q(L)$ 可按式（13-1）确定：

$$Q \approx K \cdot V \cdot n \cdot 1000 \qquad (13\text{-}1)$$

式中：v——硅化土的体积，m^3；

n——土的孔隙率；

K——经验系数:对淤泥、黏性土、细砂,$K=0.3\sim0.5$;
中砂、粗砂,$K=0.5\sim0.7$;砾砂,$K=0.7\sim1$;湿
陷性黄土,$K=0.5\sim0.8$。

表 13-4 土的渗透系数和灌注速度

土的名称	土的渗透系数/(m/d)	溶液灌注速度/(L/min)
砂类土	<1	1～2
	1～5	2～5
	10～20	2～3
	20～80	3～5
湿陷性黄土	0.1～0.5	2～3
	0.5～2	3～5

采用双液硅化时,两种溶液用量应相等。

(8) 电动硅化系在灌注溶液的时候,同时通入直流电,电压梯度采用 $0.5\sim0.75$V/cm。电源可由直流发电机或直流电焊机供给。灌注溶液与通电工作要连续进行,通电时间最长不超过 36h。为了提高加固的均匀性,可采取每隔一定时间后,变换电极改变电流方向的办法。加固地区的地表水,应注意疏干。

(9) 加气硅化工艺与压力单液硅化法基本相同,只在灌浆前先通过灌浆管加气,然后灌浆,再加一次气,即告完成。

(10) 土的硅化完毕,用桩架或三脚架借倒链或绞磨将管子和电极拔出,遗留孔洞用 1:5 水泥砂浆或黏土填实。

五、质量控制

(1) 施工前应掌握有关技术文件(注浆点位置、浆液配比、注浆施工参数、检测要求等)。浆液组成材料的性能应符合设计要求,注浆设备应确保正常运转。

(2) 施工中应经常抽查浆液的配比及主要性能指标、注浆顺序、注浆过程的压力控制等。

(3) 施工结束后应检查注浆体强度、承载力等。检查孔数为总量的 2%～5%,不合格率大于或等于 20%时应进行二次注浆。检查应在注浆 15d(砂土、黄土)或 60d(黏性土)进行。

第十四章

断层及破碎带的处理

第一节 概 述

水利水电工程的地基常会遇到节理发育的岩层、软弱夹层、断层破碎带或断层交汇带，为满足水工建筑物的承载能力、限制变形、抗滑和防渗等要求，这些地质缺陷均需进行妥善处理，以保证施工过程及工程建成后运行的安全。

一、断层破碎带处理的原因

断层破碎带位于建筑物基础范围内时，由于强度低、变形模量小，造成建筑物不均匀沉陷，引起不利的应力分布，严重时甚至引起建筑物及基础开裂。若连通水库，将增大其扬压力。在高压水作用下，破碎带内物质可能产生机械和化学管涌，淘刷基础，危及建筑物安全。

二、断层破碎带的处理原则

（1）断层破碎带处理应安排在其上部（或邻近）建筑物施工以前进行。

（2）断层破碎带处理，宜采用明挖、回填混凝土的方式。对坝基深层部位缓倾角或位于坝头、坝肩部位的断层破碎带，可采用洞挖混凝土置换、水泥灌浆、化学灌浆、预应力锚固等方法进行处理。

（3）在设计、施工中要防止由于断层破碎带的处理而引起岩体的应力释放、变形或爆破扰动、松动滑移等问题，并采取相应的有效措施。

（4）断层破碎带开挖要遵循自上而下的施工原则，并做好安全支护，必要时应分段、分层开挖、回填。

（5）在组织实施断层破碎带处理的全过程中,设计、勘察、施工和质量检查及监理部门要密切配合,及时研究处理施工中出现的问题。

（6）断层处理往往是建筑物地基开挖清理的延续和混凝土浇筑的前一道工序,其施工布置和主要机械设备、辅助设施等,一般可在这两个工序的基础上进行调整、充实和配套。为便于在断层带的狭窄槽坑内施工,宜采用轻便、灵巧、效率高的通用机具和设备。

三、断层处理的要求和类型

1. 断层处理要求

断层经过处理后,应满足下列要求:

（1）具有足够的强度,能直接或通过岩体承受和传递坝体的荷载;

（2）与围岩接触良好,具有相似的弹性模量,减少地基不均匀沉陷或限制地基变形;

（3）提高岩基的整体性,确保坝体或岩体在施工、运行期间的抗滑稳定性;

（4）具备良好的抗渗性,防止集中渗漏,降低渗透压力,防止产生渗透变形;

（5）具备排水条件,降低扬压力。

2. 断层处理的型式和适用范围

断层处理必须结合具体工程的实际情况,综合考虑下列因素:

（1）断层所处部位、产状、宽度,破碎带组成物和周围岩体的性质、力学指标,断层和其他弱面（构造面、临空面等）的不利组合对岩体和水文地质等构成的影响,及与此有关的不同破坏机理、方式;

（2）水工建筑物的工作条件、布局和对地基提出的要求,以及调整上部结构使之与地基工作条件相协调的可能性;

（3）现场施工条件,施工技术水平、设备,可能达到的工程实际效果和已有的工程经验等。

按断层缺陷对坝体、坝基可能构成的主要问题,断层处理的主要目的,断层处理可以采取的各种型式如表 14-1 所示。

表 14-1　防止集中渗漏、排水降低渗透压力的断层处理形式

序号	措施	适用范围
1	混凝土竖(斜)井	纵贯河床、岸坡坝基。断层较陡、较宽或破碎带松散、渗透稳定差。围岩稳定
2	混凝土塞下接水泥或化学帷幕灌浆	破碎带属相对弱透水体,结构挤压较紧密,不同程度被胶结,两侧集中渗漏
3	混凝土截水深墙	构造面平缓,夹泥,分布广而无可灌性
4	排水孔(幕)	布置在横(斜)切断层的上游一侧
5	排水隧洞或排水孔、洞系统	布置在纵贯坝头断层的迎河床一侧或横切坝肩断层的迎上游一侧岩体

第二节　断层混凝土塞

一、断层开挖

1. 开挖深度

确定断层开挖深度的方法有:

(1)按混凝土塞结构尺寸决定的开挖深度,见表 14-2。

表 14-2　断层开挖深度

适用条件	b	d/b	d/B
一般情况	0.6~2.0	2.0~3.0	1.5~2.0
坝基应力区内,断层倾角 ≥60°,两侧岩石较坚硬	2.0~4.0	1.5~2.0	1.0~1.5
	>4.0	1.0~1.5	0.8~1.1

注:d—断层开挖深度,m;b—断层底部宽度,m;B—断层平均宽度,m。

(2)按固端梁确定开挖深度。一般适用于宽度大于 4m 的断层破碎带。开挖深度根据坝基应力值,构造岩与新鲜完整岩石的弹性模量的比值,以及断层破碎带的产状、宽度等因素通过计算确定,一般为断层破碎带底部宽度的 0.5~1.0 倍。

（3）按施工条件确定开挖深度。断层宽 0.1~0.5m，一般开挖深度 1~1.5m；用高压水枪或钻孔连锁施工，挖深可达 4~5m；大口径钻孔可达 10m 以上。

2. 坝外处理范围

确定断层坝外处理的范围见表 14-3。

表 14-3　　　　　　　　坝外处理范围

类别		范围
按上、下游坝坡面延线		$L_1=(m+n)d, L_2=d$
按岩基挠度影响范围		$L_1=L_2=3\sim5m$
按断层开挖深度 d	中低坝	$L_1=L_2=0.9d\sim1.3d$
	高坝	$L_1=L_2=1.5d\sim2.0d$

3. 断层破碎带开挖和岩面修整

（1）主要内容和要求：

1）断层开挖部位、处理范围、断面尺寸、几何体形应符合设计要求；

2）清除松动岩石和岩石壁面风化岩块，切除与次生构造面斜交的岩石锐角；

3）壁面的泥皮、水锈蚀面或光滑平面应凿毛并刷洗干净；

4）对岩石破碎及地质较差地段和部位，除加强常规检查外，应对岩体进行监测，根据不同情况及时采取措施，如采用锚杆、锚桩或钢支撑支护等，必要时可边挖边衬，做好岩体渗漏水及施工用水的引排，以保证施工中的安全。

（2）施工方法。断层破碎带的开挖系不良地质地段施工，应以浅钻孔，多循环，弱爆破的原则进行开挖工作。对各类洞室开挖，断面较小的可采用全断面掘进方式，对断面较大的采用先导洞后扩挖的方式，并应根据地质条件及时做好支护工作。其开挖方式归纳见表 14-4，开挖手段分两类：

1）采用人工和机械开挖。以人力开挖为主的有镐凿、撬挖、钢钎锤击以及圆柱楔形劈块胀劈等方法。常用的手提式机械有电镐、风镐、风钻。特殊部位也有用一般钻机或大口径钻机钻孔或连锁造孔。

2）进行控制爆破和静态爆破。断层开挖宜采用控制爆破和静态爆破。控制爆破有龟裂爆破、预裂爆破、光面爆破等。静态爆破可解决爆破震动、飞石等问题并能减轻劳动强度，提高工效，且施工方便安全。工程中使用的 SCA 膨胀剂，灌注在孔径 30～50mm，孔深为 1～1.5m 的钻孔中，经 10～24h 可形成 30～50MPa 的固体膨胀压力。在慢加荷的形式下胀碎岩石。钻孔孔距一般为 0.4～0.6m，水剂比 0.3～0.35。

断层开挖应与石方开挖及混凝土浇筑系统（包括风、水、电供应）的主要机械设备和设施相衔接。

表 14-4　　　　　　　断层塞开挖方式

分类	开挖方式	适用条件	施工特点
全深度一次明挖	按坝体纵缝整段开挖	断层宽度 1～4m，纵贯坝基	场地开阔，干扰小，施工简便，进度快，效率高，成本低
	按坝体横缝分段开挖	1. 断层宽度大于 4m，或深度大于 6m； 2. 断层横切各坝段，开挖影响坝身混凝土均匀升高	各坝段处理范围一般应扩大 10～15m，要控制爆破；或者至少大于 2～3m，使用非动态爆破开挖。施工场地分隔、狭窄，工序之间干扰较大，作业安全条件差
	分小段间隔置换	1. 较开阔的河床段，深挖的断层倾角小于 60°； 2. 岩体为反倾角夹层，大裂隙切割； 3. 岩体已受荷载或因卸荷而可能引起变位或不稳定	以 2～3 小段为一组，各自间隔开挖和回填混凝土置换。每小段取 5～7m，边坡 1∶0.1～1∶0.3。混凝土浇筑后，至少间隙 5～7d，再开挖相邻构造岩
	分小段顺序置换	断层横切（斜切）岸边陡坡若干坝段。构造和岩体情况同上所述	向山坡逐段顺序开挖和回填混凝土置换。出渣方式有两类；直接装吊运出；通过相邻坝段的预留廊道转运或另设平洞往下游弃渣

分类	开挖方式	适用条件	施工特点
全深度一次明挖	大口径钻孔置换	在有永久建筑物地区或地基承受荷载情况下采用。断层倾角大于65°,宽度小于2m;具备或预留施工平地;基本没有钢筋、预埋件,孔深一般不宜超过10～15m	周围岩基宜先用高压水泥灌浆固结、堵漏。孔径一般为1m。按断层宽度分为孔柱型和连锁型二类。最好采用干硬性混凝土回填
全深度分层开挖	洞挖或混合式开挖	1. 断层处于狭窄的河床段、过水坝段、坝身须升高挡水。断层宽1～4m,倾角陡直,两侧岩体稳定,较坚硬完整; 2. 高边坡深槽,宽1～2m; 3. 断层贯穿坝头或切割坝肩,并倾向上游	1. 断层上口按混凝土塞要求明挖后,顶部覆盖混凝土。断层下部转为洞挖。 2. 分层立体洞挖。 3. 分层开挖,做好洞顶混凝土支撑拱。分段开挖回填,顺序置换

二、回填混凝土

1. 混凝土特性指标

混凝土的抗压、抗裂、抗渗、抗侵蚀等各项指标应分别满足设计要求及施工和易性的要求。

2. 温度控制

为保证混凝土塞的完整性以及与岩壁可靠结合,混凝土的温度控制一般可采用下列措施:

(1) 预冷骨料,采用低温水或加冰拌和。

(2) 采用低热水泥和掺加合理的水泥用量。

(3) 采用改善骨料级配,掺用混合材料、外加剂和控制混凝土坍落度。

(4) 严格控制混凝土入仓温度,一般等于或稍低于基础温度为宜或控制基础允许温差。

(5) 采用冷却管进行早期冷却,降低混凝土水化热温升高峰值。一期冷却通水期一般为10～15d,允许水管冷却温差不大于 20℃,允许冷却速度 1.0~1.5℃/d。混凝土塞在接触(回填)灌浆前按要求进行二期冷却。

(6)掺膨胀剂。采用 MgO 时其掺量为胶凝材料总量的 5%以内。

3. 布设加强筋

断层开挖后,在拐角、突变处和受力集中、结构需补强的部位,必须布置加强钢筋,以防止或限制混凝土塞开裂。加强钢筋应按设计要求进行设置。

4. 分缝和接缝型式

(1)断层一般采用整体回填浇筑:需分段时,一般应与坝体分缝一致。

(2)分缝应正交断层走向:断层宽度小于 1~2m 时,可有不小于 45°夹角。

(3)接缝可参照坝体横缝要求施工:最低处的接缝灌浆干管需在底部并联增设一节管路,作为备用,以免管路系统不通或失效。

5. 坑槽排水

混凝土浇筑时要做好截引、排走地面和坑槽底的水流。防止积水随混凝土浇筑升高,沿岩壁流淌,带走水泥浆或稀释混凝土。渗流较大时,可利用岩壁浅孔固结灌浆堵漏,或临渗水面设置暗沟或者排水管,将水集中引至邻近坝段积水坑抽排。常用排水设备有电动潜水泵、风动水泵等。

6. 混凝土浇筑

断层破碎带岩石开挖完毕后,应尽快回填混凝土,避免岩石长期暴露松弛。

断层破碎带所浇筑的混凝土配比一般采用三级配,对洞室顶部及狭窄部位采用二级配或一级配。

断层破碎带浇筑地点分散,工作面狭小,混凝土的进料、平仓、振捣较困难,多用人工操作。除表部槽塞混凝土可直接用吊罐入仓外,地表以下的槽塞、洞、井、墙等部位均需转运及贮料分料设施。

混凝土的入仓方式,常采用搭设脚手架手推车,皮带输送机,混凝土搅拌运车,溜槽、溜筒、混凝土泵等方式,应因地制宜,根据不同部位和结构形式选择不同运输方式。混凝土运输设备和运输能力应与拌和、浇筑能力、断层具体情况相适应,尽量缩短运输时间,减少转运次数,避免混凝土在运输过程中发生离析、漏浆、泌水过多降低坍落度等现象,以保证断层混凝土的质量及浇筑工作顺利进行。

三、补强灌浆

1. 岩壁、洞壁接触灌浆

这种灌浆是加强混凝土塞与岩壁结合的重要措施。混凝土浇筑后通过钻孔进行接触灌浆的方式见表 14-5。

表 14-5　　　　　通过钻孔进行接触灌浆的方式

钻孔方式	施工部位	优缺点
使用风钻孔穿过混凝土钻灌浆孔(兼做固结灌浆)	由混凝土塞顶打孔,至少钻入岩石 0.5m	适用于混凝土浅塞中施工,可孔内循环灌浆;常同混凝土浇筑和冷却发生矛盾
使用机钻钻深孔(可兼深孔固结灌浆)	由廊道或平洞内钻深孔	灌浆时间灵活,可分段钻灌,提高灌浆压力,保证灌浆质量;钻孔工作量较大

注:灌浆孔间距一般为 1.5～3m,排距 1～1.5m,灌浆压力 0.3～0.6MPa。

2. 洞塞顶面回填与灌浆

常用的方法有预埋灌浆管路和钻孔两种,填灌的材料有水泥浆、预填骨料、砂浆或一级配混凝土。

一般应保持有二次或多次回填灌浆手段,力求消除因混凝土收缩而引起的空隙、细缝;也可使用膨胀水泥以减少缝隙。

3. 补强固结灌浆

补强固结灌浆分类见表 14-6。

表 14-6　　　　　　　　　　**补强固结灌浆分类**

分类	孔径/mm	入基岩深度/m	孔距/m	排距/m	灌浆压力/MPa
断层塞岩壁风钻固结灌浆孔(或斜孔)	40～50	3～5	1～2	2～3	<0.3
断层影响带围岩机钻固结灌浆深孔(直孔)	56～76	10～20	2～2.5	3(2～4排)	>0.3

四、观测仪器

为检查设计与施工的正确性,验证断层破碎带处理效果,监测安全运行,应埋设观测仪器。在断层影响带埋设的主要观测仪器见表14-7。各类仪器埋设前须进行率定,埋设与维护应由专人进行,保证仪器的完好率。仪器埋设后应尽早观测取得初始数据,定期观测的资料应及时分析整理,提出观测成果,观测过程中发现异常,应及时报告并分析查找原因。

表 14-7　　　　　　**断层影响带埋设的主要观测仪器**

仪器	说明
倒铅垂线	一般埋设在处于高应力部位或坝趾附近的断层(倾向上游)处。使用岩芯钻机钻孔,孔径 $\phi150～300mm$,穿入断层下盘。监测断层压缩变形或岩体变形滑动及其发展趋势
温度计	观测混凝土塞内部温度变化过程,为接触、回填灌浆提供依据
测缝计	监测大跨度混凝土深梁、大体积洞填筑的混凝土在岩壁处混凝土与基岩面结合情况和张开度
渗压计	测记断层因阻隔渗流或横切坝基的断层(迎渗水面侧)渗水压力分布
应力计、应变计	测量混凝土梁底部或两侧的应力、应变状态
多点变位计、岩石变位计	对断层进行变形监测
岩石声波测定和钻孔静弹模量测	控制围岩施工过程和鉴别处理后的效果

参 考 文 献

[1] 曾庆军,梁景章. 土力学与地基基础[M]. 北京:清华大学出版社,2015.

[2] 张永钧,叶书麟. 既有建筑地基基础加固工程实例应用手册[M]. 北京:中国建筑工业出版社,2002.

[3] 龚晓南. 地基处理手册[M]. 北京:中国建筑工业出版社,2008.

[4] 郑俊杰. 地基处理技术[M]. 武汉:华中科技大学出版社,2004.

[5] 史佩栋. 桩基工程手册(桩和桩基础手册)(精)[M]. 北京:人民交通出版社,2008.

[6] 丁源萍. 桩基工程手册[J]. 岩土力学,2008(8):2291.

[7] 龚晓南. 深基坑工程设计施工手册[M]. 北京:中国建筑工业出版社,1998.

[8] 张雁,刘金波. 桩基手册[M]. 北京:中国建筑工业出版社,2009.

[9] 刘国彬,王卫东. 基坑工程手册[M]. 北京:中国建筑工业出版社,2009.

[10] 侯洪涛,宿敏. 地基与基础[M]. 北京:机械工业出版社,2011.

[11] 张忠苗. 桩基工程[M]. 北京:中国建筑工业出版社,2007.

[12] 姚天强,石振华. 基坑降水手册[M]. 北京:中国建筑工业出版社,1970.

[13] 刘汉龙. 现浇混凝土大直径管桩复合地基设计与施工[J]. 岩土力学,2014(6).

[14] 刘金砺,高文生,邱明兵. 建筑桩基技术规范应用手册[M]. 北京:中国建筑工业出版社,2010.

[15] 罗骐先. 桩基工程检测手册(第2版)(精)[M]. 北京:人民交通出版社(北京中交盛世书刊有限公司),2006.

[16] 江正荣. 建筑地基与基础施工手册(第2版)(精)[M]. 北京:中国建筑工业出版社,2007.

[17] 全国水利水电施工技术信息网组. 水利水电工程施工手册(第1卷地基与基础工程)(精)[M]. 北京:中国电力出版社,2004.

[18] 侯常欣,陈泽楚. 大直径钻孔扩底桩在深基坑内的施工[J]. 中国建筑技术开发,2001,28(7):6-8.

[19] 卜正军,苏景兰.沉管灌注桩施工工艺探析[J].山西建筑,2003,29(11):23.

[20] 楼晓明,于志强,徐士龙.振冲法的现状综述[J].土木工程与管理学报,2012(3):61-66.

[21] 黄华伟.振冲法碎石桩软土地基处理技术[J].山西建筑,2007,33(7).

[22] 于孟秋,赵琳琳.浅谈振冲法施工工艺及其质量控制[J].水利科技与经济,2009,15(8):747-748.

[23] 路文斌,平措卓玛.基于振冲法在水利水电工程中的应用[J].四川水泥,2015(11).

[24] 胡长明,李根,刘学兵,等.沉井施工在实际工程中的应用与问题分析[J].施工技术,2008,37(9):38-39.

[25] 高鹏.大型沉井群在向家坝水电站地基处理中的应用[J].人民长江,2015(2):44-46.

[26] 赵维春,朱才明,杜洪贞.沉井施工的质量检查与控制方法[J].城市道桥与防洪,2015(8):186-187.

[27] 汪同顺,施展.浅谈水利工程沉井施工技术措施[J].建材与装饰,2015.

[28] 席培胜,刘松玉.水泥土深层搅拌法加固软弱地基新技术研究[J].施工技术,2015,35(1):2-5.

[29] 李云洲.多头小直径深层搅拌桩截渗墙在水库除险加固工程中的应用[J].水利建设与管理,2015(2):10-12.

[30] 孟祥宇,孟宇.深层搅拌桩在水利工程地基处理中的应用分析[J].科技创新与应用,2015(13):172.

[31] 张彩霞.深层搅拌桩技术在水利工程地基处理应用中的体会[J].黑龙江科技信息,2015(6).

[32] 蒋一军,姚锡均,李士战.SH36W-C80液压铣削深搅成槽机的研制[J].装备机械,2011(4):12-16.

[33] 史旦达,周健,贾敏才,等.真空井点降水技术在强夯地基加固中的应用研究[J].施工技术,2015,36(9):52-54.

[34] 吴小梅,彭跟怀.强夯置换法在饱和黄土地基处理中的应用[J].施工技术,2005,34(1):29-30.

[35] 生志勇,王涛,王晓松,等.深填方区地基强夯及褥垫层施工技术[J].施工技术,2015,39(5):50-52.

[36] 安明. 超大粒径砂岩块石抛填地基强夯处理技术[J]. 施工技术，2015,38(12):107-109.

[37] 叶观宝,张小龙,陈忠青,等. 强夯加固掺块石泥质粉砂岩填土地基试验研究[J]. 工程勘察,2015,43(2).

[38] 沈正,董祥. 强夯加固粉煤灰及下伏的淤泥质软土地基试验研究[J]. 水运工程,2015.

[39] 雷学文,白世伟,孟庆山,等. 动力排水固结法加固饱和软黏土地基试验研究[J]. 施工技术,2015,33(1):50-52.

[40] 肖策. 静力排水固结法在软土路基处理中的应用研究[J]. 施工技术,2015(8):102-108.

[41] 雷威. 真空预压固结排水法在水利工程堤防加固中的应用[J]. 科技致富向导,2015.

[42] 冯建石,张金华. 浅议水利施工中软土地基处理技术[J]. 城市建设理论研究:电子版,2015.

[43] 蒋文澜. 浅析水利施工中软土地基处理技术[J]. 工业,2015(2):195.

[44] 张璞,柳荣华. SMW工法在深基坑工程中的应用[J]. 岩石力学与工程学报,2000,19(S1):1104-1107.

[45] BianYH,HuangHW. Fuzzy Fault Tree Analysisof Failure Probability of SMW Retaining Structuresin Deep Excavations[C]// Underground Construction and Ground Movement. ASCE,2015:312-319.

[46] 于杰,吴银锴. SMW工法在软土基坑工程中的施工实践[J]. 文摘版:工程技术,2015(3):25.

[47] 张小妮,李晨. 高压旋喷桩止水帷幕在深基坑中的应用[J]. 建筑技术开发,2009,36(10):35-38.

[48] 李龙泉. 高压旋喷桩在水利治理工程中的应用问题及对策[J]. 地下水,2015(1):150-151.

[49] 田方园. 对水利工程中高压旋喷桩施工技术的探讨[J]. 大科技,2015.

[50] 杨兴富,周显贵. 三管法高压喷射灌浆技术在粉细砂层中的应用与思考[J]. 建筑工程技术与设计,2015.

[51] 林翠萍. 组合式支护在魁岐排涝二站工程基坑中的应用[J]. 水利科技,2015(1):49-51.

[52] 陈鹏翔,洪鑫.加筋土加挡墙构体在河道防洪应急工程中的应用[J].科学导报,2015.

[53] 王丽丽.堤坝加筋土工程的设计与施工[J].黑龙江科技信息,2015(13).

[54] 任文杰,丁国明.水利工程建设中预应力锚固技术的要点研究[J].科学与财富,2015(25).

[55] 刘发.试论预应力锚固技术在水利水电工程施工中的应用[J].中国科技纵横,2015(19):89-90.

[56] 尚浩平.预应力锚索施工技术在变形岩体边坡治理中的应用[J].西北水电,2015(3):60-64.

[57] 李永德.预应力锚索框架梁在山地边坡加固中的应用[J].施工技术,2015,39(2):103-105.

[58] 韩立阳.水利工程施工中的岩石地基处理技术措施和方法[J].黑龙江科技信息,2015(15).

[59] 王丽莉.浅谈断层破碎带开挖施工[J].中国科技博览,2015(17):97.

[60] 胡传鸿.换填垫层法在渠道浅层软弱基础处理中的应用[J].陕西水利,2015(S1):189-190.

[61] 杨佳伟,曹磊,帅慧敏.注浆地基施工质量控制与常见质量问题的防治[J].山西建筑,2006,32(4):142-143.

[62] 皮文强,李桂萍,高发启,等.高压喷射注浆地基施工技术浅析[J].中国建筑金属结构,2013(22):185.

[63] 阙庆强.水泥水玻璃压力注浆地基加固[J].建设监理,2008(4):78-79.

[64] 智堺,卜云峰,孙顺杰.地下连续墙采用逆作法施工的必要性分析[J].水利水电施工,2015(3).

[65] 陈畅.上下同步逆作法在武汉地区基坑工程中的设计与应用[J].土木工程学报,2015(S2).

[66] 冯利斌.岩土结合地质逆作施工关键技术的工艺及实际应用[J].建筑工程技术与设计,2015.

[67] 粟远禄.建筑深基坑逆作法施工技术的创新机制[J].建材与装饰,2015.

[68] 顾海瑞.超大面积深基坑工程半逆作法施工实践[J].建筑施工,2015(6):673-676.

[69] 马可,樊志强.土钉墙＋井点降水在沿海地区砂土层基坑支护中的应用[J].露天采矿技术,2015(12):91-93.

[70] 吴顺,阳吉宝,陈志博.某浅基坑采用土钉墙围护形式的探讨[J].勘察科学技术,2015(2):29-33.

[71] 刘兴旺,王洋,刘长志,等.深基坑复合土钉墙支护技术研究与应用[J].建筑机械化,2015(1):28-31.

[72] 马雪莲,宋建群.土钉墙支护工艺在深基坑中应用的实践[J].建筑工程技术与设计,2015.

[73] 王湘.土钉墙施工技术在建筑工程深基坑支护中的应用[J].建筑工程技术与设计,2015.

[74] 葛庆生.场地、地基及基础之间联系分析[J].中国新技术新产品,2010(19).

[75] 顾晓鲁,钱鸿.地基与基础(第二版)[M].北京:中国建筑工业出版社,1993.

[76] 谭靖夷.中国水利发电工程施工卷[M].北京:中国电力出版社,2000.

内容提要

本书是《水利水电工程施工实用手册》丛书之《地基与基础处理工程施工》分册,以国家现行建设工程标准、规范、规程为依据,结合编者多年工程实践经验编纂而成。全书共 14 章,内容包括:概述、灌注桩、振冲法、沉井、深层搅拌法、强夯法、排水固结法、基坑支护、加筋土挡墙、岩体预应力锚固、换填法、钢筋混凝土预制桩施工、注浆地基、断层及破碎带的处理等。

本书适合水利水电施工一线工程技术人员、操作人员使用。可作为水利水电地基与基础工程施工作业人员的培训教材,亦可作为大专院校相关专业师生的参考资料。

《水利水电工程施工实用手册》